Adaptiver laserunterstützter Tapewickelprozess für die Herstellung von Druckbehältern aus endlosfaserverstärkten Thermoplasten

Adaptive Laser-Assisted Tape Winding Process for the Manufacture of Pressure Vessels out of Unidirectional Fiber-Reinforced Thermoplastics

Von der Fakultät für Maschinenwesen
der Rheinisch-Westfälischen Technischen Hochschule Aachen
zur Erlangung des akademischen Grades eines
Doktors der Ingenieurwissenschaften
genehmigte Dissertation

vorgelegt von

Martin Gunther Christian Schäkel

Berichter/in:

Univ.-Prof. Dr.-Ing. Christian Brecher
Univ.-Prof. Dr.-Ing. Christian Hopmann

Tag der mündlichen Prüfung: 04. August 2022

ERGEBNISSE AUS DER PRODUKTIONSTECHNIK

Martin Schäkel

Adaptiver laserunterstützter Tapewickelprozess für die Herstellung von Druckbehältern aus endlosfaserverstärkten Thermoplasten

Herausgeber:
Prof. Dr.-Ing. T. Bergs
Prof. Dr.-Ing. Dipl.-Wirt. Ing. G. Schuh
Prof. Dr.-Ing. C. Brecher
Prof. Dr.-Ing. R. H. Schmitt

Band 33/2022

Bibliografische Information der Deutschen Nationalbibliothek
Die Deutsche Nationalbibliothek verzeichnet diese Publikation in der Deutschen Nationalbibliografie; detaillierte bibliografische Daten sind im Internet über https://portal.dnb.de abrufbar.

Martin Schäkel:

Adaptiver laserunterstützter Tapewickelprozess für die Herstellung von Druckbehältern aus endlosfaserverstärkten Thermoplasten

1. Auflage, 2022

Gedruckt auf holz- und säurefreiem Papier, 100% chlorfrei gebleicht.

Apprimus Verlag, Aachen, 2022
Wissenschaftsverlag des Instituts für Industriekommunikation und Fachmedien an der RWTH Aachen
Steinbachstr. 25, 52074 Aachen
Internet: www.apprimus-verlag.de, E-Mail: info@apprimus-verlag.de

Druck: CPI Druckdienstleistungen GmbH, Ferdinand-Jühlke-Straße 7 I 99095 Erfurt

ISBN 978-3-98555-107-1

D 82 (Diss. RWTH Aachen University, 2022)

Vorwort

Die vorliegende Dissertation entstand neben meiner Tätigkeit als wissenschaftlicher Mitarbeiter und Gruppenleiter in der Abteilung Faserverbund- und Lasersystemtechnik am Fraunhofer-Institut für Produktionstechnologie IPT in Aachen.

Meinem Doktorvater, Herrn Prof. Dr.-Ing. Christian Brecher, möchte ich für die Möglichkeit der Promotion am Lehrstuhl für Werkzeugmaschinen der RWTH Aachen und das entgegengebrachte Vertrauen im Erstellungsprozess dieser Dissertation danken. Mein Dank gilt ebenso Herrn Prof. Dr.-Ing. Christian Hopmann für die Übernahme des Koreferats sowie Herrn Prof. Dr.-Ing. Dr. h.c. (Osaka) Jochen Büchs für den Prüfungsvorsitz. Als wichtiger Ansprechpartner für Fragen, Anregungen und Unterstützung im Dissertationsprozess möchte ich ferner Dr.-Ing. Henning Janssen meinen Dank aussprechen. In meiner gesamten Zeit als studentische Hilfskraft, wissenschaftlicher Mitarbeiter und Gruppenleiter am Fraunhofer IPT konnte ich mich glücklich schätzen, Teil seines Teams zu sein.

Einen herausragenden Teil der positiven Erinnerungen an meine Zeit am IPT verdanke ich meinen Kolleginnen und Kollegen. Gerade in meiner Anfangszeit konnte ich mich auf die Erfahrung und die Ratschläge von Tido Peters und Daniel Werner verlassen. Bei der Konzeption, dem Aufbau und der Inbetriebnahme diverser Produktionsanlagen für die Tapeablage war mir die Unterstützung von Lutz Beegen, Michael Seidler, Ralf Weber, Tim Nagel, Markus Eckert, Christian Kukla und Stefan Trepel gewiss. Positiv in Erinnerung bleiben mir insbesondere die Inbetriebnahmen in Österreich mit Ralf und Stefan sowie in Japan mit Tim und Markus. Clemens Müller möchte ich für die gegenseitig motivierende Arbeit an unseren Dissertationen danken, für den fachlichen Input zu dieser Schrift Tido, Daniel und Christian. Für den großartigen Zusammenhalt in Zeiten von Lockdown, Homeoffice und Teams-Gesprächen bis hin zu einem großartigen Wochenende in Prag danke ich Clemens, Jonathan von Helden, Heiko Baumann, Philip Jongebloed, Martin Schwane, Tobias Schmid, Jan-Hendrik Koch und Sangwook Lee.

Ohne meine studentischen Hilfskräfte, Bachelor- und Masterarbeiter wäre diese Arbeit nicht möglich gewesen. Hervorheben möchte ich an dieser Stelle Domenic Ix, Vera Dahmen, Keegan Brown, Tobias Halmanns, Thomas Jaeger, Shahrzad Mesgarha, Ahmad Ayub, Yannick Meyer, Vincent Rump und Bianca Madrona.

Meinen Eltern Maria und Lothar danke ich für die fortwährende und bedingungslose Unterstützung und Wertschätzung während meines gesamten Studiums. Der größte Dank gebührt meiner Frau Sarah, die mir während des nicht immer einfachen Enstehungsprozesses dieser Dissertation stets geduldig und stärkend zur Seite stand. Unsere Tochter Carla sorgte in der Endphase des Prozesses für viele glückliche Stunden der Ablenkung.

Kurzfassung

Faserverbundkunststoffe (FVK) werden aufgrund ihrer vorteilhaften mechanischen und chemischen Materialeigenschaften bevorzugt in hochbeanspruchten Bauteilen, wie Druckbehältern als mobile Energiespeicher in der Transport- und Mobilitätsindustrie, eingesetzt. Bei der Speicherung zukunftsträchtiger Energieträger wie Wasserstoff ermöglichen FVK dabei eine Erhöhung der Energiespeicherdichte bei verringertem Gewicht und somit eine erhöhte Treibstoffeffizienz und Reichweite. Obwohl thermoplastische Kunststoffe reversibel verarbeitbar sind und eine geringere Umweltbelastung und erhöhte Recyclingfähigkeit als Duroplaste aufweisen, werden sie bisher nicht in solchen industriellen Serienanwendungen eingesetzt, da die gesicherte Herstellung derartig sicherheitskritischer Bauteile mit komplexer, dreidimensionaler Geometrie bisher nicht reproduzierbar umgesetzt werden kann. Zudem existieren keine spezifischen Konzepte für die Ausnutzung der vorteilhaften Materialeigenschaften thermoplastischer FVK.

In dieser Arbeit werden erstmals Fertigungskonzepte aufgestellt und umgesetzt, welche die Verarbeitung thermoplastischer Endlosfaserhalbzeuge im laserunterstützten Tapewickelverfahren mit in-situ Konsolidierung berücksichtigen. So wird im Gegensatz zu bisherigen Ansätzen die Designfreiheit erhöht, indem nicht-geodätische Trajektorien verwendet werden können. Diese gestatten unter anderem die Orientierung der Verstärkungsfasern auf dem Zylinder in Richtung der Hauptspannungsflüsse im Druckbehälter und die Vermeidung von Materialanhäufungen auf den Polöffnungen. Neben der Umsetzung von Ablage in axialer und in Umfangsrichtung wurde ein flexibles, kontinuierliches Fertigungskonzept für die vollständige Bedeckung der Druckbehälteroberfläche entwickelt und realisiert.

Für die Beherrschung des Fertigungsprozesses wurden daten- und modellgestützte Werkzeuge entwickelt und in einer adaptiven Prozesssteuerung verbunden. Ein digitaler Schatten dient der Visualisierung und zielgerichteten Auswertung von Prozessdaten, die während des laserunterstützen Tapewickelns erhoben werden. Die Identifizierung optimaler Prozessparameter wird durch ein optisch-thermisches Prozessmodell, ein inverses Modell der Lasereinstrahlungsverteilung und experimentelle Betrachtungen der Druckeinwirkung unter der flexiblen Andruckrolle unterstützt. Das adaptive Steuerungskonzept nutzt die gewonnen Erkenntnisse und Daten für eine zielgerichtete Prozesseinstellung entlang der Wickeltrajektorie. Eine prozesstechnologische Validierung durch Fertigung und Untersuchung von Druckbehälter-Demonstratoren konnte die Umsetzbarkeit und Effektivität der entwickelten Fertigungs- und Steuerungskonzepte abschließend bestätigen.

Abstract

Due to their advantageous mechanical and chemical material properties, fiber-reinforced plastics (FRP) are preferably used in highly stressed components such as pressure vessels as mobile energy storage devices in transport and mobility. In the storage of promising energy carriers such as hydrogen, composite materials enable an increase in energy storage density with reduced weight and thus increased fuel efficiency and range. Although thermoplastics can be reversibly processed and have a significantly lower environmental impact and increased recyclability than thermosets, they have not yet been used as FRP in such industrial series applications because the reliable production of safety-critical components with complex, three-dimensional geometry cannot yet be implemented in a reproducible manner. In addition, no specific concepts exist for exploiting the advantageous material properties of thermoplastic FRPs.

In this work, manufacturing concepts are established and implemented for the first time which consider the processing of thermoplastic, unidirectional fiber-reinforced, semi-finished products in a laser-assisted tape winding process with in-situ consolidation. In contrast to previous approaches, the design freedom is significantly increased by using non-geodesic trajectories. These allow, among other things, the orientation of the reinforcing fibers on the cylinder in the direction of the main stress flows in the pressure vessel and the avoidance of material accumulation on the pole openings. In addition to the implementation of fully axial and circumferential deposition, a flexible, continuous manufacturing concept for the complete coverage of the pressure vessel surface was developed and realized.

Data- and model-based tools were developed to control the manufacturing process and combined in an adaptive process control. A digital shadow is used for visualization and targeted evaluation of process data collected during laser-assisted tape winding. The identification of optimal process parameters is supported by an optical-thermal process model, an inverse model of the laser irradiation distribution and experimental observations of the pressure effect under the flexible compression roller. The adaptive control concept uses the gained knowledge and data for a targeted process adjustment along the winding trajectory. A process-technological validation by manufacturing and examining pressure vessel demonstrators was able to finally confirm the feasibility and effectiveness of the developed manufacturing and control concepts.

Inhaltsverzeichnis

Contents

Formelzeichen und Abkürzungsverzeichnis

Formula symbols and abbreviations

Großbuchstaben

A	MPa	richtungsabhängige Gesamtsteifigkeit eines Laminats
B_Z	-	Bedeckungsgrad des Zylinders
D	-	fraktale Dimension
D_b	-	Grad der Verbindungsfestigkeit (engl.: degree of bonding)
D_h	-	Autohäsionsgrad (engl.: degree of autohesion)
D_{ic}	-	Lagenkontaktgrad (engl.: degree of intimate contact)
E	GPa	Elastizitätsmodul
F_A	N	Andruckkraft
F_B	N	Transversalkraft
F_i	-	Fresnel-Funktion
F_N	N	Normalkraft
F_R	N	Fadenspannungskraft / Bandspannungskraft / Tapespannungskraft
F_T	N	Testkraft
G	GPa	Schubmodul
H	-	Hilfsebene
$H_{i,j}$	-	Hilfspunkt
I	W/m²	Intensität der Laserstrahlung
L	W	Laserleistung
L_0	mm	horizontale Gesamtlänge des Cantor-Sets
L_i	J	Energiegehalt eines Laserstrahls
M_B	Nm	Biegemoment
M_T	Nm	Torsionsmoment
N_i	-	Lagenanzahl
N_j	-	Wiederholungsanzahl
N_{Kreuz}/N_{Umfang}	-	Anzahl der Kreuz- bzw. Umfangslagen
N_P	s	Prädiktionshorizont (modellbasierte Regelung)
N_T	-	Tapeanzahl

$N_x/N_y/N_{xy}$	N	äußere Lasten an einem Laminat
N_β	-	Anzahl der Faserorientierungen in einem Laminat
O_i	-	Oberflächennormale
P/P_i	-	Pfadpunkt
Q	MPa	richtungsabhängige Steifigkeit einer einzelnen Laminatschicht (Koordinatensystem der Einzelschicht)
Q'	MPa	richtungsabhängige, transformierte Steifigkeit einer einzelnen Laminatschicht (Koordinatensystem des Gesamtlaminats)
R_i	J	Energiegehalt eines reflektierten Laserstrahls
T	°C	Temperatur
T_{korr}	°C	korrigierte Temperaturdaten (modellbasierte Regelung)
$T_{präd}$	°C	modellierte, prädiktive Temperaturdaten (modellbasierte Regelung)
T_U	°C	Umgebungstemperatur
W	J	Wärmequelle

Kleinbuchstaben

a	mm²/N	richtungsabhängige Gesamtnachgiebigkeit eines Laminats
a_T	mm	Tapeabstand
b	K	Bias (modellbasierte Regelung)
b_L	mm	Breite des Laserstrahlprofils
b_P	mm	Probenbreite
b_R	mm	Andruckrollenbreite
b_S	mm	Substratbreite
b_T	mm	Tapebreite
c	J/kgK	spezifische Wärmekapazität
c_A	-	Absorptionskoeffizient
d_i	mm	Pfadlänge zwischen zwei Pfadpunkten
d_L	mm	Laminatdicke
d_P	mm	Probendicke

d_S	mm	Substratdicke
d_T	mm	Tapedicke
f	mm	Fokuslänge der Laseroptik
f_F	-	Skalierungsverhältnis zweier Generationen von Unebenheiten auf der Tapeoberfläche
f_S	-	Skalierungsfaktor
f_V	mm	Versatz der Tapebahnen
h	W/m²K	Wärmeübergangskoeffizient
h_0	mm	Aussparungstiefe der ersten Generation von Unebenheiten auf der Tapeoberfläche
h_L	mm	Höhe des Laserstrahlprofils
i	-	diskreter Abtastzeitpunkt (modellbasierte Regelung)
i_S	-	Skip-Index eines Wickelmusters
j	-	Wiederholungsanzahl
k	-	Index einer Schicht innerhalb eines Laminats
l_{ges}	mm	Behälterlänge
$l_{P,Z}$	mm	Pfadlänge auf dem Zylinder
l_S	mm	Substratlänge
l_T	mm	Tapelänge
l_Z	mm	Zylinderlänge
m	kg	Masse
m_S	-	Steigung
n	-	Probenanzahl
n_C	-	Cantor-Generation
$n_{\|\|}$	N	Schichtkraft
$\hat{n}_{ax}/\hat{n}_U$	N/m	bezogene Schnittkraft in axiale und Umfangs-Behälterrichtung
$\hat{n}_x/\hat{n}_y/\hat{n}_{xy}$	N/m	bezogene Schnittkraft in Koordinatenrichtung
$\hat{n}_I/\hat{n}_{II}$	N/m	bezogene Schnittkraft in Hauptspannungsrichtung
nx/ny/nz	mm	Koordinaten des Normalenvektors
p	Pa	Druck
p_i	Pa	Behälter-Innendruck
q	W	Wärmestrom

r	mm	Radius
r_i	mm	lokaler Pfadradius
r_K	mm	Krümmungsradius
r_{Pol}	mm	Polöffnungsradius
r_R	mm	Andruckrollenradius
r_S	mm	Substratradius
r_Z	mm	Zylinderradius
s	mm	Integrationsvariable der bestrahlten geraden Tapelänge
s_{hor}	mm	horizontaler Abstand zwischen Laseroptik und Zwickelbereich
s_i	mm	Längeninkrement zwischen zwei Messpunkten
s_L	mm	Höhe des Laserspots im Fokus
s_T	mm	Länge des gerade einlaufenden Tapes
s_{ver}	mm	vertikaler Abstand zwischen Laseroptik und Zwickelbereich
t	s	Zeit
t_f	s	Zeitspanne für Konsolidierungsvorgang
t_k	mm	Dicke einer Laminatschicht
t_{Kreuz}/t_{Umfang}	mm	Dicke der Laminatschichten in Kreuz- bzw. Umfangslagen
v	mm/s	Fadenabzugsgeschwindigkeit / Tapevorschubgeschwindigkeit / Prozessgeschwindigkeit
x_{Pi}	mm	axiale Pfadkoordinate
z	-	Prozessstörgröße/n
$z_{Geometrie}$	-	geometrische Prozessstörgröße/n

Griechische Buchstaben

α_i	°	Auftreffwinkel eines Laserstrahls auf eine Oberfläche
α_L	°	Neigungswinkel der Laseroptik
α_W	°	Wickelwinkel
$\alpha_{W,Z}$	°	Wickelwinkel auf dem Zylinder
β	°	Faserorientierung innerhalb eines Laminats

δ_A	mm	Ablenkung der Andruckrolle
δ_R	mm	Einfederung der Andruckrolle
ε	-	Dehnung
θ	°	lokale radiale Behälterposition (lokaler Rotationswinkel um Behälterachse)
θ_i	°	Einstrahlwinkel des i-ten Laserstrahls
θ_L	°	Auslenkung der Laseroptik
θ_T	°	Winkel zwischen Zwickelbereich und Berührpunkt zwischen Tape und Andruckrolle
θ_W	°	Neigungswinkel des Tape-Applikators
ϑ_A	°	Aufweitung des Laserstrahls
ϑ_L	°	Einstrahlwinkel der Laseroptik ohne Rotation
ϑ_T	°	Einfallswinkel des Tapes
λ	W/mK	Wärmeleitfähigkeit
μ	-	Reibungskoeffizient
ξ_S	°	Integrationsvariable des bestrahlten Substrats
ξ_T	°	Integrationsvariable des bestrahlten Tapes auf der Andruckrolle
ρ	kg/m³	Dichte
ρ_m	-	gravimetrische Speicherdichte eines Druckbehälters
σ	MPa	Spannung
σ_f	MPa	zulässige Spannung in Faserrichtung
$\sigma_{\|\|zul}$	MPa	zulässige Spannung in einer Laminatschicht
τ	MPa	Schubspannung
τ_S	MPa	scheinbare interlaminare Scherfestigkeit
Φ_0	°	Orientierungswinkel des Hauptachsen-Koordinatensystems eines Laminats
φ_k	°	Schichtorientierung innerhalb eines Laminats
φ_R	°	Rotationswinkel
χ_{Pi}	°	lokale Winkelkoordinate eines Pfadpunkts
Ψ_i	J	Energie eines Laserstrahls
$\Psi_{i,a}$	J	absorbierte Gesamtenergie an einem betrachteten Oberflächenpunkt

$\psi_{i,a}$	J	absorbierte Energie eines Laserstrahls an einem Oberflächenpunkt
$\psi_{i,r}$	J	reflektierte Energie eines Laserstrahls an einem Oberflächenpunkt

Abkürzungen

2D	zweidimensional
3D	dreidimensional
CAD	computerunterstützte Auslegung (engl.: computer-aided design)
CAM	computerunterstützte Fertigung (engl.: computer-aided manufacturing)
CF	Kohlenstofffaser (engl.: carbon fiber)
CFK (CFRP)	kohlenstofffaserverstärkter Kunststoff (engl.: carbon fiber-reinforced plastics)
CPV	Druckbehälter aus Faserverbundkunststoff (engl.: composite pressure vessel)
Dom1	Druckbehälterdom (Abschlussseite)
Dom2	Druckbehälterdom (Anschlussseite)
Fraunhofer IPT	Fraunhofer-Institut für Produktionstechnologie IPT
EP	Epoxidharz
FEM	Finite-Elemente-Methode
FVK (FRP)	Faserverbundkunststoff (engl.: fiber-reinforced plastics)
GF	Glasfaser
GFK	glasfaserverstärkter Kunststoff
GT	Glasübergangstemperatur(-bereich)
H_2	Wasserstoff
KOS	Koordinatensystem
KST	Kristallitschmelztemperatur
OTOM	Name des verwendeten optisch-thermischen Simulationsmodells (engl.: Optimizing Thermo-Optical Model)
PA	Polyamid
PC	Polycarbonat
PE	Polyethylen
PF	Phenolharz

PEEK	Polyetheretherketon
PES	Polyethersulfon
PMMA	Polymethylmethacrylat
PP	Polypropylen
PPS	Polyphenylensulfid
Prepreg	vorimprägniertes Halbzeug (engl.: pre-impregnated material)
PVC	Polyvinylchlorid
RBS	Roboterbasiskoordinatensystem
RWS	Roboterwerkzeugkoordinatensystem
UD	unidirektional
UP	ungesättigte Polyesterharze
ST	Schmelztemperatur
Tan	Tangential
TCP	Werkzeugmittelpunkt (engl.: tool center point)
TCPV	Druckbehälter aus thermoplastischem Faserverbundkunststoff (engl.: thermoplastic composite pressure vessel)
TP	thermoplastisch
TP-FVK	thermoplastischer Faserverbundkunststoff
TVG	Tapevorschubgeschwindigkeit
VCSEL	oberflächenemittierender Laser (engl.: vertical-cavity surface-emitting laser)
VdW	Variation der Wendepunkte (Fertigungskonzept)
VE	Vinylesterharz
WKS	Werkstückkoordinatensystem
ZB	Zwickelbereich
ZT	Zersetzungstemperatur
Zyl	Druckbehälterzylinder

1 Einleitung

Faserverbundkunststoffe (FVK) zeichnen sich durch vorteilhafte Materialeigenschaften, wie beispielsweise hohe spezifische Steifigkeit und Festigkeit sowie chemische Beständigkeit und Korrosionswiderstand, aus. Bedingt durch den gesetzlichen Zwang zur Emissionsreduzierung und den damit verbundenen Trend zur Steigerung der Energieeffizienz, werden diese Hochleistungsmaterialien vermehrt in der Transport- und Mobilitätsindustrie für die Gestaltung neuer, innovativer Produkte genutzt [BEEC21; PRNE21]. Insbesondere der Einsatz von kohlenstofffaserverstärkten Kunststoffen (CFK) steigt, unter anderem getrieben durch die Verwendung in Kraftfahrzeugen, stetig an [WITT18, S. 40-44]. Speziell thermoplastische, endlosfaserverstärkte Kunststoffkomponenten versprechen aufgrund ihrer mechanischen Eigenschaften, verkürzter Fertigungszeiten ohne nachträgliche Aushärteschritte und verbesserter Recyclingfähigkeit hohes Potential [SHAH21; YANY12, S. 56]. Um dieses im Kontext der Massenproduktion nutzen zu können, besteht jedoch ein erheblicher Forschungsbedarf zur Kostenreduzierung, Automatisierung und robusten Einstellung bestehender Produktionsprozesse und -systeme [FROS16, S. 4-22; HOLM17, S. 297-298; SHAH21; WILS17, S. 101].

Eine Schlüsseltechnologie für den Einsatz von FVK in der Transport- und Mobilitätsindustrie stellt die Fertigung von Druckbehältern für die Speicherung und den Transport von Wasserstoff für die Brennstoffzellentechnologie dar [GARD20; RED14]. Signifikante Vorteile gegenüber Batterieantrieben weist die Verwendung von Brennstoffzellen insbesondere bei Nutzfahrzeugen auf, die sich durch hohes Gewicht und große zurückgelegte Distanzen auszeichnen [BLEC21]. Die materialseitigen Vorteile von FVK und die legislatorischen Anreize zur Entwicklung alternativer Antriebstechnologien stützen die Prognosen eines Bedarfs von 19.500 t Kohlenstofffasern für Druckbehälter zur Energiespeicherung bis 2025 bei einer kumulierten jährlichen Wachstumsrate des zugehörigen Markts für Brennstoffzellenantriebe von 38 % bis 2026 [SLOA20]. Schon im Jahr 2020 liegt der Bedarf bei 14.950 t und damit bei ca. 10 % der Produktionskapazität der weltweit führenden Kohlenstofffaser-Hersteller [SAUE21; SLOA20]. Da der Einsatz von FVK in Druckbehältern im Gegensatz zu Metallen höhere Gasdrücke und eine höhere Energiespeicherdichte bei verbesserter Korrosionsbeständigkeit und erhöhtem Ermüdungswiderstand ermöglicht, werden auch Behälter zur Speicherung von Druckluft oder Erdgas durch FVK verstärkt [RED14]. Jedoch existiert bisher kein Ansatz, Druckbehälter gezielt für die Verstärkung durch thermoplastische FVK (TP-FVK) auszulegen. Eine gezielte Produktauslegung und Prozessführung für diese Materialgruppe verspricht daher eine Steigerung der Prozessgeschwindigkeit und Recyclingfähigkeit bei optimiertem Design und verringertem Materialeinsatz.

Am Fraunhofer IPT werden seit mehr als 25 Jahren laserunterstützte Verarbeitungsprozesse für unidirektional faserverstärkte, thermoplastische Halbzeuge, so genannte „Tapes", entwickelt [ESCH01, S. 104-110]. Die in-situ Konsolidierung der TP-FVK gestattet dabei eine signifikante Steigerung der Prozessgeschwindigkeit durch das Auslassen zusätzlicher, zeitintensiver Aushärteschritte [SCHI05, S. 51-65]. Trotz dieser Vorteile besteht eine Lücke zur Prozessbefähigung für eine robuste, optimierte Fertigung komplexer Bauteile mit gekrümmten Oberflächen wie beispielsweise Druckbehälter. Datenbasierte Digitalisierungs- und Fertigungsansätze weisen das Potential auf, diese durch steigende Nachfrage und erhöhten Preisdruck insbesondere in der Transport- und Mobilitätsindustrie bestehenden Herausforderung zu bewältigen [CALA16, S. 5735]. Eine gezielte Datensammlung und -analyse in Echtzeit ermöglicht dabei die Führung adaptiver, robuster und transparenter Prozesse mit kurzen Reaktionszeiten und verbesserter Qualität der hergestellten Komponenten [BENB18]. Einen Vorteil generieren diese datenbasierten Entwicklungsansätze allerdings nur bei anwendungsorientierter Weiterentwicklung existierender und beherrschter Produktionstechnologien [BENB18; CALA16, S. 5738; PARM21, S. 23].

Auf Basis einer systematischen Produkt- und Prozessanalyse wird in dieser Arbeit ein adaptiver Prozess für die Herstellung von Verstärkungslagen für Druckbehälter aus thermoplastischem, unidirektional faserverstärktem Endlosfaserhalbzeug (Tape) entwickelt. Hierzu werden in einem ersten Schritt bisherige Auslegungsverfahren für duroplastische FVK-Druckbehälter evaluiert und unter Berücksichtigung der Eigenschaften thermoplastischer FVK erweitert. Die Konzeptentwicklung für die Herstellung von TP-FVK-Druckbehälter schließt die Identifikation und Bewertung relevanter Prozessparameter und Rahmenbedingungen sowie die Adaption der am Fraunhofer IPT entwickelten Prozess- und Anlagentechnik für die Ablage auf thermoplastischen, rotationssymmetrischen Kunststofflinern (Druckbehälter-Typ IV) ein. Auf diese Weise werden kritische Bereiche und Prozessgrößen erkannt und die anschließende Prozessanalyse und -entwicklung motiviert. Die ortsaufgelöste Visualisierung während der Fertigung erhobener Daten als digitaler Schatten befähigt die gezielte Identifikation kritischer Bereiche und eine iterative Prozessentwicklung und Qualitätskontrolle. Dies umschließt die Modellierung und Analyse wichtiger Prozessparameter für die Druckbehälterherstellung aus thermoplastischen Tapes. Diese werden für eine adaptive Prozesssteuerung benötigt, welche eine stabile Konsolidierungsqualität innerhalb der Verstärkungslagen angesichts instationärer, volatiler Prozessbedingungen sicherstellt. Das neue Fertigungskonzept für TP-FVK-Druckbehälter und der neue Ansatz der Online-Prozessführung werden abschließend experimentell durch die Herstellung optimierter Druckbehälter validiert.

Introduction

Fiber-reinforced plastics (FRP) are characterized by advantageous material properties, such as high specific stiffness and strength as well as chemical resistance and corrosion resistance. Due to the legal requirement to reduce emissions and the associated trend towards increased energy efficiency, these high-performance composite materials are increasingly being used in the transport and mobility industry for the design of new, innovative products [BEEC21; PRNE21]. In particular, the use of carbon fiber-reinforced plastics (CFRP) is steadily increasing, driven among others by commercial vehicle applications [WITT18, pp. 40-44]. Thermoplastic, unidirectional fiber-reinforced plastic components promise high potential due to their mechanical properties, shorter production times without subsequent curing steps and improved recyclability [SHAH21; YANY12, p. 56]. However, to exploit this in the context of mass production, there is a considerable need for research into cost reduction, automation and the robust control of existing production processes and systems. [FROS16, pp. 4-22; HOLM17, p. 297-298; SHAH21; WILS17, p. 101].

A key technology for the use of FRP in transport and mobility is the manufacture of pressure vessels for the storage and transport of hydrogen and the facilitation of the fuel cell technology [GARD20; RED14]. Especially for heavy-duty vehicles, which are characterized by high weight and long distances traveled, the use of fuel cells has significant advantages over battery drives [BLEC21]. The material-related advantages of composites and legislative incentives to develop alternative propulsion technologies support forecasts of a demand for 19,500 t of carbon fibers for energy storage pressure vessels by 2025, with a cumulative annual growth rate of 38 % in the associated fuel cell propulsion market through 2026 [SLOA20]. In 2020, the demand of 14,950 t accounts for approximately 10 % of the production capacity of the global leading manufacturers of carbon fibers [SAUE21, SLOA20]. Since the use of FRP in pressure vessels, as opposed to metals, enables higher gas pressures and energy storage density with improved corrosion resistance and increased fatigue resistance, vessels for the storage of compressed air or natural gas are also strengthened by composite materials [RED14]. However, no approach exists to date to specifically design pressure vessels for thermoplastic FRP reinforcement. A targeted product design and process control for this material group promises an increase in process speed and recyclability with optimized design and reduced material use.

At the Fraunhofer IPT, laser-assisted processing technologies for unidirectional fiber-reinforced, thermoplastic tapes have been developed for more than 25 years [ESCH01, pp. 104-110]. The in-situ consolidation of thermoplastic FRP allows a significant increase in process speed by omitting additional, time-consuming curing steps [SCHI05, pp. 51-65]. Despite these advantages, there is a gap in process enablement for robust, optimized manufacturing of complex components with curved surfaces such as pressure vessels. Data-based digitization and manufacturing approaches show the potential to address this challenge posed by rising demand and increased price pressure, particularly in transport and mobility [CALA16, p. 5735]. In this context, data collection and analysis in real time enables the development of adaptive, robust and transparent processes with short response times and improved quality of the manufactured components [BENB18]. However, these data-based development approaches generate an advantage only with further application-oriented development of existing and mastered production technologies. [BENB18; CALA16, p. 5738; PARM21, p. 23].

Based on a systematic product and process analysis, this work covers the development of an adaptive process to produce reinforcement layers for pressure vessels made of thermoplastic unidirectional fiber-reinforced tape. For this purpose, previous design methods for thermoset composite pressure vessels are evaluated and extended considering the properties of thermoplastic FRP. The concept development for the production of thermoplastic composite pressure vessels includes the identification and evaluation of relevant process parameters and boundary conditions as well as the adaptation of the process and equipment technology developed at the Fraunhofer IPT for the deposition on thermoplastic, rotationally symmetric plastic liners (pressure vessel type IV). In this way, critical areas and process variables are identified and subsequent process analysis and development are motivated. Spatially resolved visualization of data collected during manufacturing as a digital shadow enables targeted identification of critical areas and iterative process development and quality control. This includes modeling and analysis of key process parameters for pressure vessel manufacturing. These are needed for an adaptive process control that ensures stable consolidation quality within reinforcement layers considering transient, volatile process conditions. The new design of thermoplastic composite pressure vessels and the new approach of online process control is finally validated by manufacturing optimized pressure vessels.

2 Stand der Technik

State of the art

Zu Anfang werden in Kapitel 2.1 die Eigenschaften thermoplastischer Faserverbundkunststoffe (TP-FVK) und endlosfaserverstärkter Halbzeuge (Tapes) herausgestellt sowie die Grundlagen der Auslegung und Herstellung von FVK-Bauteilen dargelegt. Im Anschluss werden Typen, Herstellungsverfahren und Anwendungsgebiete von FVK-Druckbehältern erörtert (Kapitel 2.2). Kapitel 2.3 behandelt explizit den laserunterstützten Tapewickelprozess als Produktionsverfahren für TP-FVK-Druckbehälter und hebt die Herausforderungen bei der Fertigung gekrümmter Bauteilgeometrien hervor. Abschließend werden in Kapitel 2.4 bestehende Optimierungsansätze beschrieben, welche dem Ziel untergeordnet sind, die qualitativen Ergebnisse des Tapewickelverfahrens bezüglich der Konsolidierungsgüte beherrschbar zu gestalten.

2.1 Faserverbundkunststoffe

Fiber-reinforced plastics

Verbundwerkstoffe sind als Kombination von mindestens zwei, nicht ineinander löslichen Materialien mit unterschiedlichen Eigenschaften definiert. Diese bilden eine makroskopisch homogene Einheit mit für einen spezifischen Anwendungsfall maßgeschneiderten Funktionen. Im Fall eines auf den Anwendungsfall abgestimmten Materialdesigns weist der entstehende Werkstoff dabei Eigenschaften auf, die über die der Einzelkomponenten hinausgehen. Dies kann beispielsweise Festigkeit, Steifigkeit, Korrosionswiderstand, Verschleißwiderstand, Gewicht, Dauerfestigkeit, thermische oder akustische Eigenschaften betreffen. [DOMI08, S. 4-5; NEIT14, S. 3-4]

Zweiphasige Verbundwerkstoffe bestehen typischerweise aus einer Verstärkungskomponente, welche in einer Matrixkomponente eingebettet ist. Zu gängigen Matrixwerkstoffen gehören Metall, Keramik oder Kunststoff. Die Matrix übt eine Schutzfunktion gegen äußere mechanische, thermische oder chemische Belastungen aus und sorgt für Krafteinleitung und -verteilung auf die Verstärkungskomponente. Diese kann in Form von Fasern, Whiskern oder Partikeln vorliegen und weist in der Regel hervorragende Festigkeits- und Steifigkeitswerte auf, welche sie prädestiniert, die wirkenden äußeren Lasten aufzunehmen. Die Eigenschaften der Grenzschicht, bestimmt durch das wechselseitige Adhäsionsvermögen zwischen Verstärkungs- und Matrixkomponente, beeinflussen das Lastaufnahme- und Schadensverhalten des Gesamtverbunds wesentlich. [CHER11, S. 639-641; KAR17, S. 2-10]

Als Untergruppe der Verbundwerkstoffe haben sich Faserverbundkunststoffe dank ihres vielfältigen Funktionsspektrums als moderne Werkstoffklasse in verschiedenen Anwendungen etabliert [WITT10, S. 17-18]. Gegenüber Metallen zeichnen sich FVK durch geringes Gewicht, Zugfestigkeit, Dimensionsstabilität, Korrosionswiderstand, gutes dynamisches und akustisches Verhalten sowie die Möglichkeiten einer endkonturnahen Fertigung, Flexibilität in der Auslegung und Funktionsintegration aus [MALL07, S. 2-6]. Einsatzgebiete befinden sich in verschiedensten Industrien wie

Luft- und Raumfahrt, Automobilbau, Schiffbau, Maschinenbau, Elektrotechnik und Bauwesen [SCHU07, S. 5-11]. Der bedeutendste Nachteil von FVK besteht in den hohen Produktionskosten, welche durch Optimierung von Ausgangswerkstoffen und Herstellungsverfahren reduziert werden können [LAES12, S. 13-21]. Zusätzlich bestehen für etablierte FVK-Bauteile oft keine Konzepte für ein ganzheitliches Recycling [YANY12, S. 53-55].

In den folgenden Abschnitten wird zuerst auf die Komponenten von FVK sowie auf FVK-Halbzeuge eingegangen (Kapitel 2.1.1 und 2.1.2). Nachfolgend werden in Kapitel 2.1.3 allgemeine Aspekte der Auslegung und Herstellung von FVK-Bauteilen aufgezeigt.

2.1.1 Faser- und Matrixmaterialien

Fiber and matrix materials

Als Verstärkungskomponente übernehmen die Fasern die Funktion der Lastaufnahme in Faserverbundkunststoffen. Generell weisen Werkstoffe in Faserform höhere Festigkeiten und zum Teil höhere Steifigkeiten auf als in kompakter Form. Dies ist auf den Größeneffekt zurückzuführen, da die statistische Anzahl festigkeitsreduzierender Fehlstellen, an denen Spannungsüberhöhungen durch Kerbwirkung entstehen, in einem reduzierten Volumen geringer ausfällt. Die Faserform sorgt darüber hinaus durch die Orientierung der stärksten atomaren Bindung in Längsrichtung für ein anisotropisches Verhalten des Gesamtverbunds. Aus diesem Grund sollten äußere Lasten für optimale mechanische Eigenschaften einer FVK-Komponente immer in Faserrichtung aufgenommen werden. [NEIT14, S. 31-41; SCHU07, S. 21-26]

Angesichts der lasttragenden Funktion bestimmt die Wahl der Verstärkungsfaser maßgeblich die mechanischen Eigenschaften des Verbundwerkstoffs. In kommerziellen Anwendungen haben sich Glas und Kohlenstoff als Faserwerkstoffe aufgrund ihrer hervorragenden physikalischen und chemischen Eigenschaften durchgesetzt [CHER11, S. 62-63]. Weitere gebräuchliche Faserarten umfassen Aramidfasern, Polymerfasern, Naturfasern, Borfasern und Keramikfasern [MALL07, S. 54-59].

Tabelle 2.1 enthält Kennwerte kommerzieller Glas- und Kohlenstofffasern. Fasern aus Glas stellen das häufigste Verstärkungsmaterial für FVK dar. Sie weisen bei vergleichsweise geringen Herstellungskosten eine hohe Festigkeit und chemische Beständigkeit auf, sind jedoch anfällig für Abrieb und tendenziell hygroskopisch [KAR17, S. 8-9; MALL07, S. 42-46]. Im Vergleich zu Glasfasern besitzen Kohlenstofffasern dank starker Kohlenstoff-Kohlenstoff-Bindungen prinzipiell höhere Festigkeiten und Steifigkeiten. Sie sind chemisch weitgehend inert, thermisch stabil und biokompatibel [WITT10, S. 139-146]. Die vergleichsweise hohen Materialkosten folgen insbesondere aus der notwendigen Qualität der Vorprodukte sowie dem Energieaufwand der Herstellung [LAES12, S. 13-21]. Zum Schutz der Fasern und für eine bessere Haftung an der Matrix werden Fasern oft mit einer Schlichte versehen [CHER11, S. 64-66]. Verbreitete Anwendungen im kostensensitiven Bau- und Transportwesen begründen die klare Marktdominanz von glasfaserverstärkten

Kunststoffen (GFK), welche einen Gesamtmengenanteil von ca. 95 % aller hergestellten FVK-Komponenten darstellen. Kohlenstofffaserverstärkte Kunststoffe (CFK) zeigen mit einer durchschnittlichen jährlichen Wachstumsrate der Produktion von ca. 12 % jedoch verstärkte Nachfragezahlen und sind für lasttragende Bauteile in Luft- und Raumfahrt und im Automobilbau durch ihre besseren mechanischen Eigenschaften meist alternativlos. Der weltweite Gesamtumsatz mit CFK von deutlich über 20 Milliarden Euro unterstreicht die Hochwertigkeit der produzierten Bauteile und den daraus folgenden Druck zur optimalen Materialausnutzung [BREU16, S. 56-60; WITT18].

Tabelle 2.1: Kennwerte der kommerziell wichtigsten Verstärkungsfasern [MALL07, S. 34; NEIT14, S. 32]

Characteristic values of commercially important reinforcing fibers

Material	Glas	Kohlenstoff
Typischer Faserdurchmesser [µm]	10	5-10
Dichte [g/cm³]	2,46-2,54	1,55-2,15
Elastizitätsmodul (Zug) [GPa]	72,4-90,0	50-800
Zugfestigkeit [MPa]	3450-4500	1000-5650
Bruchdehnung (Zug) [%]	4,0-5,7	0,32-2,30
Druckfestigkeit [GPa]	1,1	0,7-2,9
Maximale Anwendungstemperatur [°C]	250-350	400-600
Thermischer Ausdehnungskoeffizient (in Faserrichtung) [10^{-6}/°C]	2,9-5,0	(-1,45) - (-0,60)

Neben der Übertragung der Lasten in die Verstärkungsfasern übernimmt die Matrix im FVK die Aufgaben der Faserfixierung und des Schutzes gegen äußere Einflüsse, z. B. Chemikalien, Feuchtigkeit und Abrasion. Dabei bestimmt die Matrixkomponente in Bezug auf den Gesamtverbund insbesondere die Druckfestigkeit, interlaminare Scherfestigkeit, Torsionsfestigkeit, den Betriebstemperaturbereich und die Prozessparameter der Bauteilfertigung. Voraussetzung für eine optimale Lastaufnahme des Verbunds ist, dass die Matrixkomponente gegenüber der Verstärkung einen geringeren Elastizitätsmodul und eine höhere Dehnungsfähigkeit aufweist. [MALL07, S. 60-69; MAZU02, S. 46-54]

Die beiden dominanten FVK-Matrixwerkstoffe werden in Bild 2.1 vorgestellt. Bei duroplastischen Kunststoffen führt eine irreversible chemische Vernetzungsreaktion zu einem engmaschigen Netzwerk der kettenförmigen Polymermoleküle. Dadurch folgt eine hohe Wärmeformbeständigkeit, Chemikalienbeständigkeit und geringe Kriechneigung dieser Materialien bei einer hohen Sprödigkeit. Eine Aufschmelzung oder Formung ist nach der Vernetzung nicht mehr möglich. Vorteilhaft ist die geringe

Viskosität des Materials vor der Aushärtung, welche die Imprägnierung der Verstärkungsfasern vereinfacht. [NEIT14, S. 42-56; SCHU07, S. 84-85]

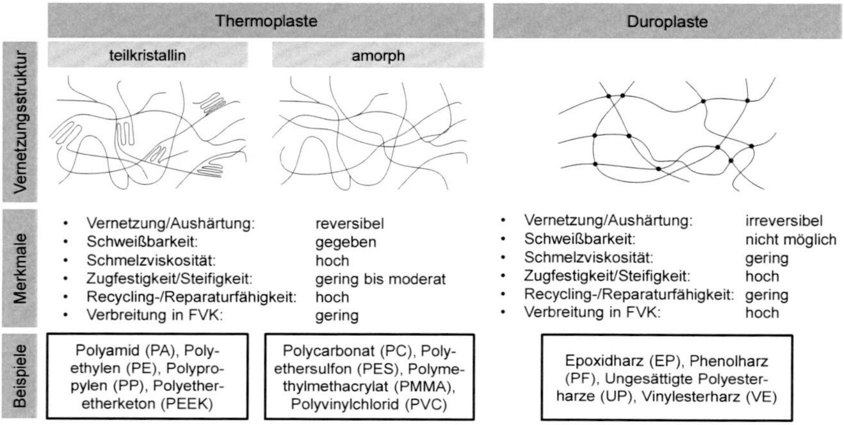

Bild 2.1: Gegenüberstellung von thermoplastischen und duroplastischen Matrixkunststoffen [CHER11, S. 649-651; DOMI08, S. 5-13]

Comparison of thermoplastic and thermoset matrix polymers

Da die Kettenmoleküle thermoplastischer Kunststoffe nicht vernetzt sind, kann eine Verarbeitung im viskosen Schmelzzustand erfolgen. Dieser tritt bei amorphen Thermoplasten oberhalb der Erweichungstemperatur der amorphen Struktur und bei teilkristallinen Thermoplasten oberhalb der Schmelztemperatur auf. Der Aufschmelz- und Erstarrungsvorgang ist theoretisch beliebig oft reversibel und begründet die unbegrenzte Schweiß- und Formbarkeit sowie die Reparatur- und Recyclingfähigkeit von Thermoplasten. Die hohe Viskosität der Schmelze erschwert die Faserimprägnierung und erfordert im Vergleich zu duroplastischen FVK höhere Verarbeitungstemperaturen und -drücke. Vorteilhafte Eigenschaften von TP-FVK gegenüber duroplastischer FVK umfassen kürzere Produktionszeiten aufgrund nicht benötigter Vernetzungsreaktion, hohe Schlagzähigkeit, Bruchdehnung und -widerstand, Impermeabilität und unbegrenzte Lagerfähigkeit. Obwohl duroplastische FVK den Markt dominieren, weisen thermoplastische FVK aufgrund ihrer Eigenschaften höhere Zuwachsraten auf. [DOMI08, S. 5-14; MARS13; NEIT14, S. 56-67; OSSW17, S. 5-9]

2.1.2 Halbzeuge mit Endlosfaserverstärkung

Semi-finished materials with unidirectional fiber reinforcement

Bild 2.2 stellt die vier grundlegenden Bestandteile einer Wertschöpfungskette zur Herstellung von FVK-Bauteilen dar. Häufig wird dabei der komplexe Produktionsschritt der Faserimprägnierung bzw. die Tränkung der Verstärkungsfasern durch den Matrixkunststoff von den restlichen Kettengliedern durch eine vorgelagerte Halbzeugfertigung entkoppelt, um die Fertigungstiefe zu verringern und die Produktqualität zu steigern [JANS20, S. 44; LAES12, S. 10; SCHU07, S. 137]. Die Halbzeuge werden in diesem Fall als „Prepregs“ (engl.: pre-impregnated materials; vorimprägnierte Halbzeuge) bezeichnet. Diese bestehen aus einzelnen Fasern, Faserbündeln, Gelegen oder Geweben, welche in flacher Form getränkt und anschließend für eine spätere Verwendung gelagert werden. Durch die vorgezogene Halbzeugfertigung kann eine vollständige und kontrollierte Benetzung der Verstärkungsfasern bei gleichbleibenden Materialeigenschaften und konstantem Faservolumengehalt sichergestellt werden. Diese hohen Qualitätsstandards führen einerseits zu hohen Halbzeugkosten, andererseits jedoch auch zu einer breiten Anwendung von Halbzeugen in vielen FVK-verarbeitenden Industrien. [MAZU02, S. 58-62; WITT10, S. 233-237]

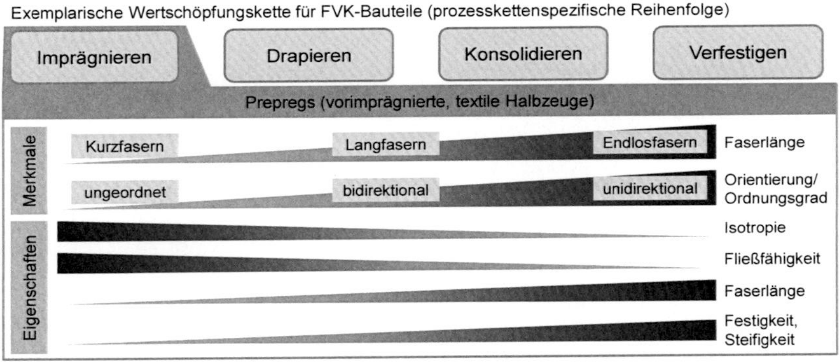

Bild 2.2: Grundlegende Produktionsschritte zur Herstellung eines dreidimensionalen, faserverstärkten Kunststoffbauteils und Auslagerung des Imprägniervorgangs durch Verwendung von Halbzeugen [CHER11, S. 381-384; MAZU02, S. 130-132]

Basic production steps for the manufacturing of a three-dimensional, composite component and outsourcing of the impregnation process by utilization of semi-finished products

Entsprechend der Wahl der Verstärkungsfasern sowie des Matrixpolymers unterscheiden sich die Eigenschaften der Halbzeuge (s. Bild 2.2). Die höchsten Faservolumengehalte, Festigkeiten und Steifigkeiten innerhalb einer Lage können mit in einer Vorzugsrichtung orientierten (unidirektional - „UD“), quasi endlos vorliegenden Fasern in gestreckter Form erreicht werden. Mittels UD-Halbzeugen können Eigenschaften von FVK-Lagen richtungsabhängig und flexibel bei geringem Bauteilgewicht eingestellt werden. Aus diesem Grund werden vollständig imprägnierte UD-Halbzeuge vornehmlich für den Laminataufbau von Bauteilen mit höchsten mechanischen Anforderungen eingesetzt. [BREU16, S. 107-111; CHER11, S. 644-649]

Aufgrund der hohen Schmelzviskosität thermoplastischer Kunststoffe werden diese vorzugsweise der Halbzeugproduktion zugeführt, um den Imprägnierungsschritt auszulagern und eine homogene Faser-Matrix-Durchmischung sicherzustellen [CHER11, S. 27-33]. Bandförmige, endlosfaserverstärkte, thermoplastische Tapes zeichnet hohes Energieabsorptionsvermögen, Korrosionsbeständigkeit, mehrfache und dreidimensionale Formbarkeit und eine flexible und großserientaugliche Anwendung bei kurzen Zykluszeiten aus. Die Verarbeitung erfolgt oberhalb der Schmelztemperatur der Matrixkomponente. Für die finale Bauteilqualität ist eine gleichmäßig hohe Tapequalität entscheidend (s. Bild 2.3). [NEIT14, S. 171-187; SCHU07, S. 156-157]

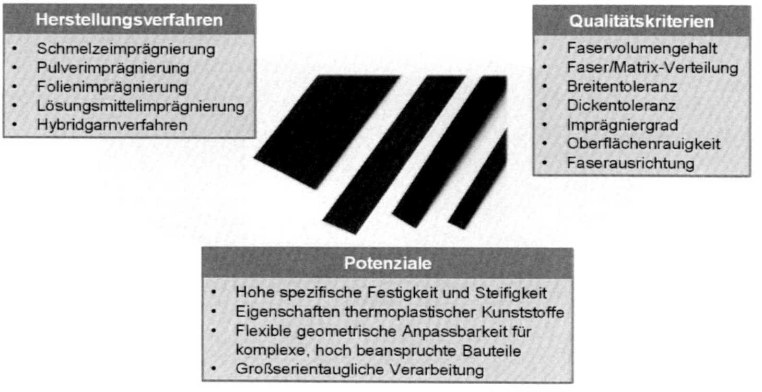

Bild 2.3: Unidirektionale, thermoplastische Endlosfaserhalbzeuge im Spannungsfeld von Herstellungsverfahren, Qualitätskriterien und Potenzialen [BREU16, S. 107-111; NEIT14, S. 171-187]

Manufacturing processes, quality criteria and potentials of unidirectional thermoplastic semi-finished products

2.1.3 Auslegung und Herstellung von Bauteilen aus Faserverbundkunststoffen

Design and manufacturing of composite parts

Als Konstruktionsmaterial zeichnet FVK gegenüber anderen Werkstoffen insbesondere die Inhomogenität und Anisotropie bezüglich seiner konstitutiven Bestandteile aus. Strukturelle Bauteilauslegungen erfolgen vorwiegend makromechanisch, indem das Material als homogen mit gemittelten Eigenschaften betrachtet wird. Die mikromechanische Herangehensweise, welche die Wechselwirkungen zwischen den Komponenten im Material einbezieht, wird dabei vernachlässigt. Aufgrund von Symmetrieebenen im Material kann zudem in vielen Fällen orthotropes Verhalten als Spezialfall der Anisotropie angenommen werden, wodurch sich die konstruktiv benötigte Anzahl materialspezifischer Kennwerte verringert. Die Auslegung eines Laminats erfolgt üblicherweise schichtweise. Als Schicht werden hierbei alle Lagen einer Faserorientierung zusammengefasst. Bei UD-Laminatschichten wird davon ausgegangen, dass die Fasern parallel und gerade verlaufen, die Faserverteilung gleichmäßig ausfällt und Fasern und Matrix ideal aneinanderhaften. [JONE99, S. 11-18; MICH01, S. 452; SCHU07, S. 14-17; WIED07, S. 3-9]

Ein Vorgehen für die fertigungsgerechte Bauteilauslegung ist in Bild 2.4 aufgeführt. Das Fertigungsverfahren sollte möglichst früh im Konstruktionsprozess festgelegt werden, um die realisierbaren Faserorientierungen, Geometrien und Stückzahlen entsprechend einzugrenzen [WITT10, S. 289-293]. Bei festigkeitsdominierten Bauteilen folgt auf eine Spannungsanalyse, bei welcher die lokalen Schicht- und globalen Laminatspannungen ermittelt werden, eine Festigkeitsanalyse, um die wirkenden Lasten mit den maximal zumutbaren Lasten zu vergleichen [KNOP08, S. 21-35]. Hierbei muss beachtet werden, dass die Belastungstoleranz quer zur Faser in UD-Laminatschichten wesentlich geringer als in Faserrichtung ausfällt [CARV95, S. 81]. Aufgrund des hohen Komplexitätsgrads der Auslegung nicht-isotroper FVK-Laminate werden häufig rechnergestützte Programme auf Basis der Finite-Elemente-Methode (FEM) verwendet, die mit experimentell gewonnenen Kennwerten bezüglich der Materialfestigkeiten bei definierter Belastung arbeiten [HUAN11, S. 99-100].

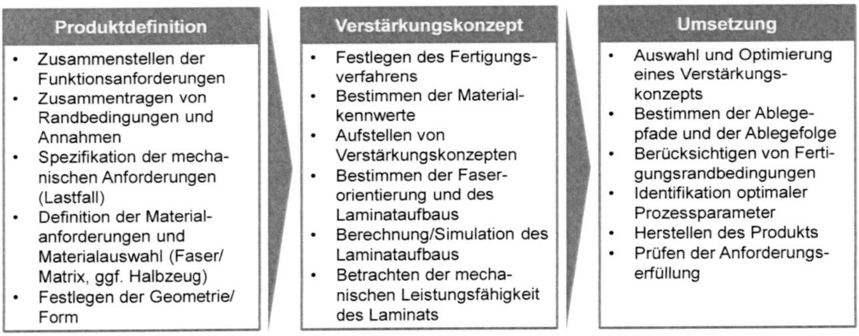

Bild 2.4: Prinzipielles Vorgehen bei der Auslegung von FVK-Bauteilen [KOUS04, S. 8; MAZU02, S. 103; WITT10, S. 290]

Basic procedure for the design of composite components

Zwecks Verringerung der Komplexität wird bei der Auslegung von FVK-Bauteilen vielfach der Grundsatz verfolgt, dass die Faserstruktur alle Lasten alleine trägt [WIED07, S. 495]. Unter dieser Prämisse und der Voraussetzung, dass ein Matrixversagen keine gravierenden Folgen, wie z. B. einen Dichtheitsverlust, hervorruft, liefert die Netztheorie eine einfache und direkte Optimaldimensionierung von FVK-Laminaten. Mithilfe statisch bestimmter Kräftegleichgewichte können durch die Netztheorie Laminate mit allgemein bis zu drei, bei symmetrischer Faserorientierung bis zu vier Faserrichtungen berechnet werden. Das Ziel besteht hierbei in der maximalen Werkstoffausnutzung. [SCHU07, S. 451-472; VOLZ91, S. 32-33]

Die klassische Laminattheorie berücksichtigt hingegen den Traganteil der Matrix und betrachtet die Einzelschichten makromechanisch als homogenes Kontinuum mit unterschiedlichen Materialkennwerten in Längs- und Querrichtung der Fasern. Für jede Schicht k eines Laminats werden mittels der richtungsabhängigen Steifigkeiten Q elementare Zusammenhänge zwischen Spannung σ und Dehnung ε bestimmt [JONE99, S. 190-195]:

$$\{\sigma\}_k = [\bar{Q}]_k\{\varepsilon\}_k \tag{2.1}$$

Die Voraussetzung für die Anwendung der klassischen Laminattheorie besteht darin, dass die Dicke des betrachteten Elements wesentlich geringer als die anderen Dimensionen ausfällt. Eine Vielzahl rechnergestützter Auslegungsprogramme basiert auf der klassischen Laminattheorie. [HUAN11, S. 148-157; MICH01, S. 452]

Die grundsätzlichen Auslegungsschritte gemäß Netztheorie und klassischer Laminattheorie sind in Bild 2.5 gegenübergestellt.

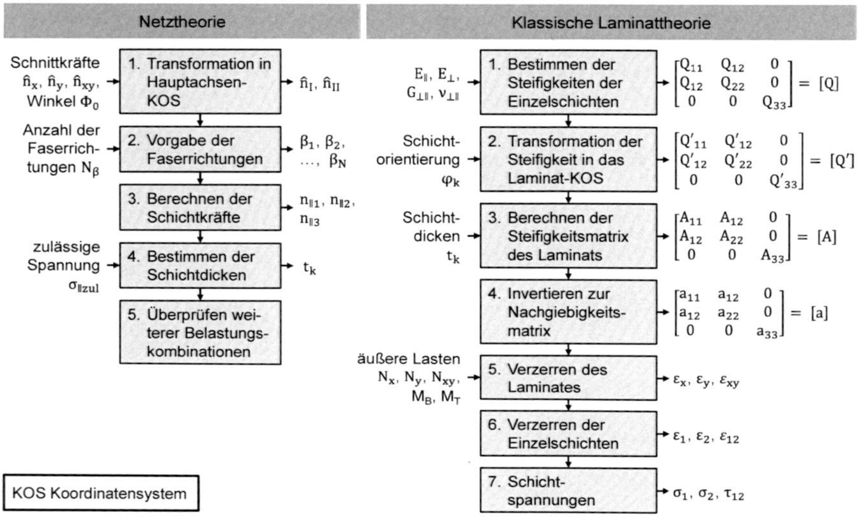

Bild 2.5: Schrittweiser Ablauf von Netztheorie und klassischer Laminattheorie [LENG17, S. 31; SCHU07, S. 225/462; WITT10, S. 301]

Stepwise sequence of netting theory and classical laminate theory

Nach erfolgter Auslegung und Festlegung des Verstärkungskonzepts erfolgt die Herstellung des entsprechenden Produkts. Die Verarbeitung von FVK wird dabei aufgrund der geringen thermischen Leitfähigkeit von Polymeren durch Erwärm- und Abkühlvorgänge bestimmt [OSSW17, S. 240]. Duroplastische FVK weisen den Vorteil einer geringen Viskosität im flüssigen Verarbeitungszustand auf. Dies vereinfacht die Prozessführung und reduziert die benötigte Wärme- und Druckeinbringung. Die lange Vernetzungszeit limitiert jedoch die Produktionsraten, sodass thermoplastische FVK trotz aufwendigerer Prozessführung als geeigneter für Großserienproduktion angesehen werden. Eine umformende Verarbeitung findet bei teilkristallinen Thermoplasten generell oberhalb der Schmelztemperatur statt. Eine durchgängige Qualitätssicherung erfordert daher eine vollständige Fasertränkung und konstante Prozessbedingungen. [FLEI07, S. 29-32; MAZU02, S. 132-133]

Typische Verarbeitungsfehler in FVK-Laminaten aus Endlosfaserhalbzeugen umfassen unzureichende Verschmelzung, auftretende Porosität, Delamination, Verschmutzung durch Fremdkörper, inhomogene Faser-Matrix-Verteilung, Abweichungen von der Faserorientierung und der gestreckten Faserausrichtung, Überlagerungen und Lücken innerhalb einer Lage sowie fehlerhafte Schnittkanten [BREU16, S. 84-91; VOEL18, S. 7-8]. Insbesondere das Auftreten von Poren im Material gilt als wichtige Größe für die Leistungsfähigkeit einer FVK-Struktur [KABI00, S. 247]. Diese lokalen

Fehlstellen fördern Rissbildung und Laminatversagen, welches im Rahmen von Festigkeitsanalysen in folgende Kategorien eingeteilt wird [KNOP08, S. 5-19]:

- Delamination – Trennung zwischen einzelnen Lagen;
- Faserbruch – meist gleichzeitiges Versagen mehrerer Faserbündel als Ziel-Versagensart vieler Auslegungsmethoden;
- Zwischenfaserbruch – umfasst sowohl Kohäsionsbruch innerhalb der Matrix als auch Adhäsionsbruch zwischen Faser und Matrix.

Im weiteren Verlauf dieser Arbeit wird der Fokus auf die Bauteilauslegung- und -herstellung mit Endlosfaserhalbzeugen aus teilkristallinen Thermoplasten gelegt.

2.2 FVK-Druckbehälter

Composite pressure vessels

Dank ihrer vorteilhaften Eigenschaften werden Faserverbundkunststoffe in verschiedenen Anwendungen und Industrien verwendet [MALL07, S. 6-23]. Insbesondere die Transport- und Mobilitätsindustrie gilt durch die Suche nach selektiven Einsatzmöglichkeiten, in welchen das Leichtbaupotenzial von FVK voll ausgenutzt werden kann, als Innovationstreiber für Massenanwendungen der Werkstoffgruppe [LAES12, S. 25-26]. Insbesondere für Nutzfahrzeuge spielt Wasserstoff als sauberer Energieträger und Alternative zu Verbrennungsmotoren und Batterietechnik eine bedeutende Rolle. Neben der Herstellung von Brennstoffzellen und der Verteilung von Wasserstoff liegt eine große Herausforderung in der sicheren Speicherung des Gases [AIRL20]. Der Einsatz von FVK in entsprechenden Druckbehältern zur Energiespeicherung bietet die Vorteile, dass sich das Bauteilgewicht verringert und somit die Fahrzeugnutzlast steigt und dass Schäden durch Korrosion, die bei Metallbehältern durch Kondenswasser auftritt, vermieden werden [SCHU06, S. 215]. Zudem ist im Vergleich mit metallischen Behältern eine gesteigerte Gasdichte und somit eine erhöhte Energiedichte bei geringer Leckage und hohem Ermüdungswiderstand möglich [VILL11, S. 1-2]. Nach einer Einführung der Druckbehälter-Typen und zugehörigen Herstellungsverfahren in Kapitel 2.2.1 wird in Kapitel 2.2.2 auf die Anwendungsgebiete von FVK-Druckbehältern und die assoziierten Anforderungen eingegangen.

2.2.1 Typen und Herstellungsverfahren

Types and production technologies

Entsprechend ihrer Materialzusammenstellung werden insgesamt fünf Typen von Druckbehältern unterschieden (s. Bild 2.6). Druckbehälter müssen als grundlegender Teil eines Wasserstoff-Speichersystems eine Reihe von Testverfahren, u. a. zyklische Belastungsprüfungen und Berstdruckprüfungen, unterlaufen [UN15, S. 9-15]. Außer für Typ I enthalten alle Druckbehälter-Typen Faserverbundkunststoff zur mechanischen Spannungsaufnahme. Die Kontur der Typen II, III und IV wird durch einen so genannten „Liner" bestimmt, welcher aus Metall oder Kunststoff bestehen kann [DIN12, S. 8]. Um einen Austritt des enthaltenen Energieträgers zu verhindern, sollte das Linermaterial eine möglichst geringe Permeabilität aufweisen [MURR17, S. 568].

Da sich Thermoplasten gut formen lassen und eine oft hohe Impermeabilität aufweisen, werden diese bei Typ IV als Linermaterial verwendet. Dies ist insbesondere bei duroplastischen FVK-Verstärkungen notwendig, da aufgrund der hohen Permeabilität dieser Materialien keine eigene Dichtheit gegeben ist [LENG17, S. 17]. Vor allem die Typen III und IV werden aufgrund ihrer gegenüber reinen Metallbehältern signifikant gesteigerten Energiespeicherdichte (Typ I: ca. 0,4 kWh/kg; Typ III: 1,2-1,6 kWh/kg; Typ IV: 1,6-1,8 kWh/kg) und des verringerten Gewichts (Typ I: ca. 1,4 kg/l; Typ III/IV: 0,30-0,45 kg/l) trotz höherer Produktionskosten vermehrt industriell eingesetzt [EICH10, S. 98-100; RED14]. Im Folgenden werden daher FVK-Druckbehälter synonym mit Typ-IV-Druckbehältern behandelt.

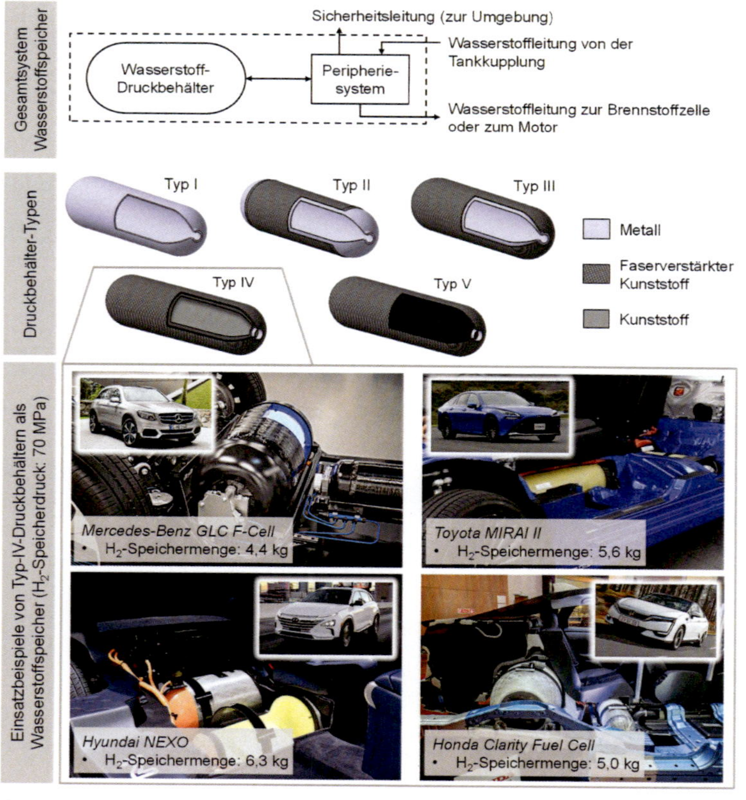

Bild 2.6: Einordnung, Kategorisierung und Einsatzbeispiele von Druckbehältern als Teil des Gesamtsystems zur automobilen Wasserstoffspeicherung [DIN13; NOVA10, S. 195-196; H2MO21; KIRC17; MERT18; TOYO21; WIKI21]

Classification and categorization of pressure vessels as part of automotive hydrogen storage systems

Bild 2.7 zeigt den prinzipiellen Aufbau und die Herstellungsschritte eines FVK-Druckbehälters. Neben dem Flechtverfahren werden die Verstärkungslagen überwiegend im Wickelverfahren hergestellt. Bei Umwicklung der Dome liegt ein Fokus auf der Auslegung der Wendezonen an den Polen, um bei auftretender Laminataufdickung durch Querschnittsverjüngung die wirkenden Lasten aufzunehmen [NEIT14, S. 328-329]. Die hierfür benötigten komplexen Wickelpfade werden häufig durch herstellerspezifische CAD/CAM-Programme oder im Teach-Verfahren abgebildet [MUNR88, S. 352-354]. Das größte Kostenoptimierungspotenzial birgt die Reduktion der FVK-Masse durch alternative Linergeometrien, alternative Wickelstrukturen und Materialoptimierung [JAME16, S. 18-19].

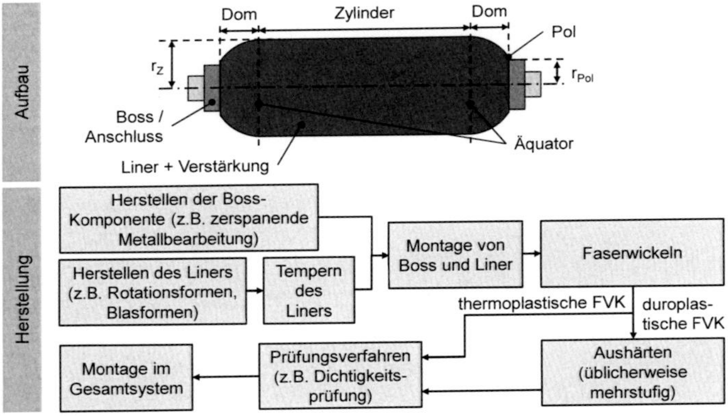

Bild 2.7: Aufbau und Herstellungsschritte eines FVK-Druckbehälters [JAME16, S. 13; LENG17, S. 18]

Composition and manufacturing steps of a composite pressure vessel

Generell gibt es nur wenige Beispiele von Druckbehältern mit einer Vollumwicklung aus TP-FVK, obwohl vor allem die vorteilhaften Permeationseigenschaften, die Möglichkeit des vollständigen Recyclings, die Verschweißbarkeit und der Korrosionswiderstand für einen Einsatz von TP-FVK in Druckbehältern sprechen [SCHU06, S. 215-216; SCUL07, S. 41-42]. VOR DEM ESCHE beschreibt die Verstärkung des zylindrischen Druckbehälterabschnitts durch UD-Tapes [ESCH01, S. 111-116]. VILLALONGA ET AL. [VILL11] schildern die Herstellung eines Typ-IV-Behälters im infrarotunterstützten Wickelverfahren und heben die gute Konsolidierung zwischen Liner und Verstärkung, den hohen Faservolumengehalt und den sauberen Prozess hervor. Eine prozesstechnische Herausforderung stellt die Beherrschung der Konsolidierung während der Tapeablage dar [VILL11, S. 1-3]. Eine Fertigung von TP-FVK-Druckbehältern mittels des laserunterstützten Tapewickelns wurde durch MURRAY ET AL. [MURR17] sowie ZAAMI ET AL. [ZAAM20] durchgeführt. Ersterer erwähnt die durch die schnellen Aufheiz- und Abkühlvorgänge verringerte Kristallinität, was zu einer erhöhten Zähigkeit und Risswiderstandsfähigkeit des Laminats führt [MURR17, S. 579]. Die *AFPT GmbH* stellt Systeme für das laserunterstützte Tapewickeln her, welche unter anderem für die Herstellung von TP-FVK-Druckbehältern qualifiziert sind [AFPT21]. Die Verwendung von UD-Tapes für die Verstärkung eines Wasserstoff-Druckbehälters wird in [DSM17] thematisiert.

2.2.2 Anwendungsgebiete

Fields of application

Die Leichtbaueigenschaften von FVK und die hohen möglichen Gasverdichtungsdrücke prädestinieren den Einsatz von mit dieser Materialklasse verstärkten Druckbehältern insbesondere als ortsbewegliche Tanks für den Transport von Fluiden, im Speziellen von Treibstoffen in Kraftfahrzeugen [WITE15, S. 9-13]. Aktuelle Anwendungen finden sich insbesondere in schweren Kraftfahrzeugen wie Bussen für den öffentlichen Nahverkehr [BUNS06; FUEL19]. Neben der Speicherung von Treibstoff finden sich vielfache alternative Anwendungen beispielsweise in der Druckluftspeicherung [SCHU06, S. 215] und in der Entsalzung von Meerwasser [SLOA20]. Die aufgrund der erwarteten Stückzahlen bedeutendste Anwendung von FVK-Druckbehältern ist jedoch als Energiespeicher von Wasserstoff für Nutzfahrzeuge [BLEC21; NEHL21; SACH18]. Das Speichern des Wasserstoffs als Gas unter hohem Druck erlaubt die stabile und verlustfreie Lagerung über lange Zeiträume bei relativ geringen Kosten. Die Verwendung von FVK-Druckbehältern eliminiert die Materialversprödung, welche bei Metall auftritt, da die Wasserstoffmoleküle an Metalloberflächen adsorbieren, dissoziieren und durch das Metall diffundieren. Zudem erhöht sich die gravimetrische Speicherdichte ρ_m der Behälter auf bis zu 5 % [EICH10, S. 98-100]:

$$\rho_m = \frac{m_{H_2}}{m_{Tank}} \tag{2.2}$$

Da Wasserstoff eine geringe Dichte aufweist, stellen die Bevorratung und der Transport hohe Anforderungen an die Bauteildimensionierung, Werkstoffauswahl und Sicherheit der beteiligten Komponenten. Als Tankformen sind Zylinder und Kugeln aufgrund der günstigen Spannungsverteilung bevorzugt [EICH10, S. 95-100]. Nichtmetallische Liner sind nicht lasttragend zu gestalten [DIN12, S. 10]. Die ausgewählten Materialien müssen hohen Widerstand gegen Leckage und Permeation sowie hohe Resistenz gegen den gespeicherten Kraftstoff sowie äußere Umwelteinflüsse aufweisen [NOVA10, S. 195]. Aus Sicherheits- und Nachverfolgungsgründen müssen die Materialkennwerte vor der Zuführung zu einem Produktionsprozess genau bestimmt werden [DIN12, S. 13]. Bei Verwendung von Kohlenstofffasern müssen Maßnahmen zur Verhinderung galvanischer Korrosion an den metallischen Bestandteilen des Behälters im Bereich der Anschlüsse getroffen werden [DIN13, S. 48].

Um Unfälle zu vermeiden, sind vielfältige Testverfahren für die Abnahme der Druckbehälter in spezifischen Normen, beispielsweise der *DIN EN 12245*, der *DIN EN ISO 11439* und der *UN ECE R134* definiert (z. B. [DIN12; DIN13; UN15]). Das häufigste Testverfahren ist das Bersten des Behälters durch inneren, hydrostatischen Druckaufbau [BUNS06, S. 38-39]. Hierbei sollte der Behälter durch einen Längsriss im zylindrischen Abschnitt zerstört werden, damit im Versagensfall keine zwei

Komponenten gelöst und durch die Detonation weggeschleudert werden [LENG17, S. 18].

Wichtig ist die Festlegung geeigneter Wickel- und bei duroplastischen FVK zusätzlich Aushärtungsvorgänge, die unter Sicherstellung von Wiederholbarkeit und Rückverfolgbarkeit durchgeführt werden müssen [DIN12, S. 11]. Eine Automatisierung des Wickelverfahrens und der Materialkonsolidierung ist hierfür unerlässlich [DIN13, S. 50]. Erhöhte Zuverlässigkeit und Reproduzierbarkeit sind ebenfalls Voraussetzung dafür, die aktuellen Sicherheitsfaktoren bezüglich der Festigkeit zu senken und FVK-Druckbehälter bei geringen Kosten im Fahrzeugmarkt zu etablieren [NOVA10, S. 197].

2.3 Laserunterstützter Tapewickelprozess

Laser-assisted tape winding process

Neben Pultrusion, Bandablageverfahren, vakuumunterstützter Trockenfaserinfusion, Handlaminieren und Pressverfahren zählt das Wickelverfahren zu den etablierten Produktionsprozessen zur Herstellung von FVK-Bauteilen aus endlosfaserverstärkten Halbzeugen [LAES12, S. 9-13]. Gegenüber anderen Fertigungsverfahren zeichnet sich das Wickeln insbesondere durch einen hohen Automatisierungsgrad, gute Reproduzierbarkeit und ein großes Bauteilspektrum bei durchgängig hohem erreichbarem Faservolumengehalt aus [CHER11, S. 657-658]. Generell definiert als ein Prozess zur Herstellung rotationssymmetrischer Körper werden Komponenten wie Rohre, Segelmasten und Druckbehälter im Nass-, Towpreg- oder Prepregwickelverfahren hergestellt, wobei die Geometrie entweder durch einen Kern oder einen im Bauteil verbleibenden Liner vorgegeben wird [WITT10, S. 346-349]. Im Allgemeinen machen sich TP-FVK-Fertigungsprozesse die wiederholte Aufschmelzbarkeit der Matrixkunststoffe zunutze, indem die Halbzeuge im erwärmten Zustand drapiert werden. Hierbei ist eine gute Halbzeugqualität essenziell für ein hochqualitatives, finales Bauteil [BREU16, S. 100]. Die nachfolgenden Kapitel befassen sich zunächst mit der Prozess- (Kapitel 2.3.1) und Systemtechnologie (Kapitel 2.3.2) des laserunterstützten Wickelprozesses zur Verarbeitung von thermoplastischen, unidirektional endlosfaserverstärkten Tapes. In Kapitel 2.3.3 wird auf die verschiedenen Herausforderungen bei der Umwicklung komplexer Geometrien eingegangen, da eine mangelnde Beherrschung des Fertigungsprozesses die interlaminare Verbindungsfestigkeit und folglich die finale Bauteilqualität kritisch beeinflussen kann [GABR16, S. 386-387].

2.3.1 Prozesstechnologie

Process technology

Gängige Fügeverfahren für Polymere können in drei Gruppen eingeteilt werden: Kraftschlüssiges, mechanisches Fügen sowie die stoffschlüssigen Verfahren Verkleben und Verschweißen. Das Verschweißen unter Wärme- und Druckeinwirkung wird in vielfältigen Anwendungen bei Bauteilen unterschiedlicher Größe und Komplexität eingesetzt [OSSW17, S. 197-199]. SCHUCK hat Adhäsionstheorien für die stoffschlüssige Verbindung thermoplastischer Kunststoffe zusammengefasst (s. Bild 2.8). Adhäsion ist dabei als die Wirkung intermolekularer Anziehungskräfte in der Grenzfläche zwischen zwei Fügepartnern auf Basis von Nebenvalenzbindungen der Polymer-Kettenmoleküle definiert. Obwohl der Autor zu dem Schluss kommt, dass keine universell anwendbare Adhäsionstheorie verfügbar ist, wird die Bedeutung der Diffusionstheorie für die Verbindung von Thermoplasten herausgestellt. Diese beschreibt die Interdiffusion von Makromolekülen über die Phasengrenze und wird bei gleichartigen Fügepartnern als Autohäsion bezeichnet. [SCHC09, S. 11-18].

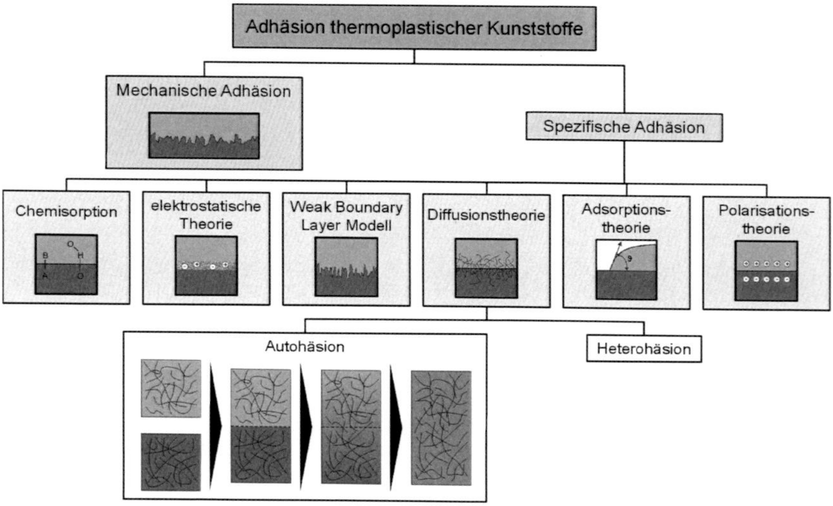

Bild 2.8: Adhäsionstheorien für die Verschweißung thermoplastischer Kunststoffe [DARA85, S. 7; SCHC09, S. 13]

Adhesion theories for the welding of thermoplastic polymers

Die Verbindung schmelzflüssiger Thermoplaste erfolgt allgemein in drei Schritten, welche simultan ablaufen können:

- Lagenkontakt: Durch Einwirkung von Druck und Temperatur steigt die Kontaktfläche der zu fügenden Oberflächen [STEY13, S. 40-43];
- Autohäsion: Eine zunehmende Temperatur sorgt für eine abnehmende Viskosität des Kunststoffs und für einen Anstieg von brownschen Molekularbewegungen, wodurch die Makromoleküle über die im Lagenkontakt stehenden Grenzflächen diffundieren [GENN71; STEY13, S. 43-46];
- Konsolidierung: Abkühlung und Erstarrung der Fügefläche unter Druck und Ausbildung einer Verbindung [AUGU14, S. 32].

Neben Druck und Temperatur ist die Prozesszeit ein signifikanter Parameter für die Verbindungsfestigkeit. Je länger die Einwirkung von Druck und Temperatur im Prozess ist, desto höher fallen sowohl der Grad des Lagenkontakts als auch der Grad der Autohäsion aus. Der Grad des Lagenkontakts ist hierbei als Anteil der Fügeoberflächen, die im Lagenkontakt stehen, definiert. Der Grad der Autohäsion beschreibt den Anteil der maximal möglichen Verbindungsfestigkeit. Dies ist ein wichtiger Faktor für die Limitierung der Produktionsgeschwindigkeit. Gemäß GROUVE ET AL. fällt die Zeit bis zur Ausbildung eines vollständigen Lagenkontakts um ungefähr einen Faktor 100 höher aus als die Zeit für eine vollständige Autohäsion [GROU13, S. 48-49]. Der Grad der Verbindungsfestigkeit D_b wird durch Kombination von Lagenkontaktgrad D_{ic} und Autohäsionsgrad D_h ermittelt. YANG und PITCHUMANI beschreiben diesen allgemein für eine finite Zeitspanne des Verbindungsvorgangs t_f [YANG03, S. 269]:

$$D_b(t_f) = D_{ic}(0) \cdot D_h(t_f) + \int_0^{t_f} D_h(t_f - t) \cdot \frac{dD_{ic}(t)}{dt} \cdot dt \qquad (2.3)$$

Generell handelt es sich beim laserunterstützten Tapewickeln um einen komplexen Prozess mit unterschiedlichen Variablen und Wechselwirkungen, wie Oberflächenrauigkeit, Oberflächengeometrie, Viskosität, Kristallinität, Faservolumengehalt und Wärmekapazität der Fügepartner. [FLEI07, S. 97-98; GROU13, S. 44-49; KHAN10a, S. 103]

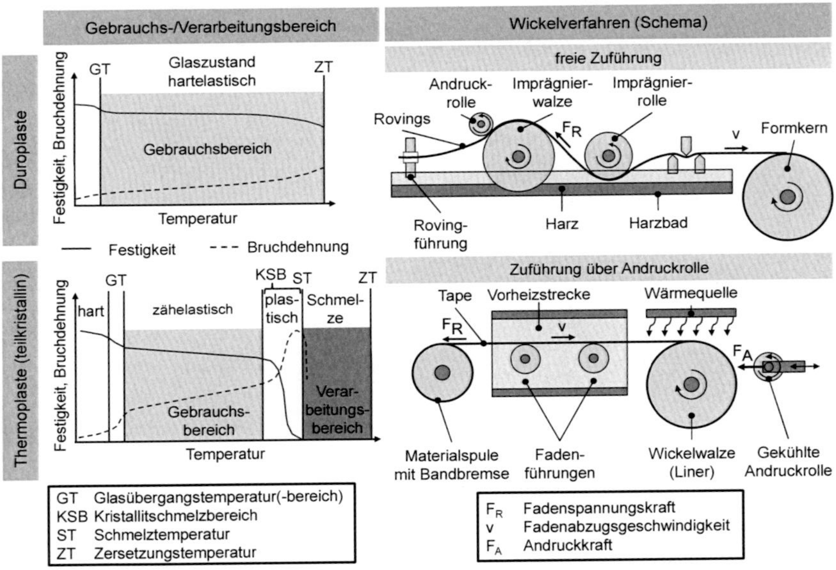

Bild 2.9: Gegenüberstellung der Gebrauchs- und Verarbeitungsbereiche sowie der prinzipiellen Wickelverfahren von duroplastischen und teilkristallinen thermoplastischen Faserverbundkunststoffen [BARG08, S. 394-395; NEIT14, S. 332/336]

Comparison of the areas of use and processing as well as the principle winding processes of thermoset and semi-crystalline thermoplastic composites

In Bild 2.9 sind die Gebrauchs- und Verarbeitungsbereiche und die Wickelverfahren für duroplastische und thermoplastische FVK gegenübergestellt. In beiden Fällen werden vorimprägnierte Fasern oder Halbzeuge in einem festgelegten Muster auf einen rotierenden Dorn gewickelt. Die Wickeltrajektorie bestimmt die Bedeckung der Bauteilgeometrie, die mechanische Bauteilperformance und die Fertigungszeit. Für das thermoplastische Wickelverfahren ist die lokale Einbringung von Wärmeenergie und Andruckkraft im Kontaktpunkt zwischen einlaufendem Tape und bereits abgelegtem Substrat, auch „Zwickelbereich“ genannt, charakteristisch. Hierdurch wird die „in-situ Konsolidierung“ durch Aushärtung des Verbunds während der Ablage ermöglicht. Dieser dynamische Prozess eröffnet eine Vielzahl von Möglichkeiten, durch Variation von Prozessparametern Einfluss auf die Bauteilqualität zu nehmen. Weitere Merkmale der duroplastischen und thermoplastischen Prozessführung sind in Tabelle 2.2 zusammengefasst. [AUGU14, S. 32-36; KAR17, S. 15-17; SCHM94, S. 15-17]

Tabelle 2.2: Vor- und Nachteile des thermoplastischen gegenüber dem duroplastischen Wickelverfahren bezüglich Prozess- und Bauteileigenschaften
Advantages and disadvantages concerning process and part properties of thermoplastic versus thermoset winding processes

	Vorteile	**Nachteile**
Prozesseigenschaften	• Schonende Faserführung bei hohen Faservorspannungen [ESCH01, S. 5] ohne Kühlung und Trägerfolie [STEY13, S. 11-13] • Kurze Verarbeitungszeiten durch Wegfall der Aushärtung im Autoklaven (in-situ Konsolidierung) [AUGU14, S. 31] • Nicht-geodätische Faserablage [ESCH01, S. 5; STIM14, S. 17] • Ablage auf komplex geformten, z. B. konkaven Oberflächen [MAZU02, S. 218] • Saubere, umweltverträgliche Verarbeitung ohne gesundheitsgefährdende Gase und ohne Verunreinigung der Maschine [STEY13, S. 11-13] • Online-Prozessregelung möglich aufgrund schnellem Ansprechverhalten des Konsolidierungsvorgangs [WITT10, S. 354]	• Aufwendige Faserimprägnierung [SCHU07, S. 129] und hohe Halbzeugkosten [BERE02, S. 15] • Hohe Prozesstemperaturen und -drücke aufgrund hoher Viskosität des Tapematerials [FUNC95, S. 189-190] • Aufwendige Prozessführung, hohes Prozesswissen notwendig [SCHM94, S. 4] • Geringe Verfügbarkeit von Erfahrungswerten aufgrund relativ neuartiger Prozessführung [COME14, S. 11] • Vergleichsweise hohe Zykluszeiten [BERE02, S. 16]
Bauteileigenschaften	• Komplexe Bauteilgeometrien möglich [BREC13, S. 124] • Hohe Bruchzähigkeit [GROU12, S. 120-124] und Energieaufnahmevermögen [SCHM94, S. 4] • Gute Restdruckfestigkeit nach Stoßbelastung [SCHM94, S. 4] • Vollständiges Recycling [SCHU07, S. 130] • Geringe Eigenspannungen bei geeigneter Laminatauslegung [ESCH01, S. 8]	• Geringe Oberflächenhärte [ESCH01, S. 5] • Geringere Festigkeit aufgrund niedrigen Kristallinitätsgrads bedingt durch hohe Aufheiz- und Abkühlraten [COME14, S. 13-18]

Entsprechend der Einflussfaktoren Temperatur, Druck und Zeit auf die Verbindungsfestigkeit besitzen die eingebrachte Wärmeenergie, die Andruckkraft sowie die Vorschubgeschwindigkeit des eingebrachten Tapes den größten Einfluss auf die

Konsolidierungsqualität. Um einen optimalen Prozess zu gewährleisten, müssen diese Parameter daher bestimmt und eingestellt werden. Die Temperaturverteilung in der Prozesszone gilt als wichtigster Prozessparameter und wird neben der Wärmeenergie und der Prozessgeschwindigkeit durch den Einstrahlwinkel der Wärmestrahlung sowie die Substratgeometrie maßgeblich beeinflusst. Die Temperatur im Zwickelbereich sollte oberhalb der Schmelztemperatur, aber unterhalb der Degradationstemperatur des thermoplastischen Matrixpolymers liegen. Insbesondere beim Wickelprozess trägt auch die Spannung des Tapes zusätzlich zur Andruckkraft zur Konsolidierung bei. Hierbei sollte die Andruckkraft über der Tapebreite konstant ausfallen, um gleiche Konsolidierungsbedingungen zu schaffen. Des Weiteren bestimmen die Eigenschaften und die Qualität des gewählten Tapes die Fügequalität. Exemplarisch können hier Schmelzviskosität, Oberflächenrauigkeit und Absorptionsfähigkeit für thermische Strahlung genannt werden. [ESCH01, S. 58-60; KERM15, S. 45-54; KHAN10a, S. 104-110; STIM14, S. 15-17]

Grundsätzlich wird es als Idealzustand im Sinne eines stabilen Produktionsprozesses angesehen, wenn Temperatur- und Druckverteilung möglichst konstant ausfallen. Dies setzt gleichbleibende Materialeigenschaften und die Vermeidung von übermäßiger Geschwindigkeitsänderung voraus [JANS20, S. 80]. Ein positiver Einfluss kann durch Verlängerung der Konsolidierungsstrecke und eine Nachkonsolidierung bei Ablage nachfolgender Lagen nachgewiesen werden [KHAN10a, S. 108; STIM14, S. 107-109; ZHAP18, S. 279-283]. Als quantitative Indikatoren für die Konsolidierungsqualität haben sich die interlaminare Scherfestigkeit und der Schälwiderstand bzw. die Schälfestigkeit des Laminats für Prozessbewertungen etabliert [YU17, S. 823; ZHAP18, S. 282].

2.3.2 Systemtechnologie

System technology

Ein modularer Aufbau eines Applikators für den laserunterstützten Tapewickelprozess ist in Bild 2.10 dargestellt. Waren solche Systeme ursprünglich in Drehbankwickelsystemen integriert, setzten sich Anfang der 1990er Jahre Portal- und Knickarmroboter als flexible Aktuatoren durch. Folgende Gründe können hierfür angeführt werden:

- Die freie Programmierbarkeit der Wickelpfade bzw. Trajektorien dank der einfachen Verknüpfung mit CAD/CAM-Bahnplanungssoftware;
- Die einfache steuerungstechnische Einbindung der Tapeablage-Systemtechnologie;
- Die hohe Flexibilität in der Positionierung der Tapes, welche durchgängig mit senkrechter Orientierung und Druckeinwirkung auf die Kontaktoberfläche erfolgen muss;
- Die zunehmende Verfügbarkeit kostengünstiger Systeme.

Für eine flexible Ablage verschiedener Wickelmuster werden Systeme mit mindestens fünf nicht redundanten Bewegungsachsen benötigt (s. Bild 2.11). Portalsysteme weisen den Vorteil eines großen Arbeitsraums auf, während Knickarmroboter die

Abbildung komplexer Geometrien besser unterstützen. [KAR17, S. 15-17; KNOP08, S. 98-100; ZEND92, S. 20-23/39-41]

Weiterführende kinematische Konzepte vereinfachen die Ausrichtung des Applikators durch eine separate Führung des Werkstücks bzw. Druckbehälters. Hierfür können beispielsweise zusätzliche Knickarmroboter verwendet werden [AFPT21].

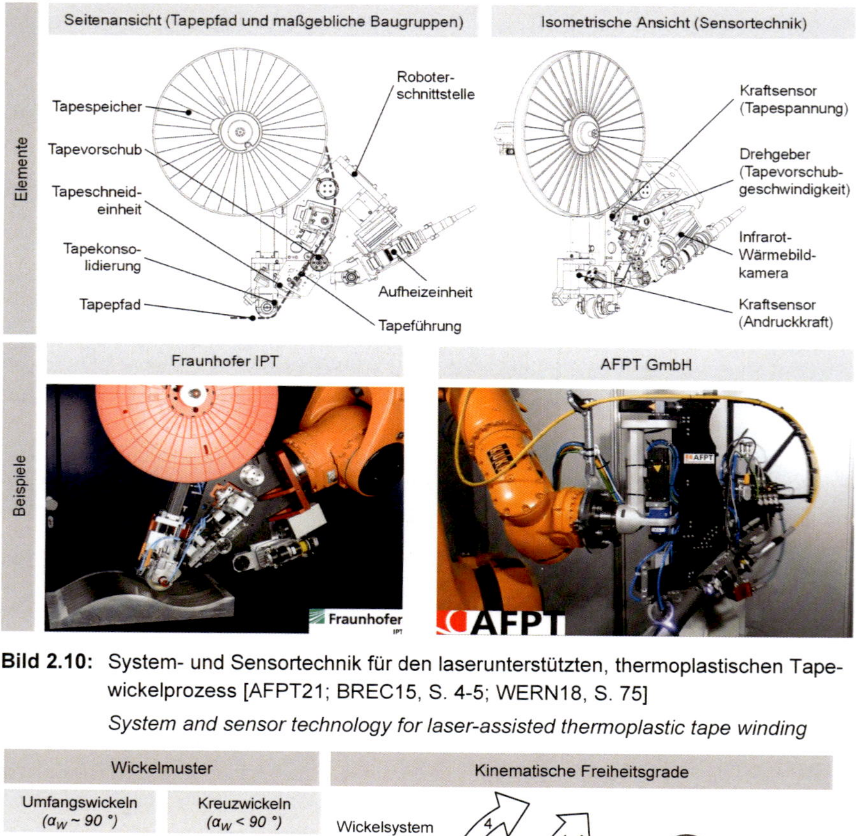

Bild 2.10: System- und Sensortechnik für den laserunterstützten, thermoplastischen Tapewickelprozess [AFPT21; BREC15, S. 4-5; WERN18, S. 75]

System and sensor technology for laser-assisted thermoplastic tape winding

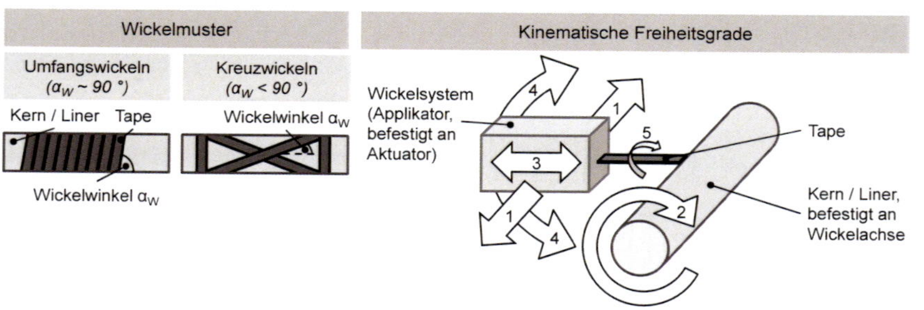

Bild 2.11: Kinematische Freiheitsgrade der FVK-Wickeltechnologie zur Abbildung von Wickelmustern [ROMA97, S. 58-59; SCHI05, S. 34]

Kinematic degrees of freedom of composite winding technology for realization of winding layups

Die wichtigsten Systemelemente für die Verarbeitung thermoplastischer Tapes ohne nachträgliche Aushärtung in separaten Öfen oder Autoklaven sowohl im Lege- als auch im Wickelprozess sind die lokale Wärmequelle und die Andruckrolle am Ende der Bandführung. Über die Rolle wird nicht nur Druck für die Lagenkonsolidierung und das Austreiben von Lufteinschlüssen aufgebracht, sie dient auch der Temperatursteuerung nach Ende der Wärmeeinstrahlungszone. Rollensysteme mit flexibler Oberfläche erhöhen die Kontaktfläche für die Kraftübertragung im Zwickelbereich und verhindern ein Rutschen des Tapes bei hoher Tapespannung und geringen Wickelwinkeln, wie sie bei Kreuzwickelmustern auftreten (s. Bild 2.11, vgl. Bild 2.15). [BERE02, S. 17-26; TANN16, S. 589-590; WEIL19, S. 123-124]

Die Gestaltung der Aufheizeinheit ist ein Schlüssel zur erfolgreichen Implementierung von Tapewickelprozessen für hochqualitative Bauteile und hohe Verarbeitungsgeschwindigkeiten. Dank ihrer einfachen Handhabbarkeit werden berührungslose Aufheizmethoden auf Basis von Heißgas oder Strahlung verwendet. Trotz hoher Investitionskosten haben sich Laser aufgrund ihrer gezielten Steuerbarkeit bei kurzer Ansprechzeit, hoher Energiedichte und Effizienz durchgesetzt. Bei Verwendung eines Lasers kann zudem auf eine Vorheizstrecke im Verlauf der Tapeführung im Applikator verzichtet werden. Diodenlaser weisen zusätzlich die Vorteile einer rechteckigen Spotgeometrie und im Vergleich zu anderen Lasertypen hoher Wirkungsgrade auf. Für die Homogenisierung und Formung des Laserstrahls werden spezielle Optiken verwendet. [ESCH01, S. 74-75/104–109; FUNC95, S. 189-190]

Die im Applikator integrierte Sensortechnik dient der Aufnahme der für die Konsolidierung relevanten Prozessparameter. Für die Temperaturerfassung werden vorzugsweise berührungslose Messverfahren auf Basis der Thermografie verwendet, da diese ohne Schädigung des Materials verzögerungsarme und rückwirkungsfreie Messungen garantieren [KOEL08, S. 23-25].

2.3.3 Herausforderungen bei der Abbildung komplexer Geometrien

Challenges concerning the reproduction of complex geometrics

BERESHEIM definiert Bauteilkomplexität im Kontext der Faserverbundtechnik als das Zusammenwirken von Bauteilgeometrie, lokaler Verstärkungseinbringung, Faserorientierungswinkel und maschinenseitiger Beweglichkeit und Beschleunigung [BERE02, S. 93-95]. Aufgrund der prozess- und systemseitigen Flexibilität eignet sich der Ablageprozess thermoplastischer Tapes hervorragend für die Abbildung komplexer Geometrien in hoch beanspruchten Leichtbaukomponenten [STEE06, S. 18-20]. In Bezug auf die thermoplastischen Endlosfasertapes kann diese Eignung auf ihre spezifischen mechanischen Eigenschaften und gute Drapierbarkeit zurück geführt werden [CHER11, S. 34-36/79-82]. Druckbehälter gehören explizit zu Bauteilen mit komplexer, veränderlicher Geometrie, bei denen herkömmliche Verarbeitungskonzepte zu kurz greifen und es aus diesem Grund bisher keine industrielle Anwendung der Herstellung mit in-situ Konsolidierung gibt [KOLL19, S. 72-73].

Bild 2.12 veranschaulicht die Ermittlung von Roboterprogrammen für die Ablage auf dreidimensionalen Bauteilen. Wichtig ist die Bestimmung der Position und Orientierung des Applikators auf den diskreten Bahnpunkten, um durch die senkrechte Ausrichtung der Andruckeinheit ein Quetschen des Tapes zu vermeiden. Dieses kann durch eine ungleichmäßige Einwirkung der Andruckkraft enstehen [ZEND92, S. 88]. Prinzipiell gestattet die Prozessführung mit in-situ Konsolidierung, auch Trajektorien abweichend von der geodätischen Ablage zu realisieren. Eine geodätische Verbindung ist generell als kürzeste Verbindung zwischen zwei Punkten auf einem dreidimensionalen Körper definiert [HENN05, S. 12]. Hierbei stellen einerseits die Maschinenflexibilität und andererseits die Drapierbarkeit der Tapes wichtige Randbedingungen für die Bahnplanung dar [BERE02, S. 70-74]. Die Neuausrichtung des Aktuators kann zu einem unstetigen Hub der Andruckrolle sowie einer unstetigen Ablegegeschwindigkeit führen [KOLL19, S. 82-91].

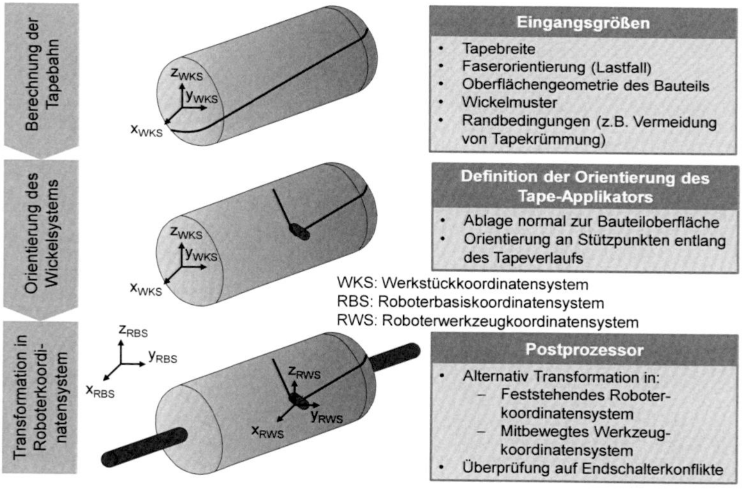

Bild 2.12: Ermittlung von Roboter-Steuerprogrammen für die Herstellung dreidimensionaler Faserverbundbauteile im Tapewickelverfahren [ZEND92, S. 81]

Determination of robot control programs for the manufacturing of three-dimensional composite components via the tape winding process

Abhängig von Werkzeuggeometrie und Wickelmuster treten Verformungen und dadurch Spannungen des Tapes auf. Hierdurch entstehen Zielkonflikte zwischen gewünschter Faserorientierung, bedecktem Flächenanteil und Tapekrümmung (s. Bild 2.13) [DUBR15, S. 37-40/46-55]. Als besonders kritisch ist die Verformung über die Tapebreite zu bewerten, da hierdurch hohe Zug- und Druckspannungen entstehen. Hierdurch stellen sich lokale Minima des Elastizitätsmoduls ein und die Gefahr von Zwischenfaserbrüchen wird erhöht [KERM15, S. 30]. Ein geringer Kurvenradius und eine hohe Laserleistung erhöhen prinzipiell die Welligkeit der abgelegten Fasern [ZENK18, S. 6-8], während die Verwendung mehrerer schmaler Tapes, eine gesteigerte Tapespannung und eine hohe Materialviskosität die Verformung reduzieren können [KERM15, S. 31-32]. Hierbei darf die Tapespannung nicht zu hoch gewählt werden, um bei Verwendung einer formflexiblen Rolle Einschnürungen aufgrund von Scherkräften zu verhindern [DUBR15, S. 129].

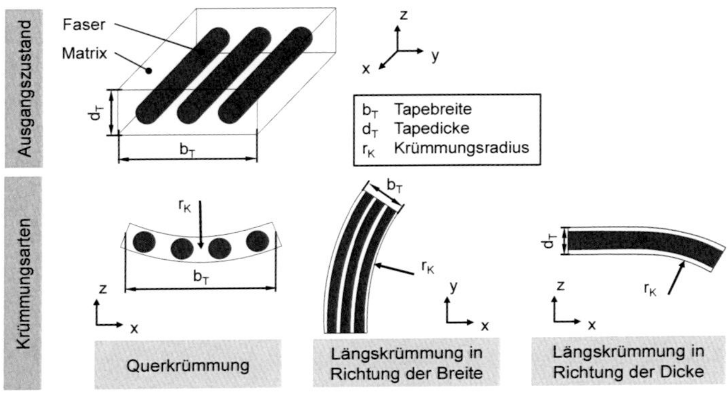

Bild 2.13: Belastungszustände eines unidirektional faserverstärkten Tapes (ideal-elastischer Fall) [DUBR15, S. 50]

Load conditions of a unidirectional fiber-reinforced tape (ideal-elastic case)

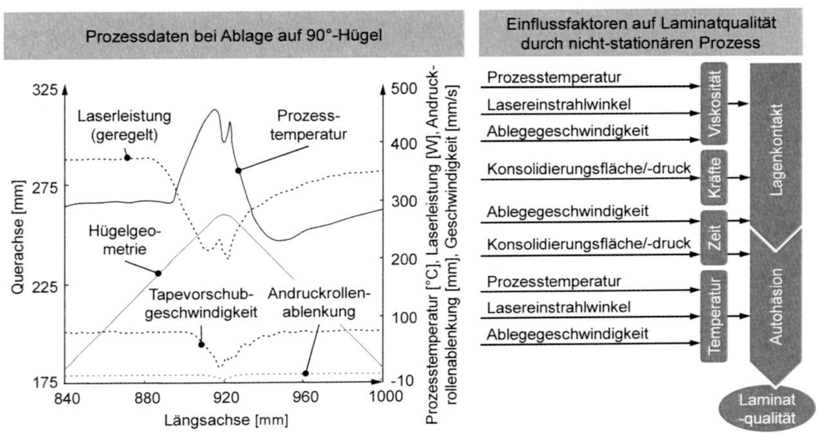

Bild 2.14: Nicht-stationärer Prozessverlauf bei Umfahren komplexer Geometrien und Einfluss auf die Laminatqualität [KOLL19, S. 78; STEY13, S. 119]

Non-stationary process sequence for placement on complex geometries and influence on laminate quality

Zusätzlich zur Tapeverformung stellen instationäre Prozessbedingungen Herausforderungen bei der Abbildung komplexer Geometrien dar. Wie Bild 2.14 für das Abfahren einer Hügelgeometrie veranschaulicht, überhitzt die Prozesszone trotz der Verwendung einer Temperaturregelung, gefolgt von einer Unterkühlung unmittelbar hinter der Hügelspitze. Zu lange Regelzeiten führen zu einer Überkompensation der veränderten Einstrahlverhältnisse im Laserspot, welche durch die Veränderung der Substratgeometrie auch ohne aktivierte Regelung auftreten und durch den Einfluss der Temperaturregelung sogar verstärkt werden. Die Veränderung der bestrahlten Substratfläche beeinflusst sowohl die Temperaturverteilung in der Prozesszone als auch die Zeit, in welcher bestimmte Oberflächensegmente erwärmt werden. Überdies sorgt die verringerte Einwirkfläche für die Andruckkraft unter der Andruckrolle für eine Überhöhung des lokalen Drucks und eine Ausdünnung des Laminats an umfahrenen Krümmungsradien. [KOLL19, S. 75-91; STRI18, S. 2; WEIL16a, S. 3-4]

Neben der Substratgeometrie variiert die Ablegegeschwindigkeit beim Umfahren komplexer Geometrien. Insbesondere in Wendepunkten, in welchen eine große Änderung der Roboterorientierung erfolgt, fällt die Geschwindigkeit ab, was durch eine Anpassung der eingestrahlten Laserenergie kompensiert werden muss. Aufgrund des komplexen Zusammenspiels aus Rotation des Wickelkörpers und multiaxialer Roboterbewegung ist die Ausprägung der Geschwindigkeitsextrema schwer zu ermitteln. Je kleiner der Wenderadius, desto größer die Unregelmäßigkeiten im Geschwindigkeits- und somit im Temperaturverlauf. Eine Kompensationsmöglichkeit besteht in der dynamischen Veränderung des Einstrahlwinkels. [MAZU95, S. 49-50; YARD00, S. 94-98; ZENK18, S. 4-6]

Zusammenfassend können folgende Herausforderungen bei der Abbildung komplexer Geometrien im laserunterstützten Tapewickelprozess identifiziert werden:

- Durchgängige Bestimmung von Position und Ausrichtung des Applikators entlang des Wickelpfads;
- Vermeidung von Verformung und Einschnürung des Tapes;
- Beherrschung instationärer Prozessbedingungen (insbesondere variable Substratgeometrie und Ablegegeschwindigkeit).

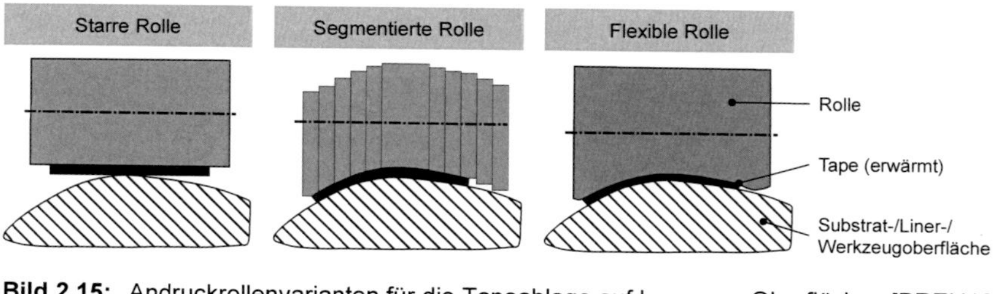

Bild 2.15: Andruckrollenvarianten für die Tapeablage auf konvexen Oberflächen [BREU16, S. 109]

Variants of compression rollers for tape placement on convex surfaces

Für die erfolgreiche Ablage auf komplexen Geometrien ist eine flexible Andruckrolle unerlässlich, um das Tape auch bei wechselnder Substratgeometrie konstant mit Druck zu beaufschlagen [DUBR15, S. 69-70; ESCH01, S. 51-54]. Etablierte Konzepte für adaptive Rollensysteme sind in Bild 2.15 dargestellt. Darüber hinaus ist der Einsatz flexibler Steuerungs- und Lasersysteme für eine adaptive Prozessführung erforderlich

[DEVL07; ESCH01, S. 106]. Ein kompaktes Design des Applikators [AUGU14, S. 33] und eine mechanische Kopplung von Andruckrolle und Laseroptik [KOLL19, S. 85] werden ebenfalls empfohlen.

Bezüglich der Prozessführung biete die Homogenisierung der Tapevorschubgeschwindigkeit die einfachste Möglichkeit, um eine konstante Verbindungsfestigkeit des Laminats zu garantieren. Kann dies nicht realisiert werden, müssen die Strategien zur Steuerung oder Regelung des Wärmeeintrags in den Zwickelbereich angepasst werden [MAZU95, S. 49-53]. Diese können die Variation von Laserenergie und Lasereinstrahlwinkel, die zusätzliche Erwärmung des Werkzeugs oder die Anwendung einer zeitlich und örtlich aufgelösten Intensitätsverteilung durch VCSEL-Systeme („Vertical-Cavity Surface-Emitting Laser") umfassen [STRI18, S. 3]. KOLLMANNSBERGER stellt zwei Strategien für die Prozessführung bei komplexen Wickelgeometrien vor: Die Erweiterung der konventionellen, geschlossenen Temperaturregelung durch einen weiteren Regelkreis zur Detektion des Beginns der Substrat-Überhitzung sowie das Überschreiben der Regelung durch Setzen von experimentell gewonnenen Prozessparametern aus einer Tabelle [KOLL19, S. 131-134]. Beide Konzepte wurden für die in Bild 2.14 referenzierte Hügelgeometrie entwickelt und durch die Fertigung eines nicht-rotationssymmetrischen Wickelbauteils validiert, indem der Temperaturverlauf homogenisiert wurde [KOLL19, S. 153-156]. ZAAMI ET AL. schlagen die Entwicklung von Steuerungs- und Regelungsstrategien auf Basis von Prozessmodellen vor, um die Konsolidierungsqualität konstant zu halten [ZAAM20, S. 1734-1736].

2.4 Optimierungsansätze für den Tapewickelprozess

Approaches to optimizing the tape winding process

Bei der Ablage von thermoplastischen, endlosfaserverstärkten Tapes mit in-situ Konsolidierung handelt es sich in Anbetracht der schnell ablaufenden Temperatur- und Druckzyklen um einen hochgradig nichtlinearen Prozess, in welchem verschiedene physikalische Prozesse gleichzeitig ablaufen, Wechselwirkungen miteinander aufweisen und die Bauteilqualität beeinflussen [STOK12, S. 63]. Um das Prozessergebnis beherrschbar zu gestalten und die Ausschussrate zu reduzieren, ist die sensortechnische Erfassung von Prozessabläufen, die Prozessmodellierung und die Ermittlung passender Regelungs- und Steuerungsmodelle unerlässlich [NEIT14, S. 243-246]. Bild 2.16 zeigt Ansätze für die Optimierung des Tapewickelprozesses und gibt die Struktur für die folgenden Abschnitte vor, welche Ansätze der gezielten Nutzung von Prozessdaten (Kapitel 2.4.1), Prozessmodellierung und -simulation (Kapitel 2.4.2) sowie Prozesssteuerung und -regelung (Kapitel 2.4.3) im Kontext des Tapewickelprozesses aufzeigen. Aufgrund der hohen Komplexität der Optimierungsaufgabe ist diese nur zielführend, wenn die Problemstellung ganzheitlich unter Kenntnis des zu fertigenden Produkts und dessen dreidimensionaler Kontur angegangen wird [KHAN12, S. 498].

Bild 2.16: Ansätze für die Optimierung des thermoplastischen Tapewickelprozesses [BERE02, S. 67-70; KHAN10b, S.12-25/93-113; NEIT14, S. 243-246; SCHM94, S. 85-110]

Approaches for the optimization of the thermoplastic tape winding process

2.4.1 Prozessdatenerhebung und -verarbeitung

Process data acquisition and processing

Die flächendeckende Verfügbarkeit preisgünstiger Sensor- und Aktortechnik begründet die Entwicklung von Datenerhebungs- und Datenverarbeitungsansätzen, welche allgemein unter dem Themenkomplex „Industrie 4.0“ zusammengefasst werden. Ziel dieser Ansätze ist die Vernetzung cyber-physischer und technischer Systeme in Echtzeit, um vor dem Hintergrund der Produktionstechnik komplexe Wertschöpfungssysteme auf Basis von Datenverarbeitung und Zukunftsprognosen zu optimieren. In Bezug auf komplexe Prozesse können diese Ansätze dazu beitragen, die Produktivität der Verfahren und die Qualität von Prozessergebnissen bei hoher Wirtschaftlichkeit und steigenden Flexibilitätsanforderungen zu beherrschen. Zielführend ist dabei die anwendungsorientierte Weiterentwicklung bereits vorhandener Basistechnologien und -methoden durch Kombination von Prozessdaten mit anwenderseitigem, erfahrungsbasiertem Wissen. [BAUE14, S. 9; BAUH16, S. 6-7; WIEL14, S. 81-82]

Im Zuge der Industrie 4.0 entwickelte sich das Konzept des „digitalen Zwillings“. Dieser ist als Satz von virtuellen Informationen definiert, welcher ein potenzielles oder physisch hergestelltes Produkt auf verschiedenen Ebenen durch eine möglichst identische Wiedergabe der Wirklichkeit vollständig beschreibt. Die Informationen können die Produktherstellung oder verschiedene Lebensphasen des Produkts umfassen, um den aktuellen Systemzustand abzufragen und eine Vorhersage zukünftigen Verhaltens zu treffen. So dienen die gesammelten Daten dazu, in Kombination mit menschlicher Konzeptualisierung Ressourcen durch Vermeidung ineffizienter Operationen, Beherrschung komplexer Systeme und schnelle Einstellung von Prozessen einzusparen. [BAUH16, S. 23; GRIE17, S. 94-95/101-103]

Im Gegensatz zum zukunftsorientierten Konzept des digitalen Zwillings ist ein „digitaler Schatten“ ein digitales Abbild von Produkten oder Prozessen unter dem Vorsatz, eine echtzeitfähige Auswertebasis aller relevanten Daten zur Ableitung von Handlungsempfehlungen zu schaffen. Somit dient dieses digitale Produktabbild der systematischen Erhebung, Aufbereitung, Vernetzung und Auswertung von Daten, um komplexe Produktionsprozesse zu optimieren und Qualitätsanforderungen zu erfüllen (s. Bild 2.17). Dies kann entweder online in Echtzeit während des Prozesses oder offline und vorbeugend erfolgen. Herausforderung ist die gezielte Aggregation und nutzenbringende Aufbereitung der Daten. [BAUH16, S. 23-31; SCHH16, S. 745-746; ZEMA16, S. 533-535]

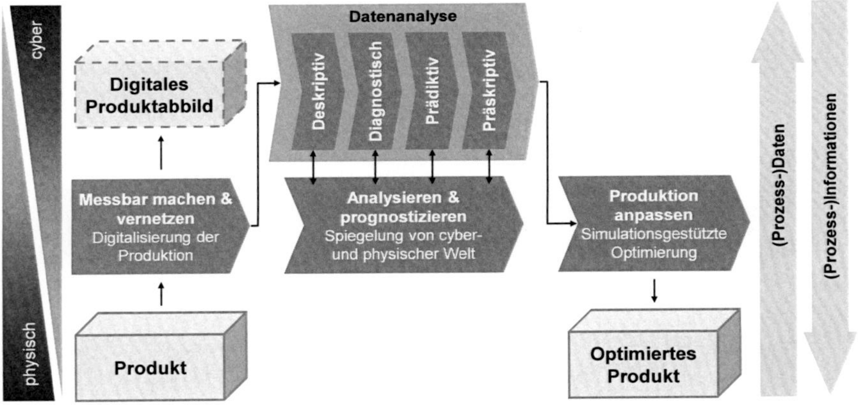

Bild 2.17: Verwendung eines digitalen Produktabbilds für die datengestützte Prozessoptimierung [GRIE14, S. 2; SCHH16, S. 746]

Application of a digital product image for data-supported process optimization

Bisher gibt es nur wenige Beispiele der Verwendung von datenbasierten Optimierungsansätzen in FVK-verarbeitenden Technologien, obwohl angesichts der dynamischen Prozesse mit einer hohen Anzahl von Variablen hohe Potenziale vorhanden sind [BENB18; PARM21, S. 23]. BRÜNING ET AL. beschreiben die durchgehende Bildung einer Datenbank und die Anwendung von automatisierter Datenanalyse sowie maschinellem Lernen für den Ablageprozess duroplastischer FVK [BRUE17, S. 26-28]. Hierdurch konnte ein Modell des Temperaturverhaltens in der Prozesszone basierend auf den Parametern Ablegegeschwindigkeit und Anpressdruck generiert und für die kontinuierliche Anpassung von Prozessparametern genutzt werden. Für den thermoplastischen Tapelegeprozess regen SCHULZ ET AL. die Verknüpfung von Prozessdaten aus Halbzeugherstellung, -ablage und der weiteren Verarbeitung in Pressprozessen an, um einen digitalen Zwilling eines spezifischen Bauteils zu schaffen [SCHZ19]. Ansätze der Datenverarbeitung für die Offline-Optimierung des laserunterstützten Tapewickelns wurden in [SCHA18a] und [SCHA19] skizziert und werden innerhalb dieser Arbeit am Beispiel von TP-FVK-Druckbehältern ausgearbeitet.

2.4.2 Prozessmodellierung und -simulation

Process modeling and simulation

Simulation ist als Vorausberechnung oder Nachstellen eines bestimmten Szenarios definiert und wird oft computergestützt in verschiedensten Anwendungen betrieben. Hierzu werden theoretische Analysen und experimentelle Untersuchungen durch Auswertung von Modellen ergänzt, die ein ggf. vereinfachendes Abbild einer (partiellen) Realität darstellen. Anwendungen der Modellierung und Simulation bestehen im verbesserten Verständnis eines bekannten Szenarios, der Vorhersage eines unbekannten Szenarios oder der Optimierung eines Szenarios. Dabei findet stets eine Abwägung zwischen Detaillierungsgrad des Modells und zeitlichem sowie rechnerischem Aufwand statt. [BUNG09, S. 1-17]

Im Bereich der Faserverbundkunststoffe gibt es in Anbetracht einer Vielzahl schwer beherrschbarer Prozesse mit vielen Einflussgrößen und unregelmäßiger Materialqualität verschiedenste Modelle und Simulationswerkzeuge [WIDE13, S. 131]. Modelle für die Beschreibung des thermoplastischen Verbindungsprozess bilden unterschiedliche Aspekte wie Wärmeübertragung, Konsolidierung, Kristallisation und Polymerdegradation ab [BUTL98, S. 339-340; MANT92, S. 2348-2349]. Modellierte Einflüsse umfassen die Varianz der Materialeigenschaften, hohe Aufheiz- und Abkühlraten, Eindringtiefe der Wärmestrahlung, den thermisch-mechanischen Einfluss der Andruckrolle, thermisch-rheologische Vorgänge im Zwickelbereich und das Auftreten von Eigenspannungen und Verzug während des Abkühlprozesses [PERE18, S. 1054-1055]. Der größte Mehrwert entsteht, wenn die Einflüsse und Wechselwirkungen der Prozessparameter durch eine Kombination von Simulation und Experimenten beschrieben werden [KHAN10b, S. 12-13]. In Tabelle 2.3 sind einige exemplarische Modellierungsansätze kategorisiert und aufgelistet.

Tabelle 2.3: Kategorisierung von Modellierungsansätzen für den laserunterstützten Tapewickelprozess

Categorization of model approaches for laser-assisted tape winding

Zielgröße	Beschreibung	Quellen
Optische Einstrahlverhältnisse	Geometrie der Einstrahlverhältnisse sowie eingebrachte Intensität in der Prozesszone	[ESCH01, S. 75-79; KOEL08, S. 39-44; STIM14, S. 97-98]
	Modellierung der Lasereinstrahlung durch einen Ray-Tracing-Ansatz unter Berücksichtigung von Reflektionen	[DUPL16, S. 2-4; GROU12, S. 19-23; STOK14, S. 105-107]
	Modellierung der Lasereinstrahlung durch Kombination von Ray-Tracing und bidirektionaler Reflektionsverteilungsfunktion	[REIC18, S. 648-653; ZAAM18, S. 2-3]
	Überlagerung der Laserintensität einzelner VCSEL-Emitter	[WEIL16b, S. 6-10]

Ziel-größe	Beschreibung	Quellen
Thermischer Wärmeübergang	Eindimensionale Berechnung des thermischen Gradienten in Dickenrichtung (meist analytisch)	[FRAN17, S. 409-410; GROU12, S. 29-34; STEY13, S. 86-88; WEIL17, S. 19-21]
	Zweidimensionale Berechnung der Wärmeströme und der Temperaturverteilung in der Prozesszone	[KOEL08, S. 57-59; KOLL19, S. 46-53; SCHM94, S. 40-50; STOK14, S. 107-108]
	Erweiterung der zweidimensionalen thermischen Modellierung für dreidimensionale Oberflächen	[KOLL19, S. 104-107; ZAAM17a, S. 6-8; ZAAM18, S. 2-5]
	Inverse Berechnung eines Strahlungsprofils ausgehend von einer Solltemperatur des Tapematerials bzw. einer Solltemperaturverteilung	[STOK16b, S. 191-192; WEIL18, S. 3-6]
Konsolidierungsqualität	Modellierung des Lagenkontakts bei der Konsolidierung thermoplastischer Kunststoffe	[DARA85, S. 64-100; TIER06, S. 1494-1496; YANG01, S. 4661-4664]
	Modellierung der Autohäsion bei der Konsolidierung thermoplastischer Kunststoffe	[DARA85, S. 9-19; TIER06, S. 1496-1498; YANG03, S. 263-267]
	Kopplung der Modelle für Lagenkontakt und Autohäsion, ggf. mit weiteren Untermodellen	[BUTL98, S. 347-352; LEE87, S. 1029-1040; MANT92, S. 2359-2367; STOK16a, S. 19-20; TIER06, S. 1498-1499; YANG03, S. 269]
Sonstige	Mechanisch-rheologische Modellierung der Druckverhältnisse in der Prozesszone	[SONM97, S. 381-386; TIER06, S. 1492-1494]
	Modellierung der Entstehung von Eigenspannungen durch thermische Prozesse	[DEDI17, S. 781-784]
	Thermisch-mechanische Modellierung des Einflusses von Reibung durch Tapespannung auf die Verbindungsqualität	[TANN16, S. 591-594]
	Modellierung des Einflusses thermischer Prozesse auf die Kristallinität im Material	[LEE87, S. 1041-1049; MANT92, S. 2355-2359]

Ziel der Modellierung der optischen Einstrahlverhältnisse ist die Bestimmung der vom Laser ausgehenden Wärmeströme auf Tape und Substrat. Die optische und thermische Prozesssimulation greifen oft ineinander, da die Intensitätsverteilung auf den Prozessoberflächen die Ausgangsgröße der optischen und die Eingangsgröße der thermischen Modellierung darstellt (s. Bild 2.18) [GROU12, S. 19]. Wichtige Aspekte der optischen Modellierung umfassen die Winkelabhängigkeit von Reflektion und Absorption der Strahlungsenergie, die Abbildung des Laserstrahlprofils, die Berücksichtigung des Temperaturabfalls durch Abschattung in der Nähe des Zwickelbereichs und gegebenenfalls die Streuungsverteilung des reflektierten Lichts [STOK14, S. 105].

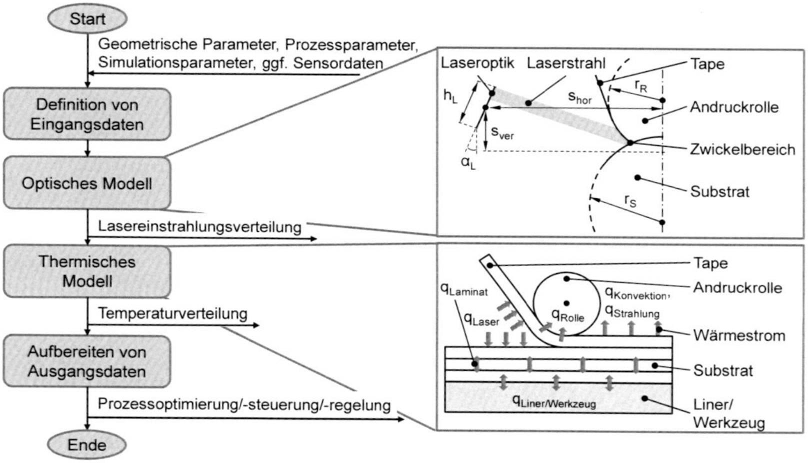

Bild 2.18: Schematischer Ablauf der optisch-thermischen Modellierung des laserunterstützten Tapeablageprozesses [KERM15, S. 57; KHAN10b, S. 14; ZAAM17b, S. 3]

Schematic sequence of optical-thermal modelling of the laser-assisted tape placement process

Bei der thermischen Modellierung zur Ermittlung der Temperaturverteilungen in der Prozesszone muss generell zwischen Oberflächen- und Volumenabsorption der Laserstrahlung differenziert werden. Bei Verwendung von Kohlenstofffaser-Tapes und einem hohen Faservolumengehalt kann von einer Absorption direkt an der Oberfläche ausgegangen werden [ESCH01, S. 79-85]. Als Ausgangspunkt dient üblicherweise die Wärmeenergiegleichung, welche im zweidimensionalen Fall (s. Bild 2.18) die Temperaturverteilung über der Zeit t, der Längsrichtung x_1 und der Dickenrichtung x_3 in Abhängigkeit der Materialdichte ρ, der Wärmekapazität c, der Komponenten der Fadenabzugs- bzw. Tapevorschubgeschwindigkeit v, der Wärmeleitfähigkeiten λ und einer möglichen Wärmequelle W beschreibt [DAI02, S. 1230]:

$$\rho c\left(\frac{\partial T}{\partial t} + v_1\frac{\partial T}{\partial x_1} + v_3\frac{\partial T}{\partial x_3}\right) = \frac{\partial}{\partial x_1}\left(\lambda_1\frac{\partial T}{\partial x_1}\right) + \frac{\partial}{\partial x_3}\left(\lambda_3\frac{\partial T}{\partial x_3}\right) + \rho W \tag{2.4}$$

WEILER ET AL. listen thermische Aspekte auf, die bei der Modellierung beachtet werden sollten [WEIL17, S. 313-315]. Kompliziert wird die thermische Modellierung, wenn aufgrund veränderter Prozessgeschwindigkeiten, komplexer Trajektorien oder starker Tapekrümmung nicht von einem stationären Zustand ausgegangen werden kann

[DUPL16, S. 4]. In diesem Fall greifen analytische, eindimensionale Lösungsansätze zu kurz und rechenintensive mehrdimensionale Modellierungsansätze, z. B. durch FEM, müssen verfolgt werden. HOSSEINI ET AL. bestätigen diese Annahme für die Abbildung von Kreuzlagen [HOSS18, S. 8].

Modellierungsansätze für die Konsolidierung verfolgen meist den Ansatz, Autohäsion und Lagenkontakt zunächst separat zu betrachten und anschließend im Grad der Verbindungsfestigkeit zusammenzufassen (s. Formel 2.3). Modelle für die Nachbildung der Autohäsion zum Erhalt des Autohäsionsgrads D_h beziehen sich überwiegend auf die Reptationstheorie nach DE GENNES, gemäß der sich eine Polymermolekülkette innerhalb einer rohrförmigen Hülle bewegen kann [GENN71]. Die Modellierung des Lagenkontakts (Lagenkontaktgrad D_{ic}) ist neben den Einflussgrößen Druck, Temperatur und Zeit stark abhängig von der Definition der Materialoberfläche. Diese kann für verschiedene Tapematerialien variieren und daher zu Abweichungen zwischen Simulation und Realität führen [SCHF17, S. 594-596]. JANSSEN vermutet hydrodynamische Effekte und Walkbewegungen unterhalb der Andruckrolle als Grund für übermäßig hohe modellierte Lagenkontaktzeiten [JANS20, S. 65]. Die asymmetrische Druckverteilung unter einer flexiblen Andruckrolle und deren Auswirkungen auf die Einstellung von Lagenkontakt und die Fließbewegung des Matrixpolymers wurde von PETERS beschrieben [PETE20, S. 83-85].

2.4.3 Strategien zur Prozesssteuerung und -regelung

Strategies for process control

Den größten Nutzen für eine Steigerung der Qualität besitzen intelligente Systeme zur Prozesssteuerung und -regelung, wenn sie flexibel auf verschiedene Prozesszustände reagieren können und die zugrunde liegenden Technologien beherrscht sind [CALA16, S. 5735/5739]. Die meisten Regelungsansätze für den laserunterstützten Tapewickelprozess setzen den Fokus auf die Beherrschung der Temperaturverteilung in der Prozesszone (T_{ist}) durch Ansteuerung von Laserleistung bzw. Laserintensität I und Spotposition (s. Bild 2.19). Die Ist-Temperatur T_{ist} als Messgröße wird zu diskreten Zeitpunkten gemessen und im System verarbeitet. Dadurch werden Temperaturdaten T_{Daten} gewonnen, die mit der Soll-Temperatur T_{soll} abgeglichen und einem ausgelegten Regler als Regelgröße zugeführt wird [KOEL08, S. 79]. Bei hoher Prozessdynamik wird die Vorschubgeschwindigkeit des Tapes bzw. Prozessgeschwindigkeit v als weitere Messgröße betrachtet, um die Laserleistung entsprechend von Kennlinienfeldern anzupassen. Weitere häufig auftretende Störgrößen umfassen Fremdkörper und Materialinhomogenitäten und Veränderungen des Laserspots [SCHM94, S. 90-95].

Voraussetzung für ein funktionierendes Regelungssystem sind hohe Abtastraten der Regelgröße und kurze Ansprechzeiten der Stellgröße, weshalb Lasersysteme besser als andere Wärmequellen für eine Umsetzung geeignet sind [WERN18, S. 86]. Eine Temperaturmessung mit hohen Abtastraten ist durch optische Temperaturerfassungssysteme wie Infrarotwärmebildkameras möglich, welche durch ihre hohe Auflösung eine komplette Erfassung der Prozesszone ermöglichen [BREC16, S. 341-

343]. Unter Berücksichtigung dieser Randbedingungen ist eine robuste, laserbasierte Temperaturregelung nur möglich, wenn alle Störgrößen sowie system- und geometriebedingten Einflüsse konstant bleiben [STIM14, S. 96].

Als Erweiterung des klassischen Regelkonzepts schlägt KÖLZER eine Störgrößenaufschaltung vor, welche zukünftige Auswirkungen auf die Regelgröße, z. B. durch variierende Prozessgeschwindigkeit, ausgleichen kann [KOEL08, S. 88-89]. WEILER empfiehlt die Einbeziehung der Einstrahllänge als zusätzliche Steuergröße, deren Variation durch VCSEL-Systeme oder Diodenlaser mit einer Zoom-Homogenisierungsoptik realisiert werden kann. Weitere Bestandteile seines Vorschlags bilden eine ergänzende Temperaturmessung an der Tape-Rückseite, um den Wärmegradienten in Dickenrichtung zu erfassen, sowie die Integration eines analytischen thermischen Modells in die Regelung [WEIL19, S. 133-142].

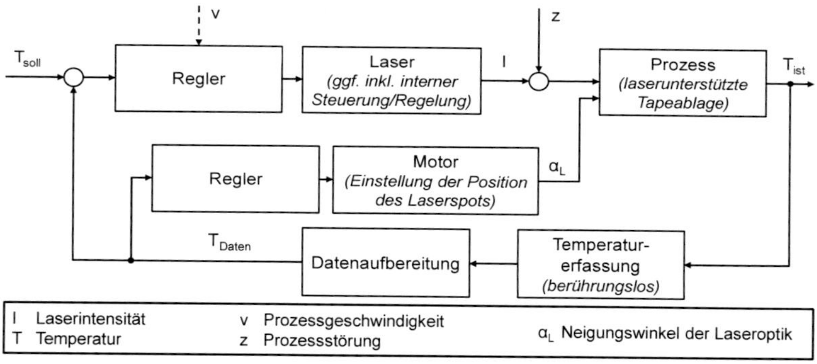

Bild 2.19: Struktur einer Temperaturregelung für den laserunterstützten Ablageprozess thermoplastischer faserverstärkter Tapes

Structure of temperature control for the laser-assisted placement of thermoplastic fiber-reinforced tapes

Modellbasierte Regelungsansätze für den Tapewickelprozess basieren ebenfalls auf thermischen Modellen, welche die Prozesstemperaturverteilung auf Basis verschiedener Eingangsparameter wie der Position in der Wickeltrajektorie und der Vorschubgeschwindigkeit des Tapes beschreiben [BUR18, S. 559-568; SCHA18b, S. 2-4]. Die Struktur einer solchen Regelung ist exemplarisch in Bild 2.20 dargestellt. Im Zentrum steht das Modell, welches für einen festgelegten Zeithorizont, dem Prädiktionshorizont N_P, Temperaturdaten $T_{präd}$ berechnet. Diese werden mit den gemessenen Temperaturdaten während desselben Zeitfensters abgeglichen. Dabei entsteht der so genannte Bias b, der eine Modellabweichung berücksichtigt. Die vom Model berechneten Temperaturdaten für das nächste Zeitfenster werden mit dem Bias und anschließend mit den Soll-Temperaturdaten T_{soll} abgeglichen. Anschließend erfolgt eine Temperaturregelung analog zu Bild 2.19. Der Abstand der diskreten Abtastzeitpunkte i orientiert sich an der Abtastfrequenz der Temperaturerfassung und der Berechnungszeit des Modells [SCHA18b].

Neben der Prozesstemperatur werden andere Prozessgrößen wie Tapespannung und Andruckkraft meist separat geregelt [KUKL17, S. 4; ZHAN17, S. 6-13]. Weiterführende Steuerungs- und Regelungskonzepte befassen sich mit der Vermeidung von Fehlern im Ablageprozess, wie Lücken, Überlappungen, Lufteinschlüsse, Fremdkörper oder mangelhaften Halbzeugen [VOEL18, S. 25-29]. WITTE entwickelte basierend auf berührungsloser Online-Prozessüberwachung ein Konzept für eine dynamische Anpassung der Tapeablage unter Berücksichtigung minimaler Krümmungsradien und Kinematik der Aktuatoren [WITE15, S. 93-99]. Einen ähnlichen Ansatz verfolgten ZHAO ET AL. für das Ausgleichen von Tapeabweichungen im Wickelprozess [ZHAO17, S. 13-24].

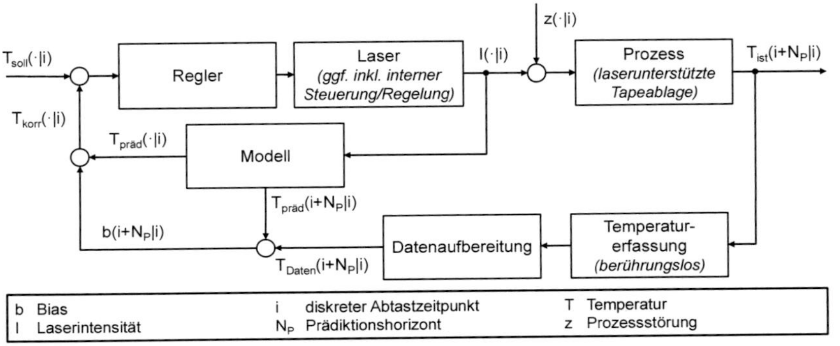

Bild 2.20: Schematische Darstellung einer modellprädiktiven Temperaturregelung für den Tapewickelprozess [SCHA18b, S. 3]

Schematic representation of a model-predictive laser power control for the tape winding process

2.5 Zusammenfassung der Erkenntnisse und Fazit

Summary of findings and conclusion

Thermoplastische Faserverbundkunststoffe weisen vielfältige prozess- und bauteilseitige Vorteile auf, die sie für einen industriellen Einsatz in Großserien prädestinieren. Wie aus den Darstellungen aus Kapitel 2.1 hervorgeht, gestattet der Einsatz von Halbzeugen mit unidirektionaler Endlosfaserverstärkung die Imprägnierung in der Wertschöpfungskette auszulagern und damit die Herausforderung der Fasertränkung angesichts der hohen Schmelzviskosität thermoplastischer Polymere zu beherrschen. Durch die gestreckte und hochgradig orientierte Faseranordnung in diesen Halbzeugen kann das volle Leichtbaupotenzial thermoplastischer FVK, insbesondere bei Verwendung von Kohlenstofffasern, ausgeschöpft werden. Die charakteristische Anisotropie ist bei der Auslegung von FVK-Strukturen zu beachten. Hierbei können maximale Synergieeffekte durch die simultane Betrachtung von Material, Produkt und Fertigungsverfahren erzielt werden. Bisherige Auslegungsansätze, insbesondere für FVK-Druckbehälter, basieren auf den industriell verbreiteten duroplastischen FVK und berücksichtigen die spezifischen Eigenschaften thermoplastischer FVK nur unzureichend. Aus diesem Grund sollen in dieser Arbeit Ansätze für die optimierte Herstellung von Druckbehältern aus TP-FVK im laserunterstützten Tapewickelverfahren konzipiert und verfolgt werden.

FVK-Druckbehälter nehmen eine herausragende Stellung in der Anwendung dieser Werkstoffklasse in transport- und mobilitätsgetriebenen Massenanwendungen ein. Der Darstellung in Kapitel 2.2 zufolge weisen FVK-Materialien gegenüber Metallen insbesondere für den Anwendungsfall der Speicherung und des Transports von Wasserstoff als Energieträger vielfältige Vorteile auf. Beispielsweise können durch ihren Einsatz eine Steigerung der Energiespeicherdichte und eine erhöhte Sicherheit gegenüber Schäden durch Korrosion, Diffusion oder Versprödung erreicht werden. Bisher gibt es nur wenige Entwicklungen von Druckbehälter aus TP-FVK, trotz der werkstofflichen Potenziale. Besonders ist hier die Möglichkeit des ganzheitlichen Recycling zu nennen, wodurch das Produkt gesetzliche Regulierungen wie die „End-Of-Life Vehicle"-Richtlinie der Europäischen Union erfüllen könnte [BLAC17]. Dem Autor sind keine Arbeiten bekannt, welche sich der Auslegung oder Prozessoptimierung für die Herstellung von TP-FVK-Druckbehältern widmen.

Kapitel 2.3 beschreibt den laserunterstützten Tapewickelprozess als automatisiertes, adaptives und großserientaugliches Verfahren für die Herstellung von TP-FVK-Strukturen. Vielfältige Prozesseinflussfaktoren und Wechselwirkungen erschweren die Beherrschung dieses Prozesses, speziell bei der Abbildung komplexer Geometrien, wie sie bei Druckbehältern in den Dombereichen auftreten. Variationen von Tapevorschubgeschwindigkeit und Substratoberfläche rufen instationäre Prozesszustände hervor, die sich auf die Verteilung und Historie von Temperatur und Druck im Zwickelbereich auswirken und die Einstellung einer gleichmäßigen Konsolidierungsqualität erschweren. In Kapitel 2.4 sind Werkzeuge dargestellt, welche die Beherrschung dieser Prozesszustände ermöglichen. Sensor- und Rechnersysteme gestatten die umfassende Erhebung und Verarbeitung von Prozessdaten und die systematische Auswertung von Kenngrößen und Fehlstellen mit dem Ziel der Prozessanpassung und -optimierung. Simulationen und Modellierungen unterstützen bei der Analyse von Einflussfaktoren und dem Eingrenzen von zulässigen Prozessparameterbereichen, so genannten Prozessfenstern, für die Realisierung gewünschter Temperatur- und Druckzustände. Ein Mehrwert entsteht, wenn Ansätze zur Datenanalyse und Prozessmodellierung mit Strategien zur Prozesssteuerung und -regelung kombiniert werden. Bisher existieren wenige solcher Ansätze für den laserunterstützten Tapewickelprozess.

Aus dem derzeitigen Stand der Technik lässt sich ein Forschungsbedarf bezüglich der optimierten Auslegung und adaptiven Fertigung komplexer Strukturen aus thermoplastischen, endlosfaserverstärkten Faserverbundkunststoff-Halbzeugen im laserunterstützten Tapewickelverfahren ableiten. Dies soll als Forschungsgegenstand dieser Arbeit am Beispiel von Typ-IV-Druckbehältern ausgeführt werden. Zum einen wird das hohe Potenzial thermoplastischer Halbzeuge mit Endlosfaserverstärkung in Bezug auf die kombinierten Materialeigenschaften von Matrix- und Verstärkungskomponente bisher nur unzureichend betrachtet. Zum anderen existieren keine Lösungen für eine adaptive, zuverlässige Herstellung solcher Bauteile mit komplexer Geometrie, da etablierte Steuerungs- und Regelungsansätze aufgrund der hochdynamischen und instationären Prozesszustände zu kurz greifen.

3 Aufgabenstellung und Zielsetzung

Task definition and objective

Der im vorangegangenen Kapitel präsentierte Stand der technischen Erkenntnisse zeigt Forschungsbedarfe in den Bereichen der Auslegung und Prozessführung für die Fertigung von komplexen Bauteilen wie Druckbehältern aus thermoplastischen Faserverbundkunststoffen auf. Darauf basierend wird in diesem Kapitel der Rahmen der Forschungsinhalte dieser Arbeit gesteckt, indem wissenschaftliche Fragestellungen aus den Themenblöcken Produkt- und Laminatauslegung, sowie Druckbehälterfertigung aus TP-FVK und zugehörige Prozessführung bzw. Prozesssteuerung abgeleitet werden. Kapitel 3.2 skizziert den Aufbau der Arbeit unter der Prämisse der Ergründung der Forschungsfragen und Belegung der Forschungsthesen.

3.1 Wissenschaftliche Fragestellungen

Scientific questions

Derzeitige Auslegungssystematiken für Wickel- und Laminatstrukturen basieren auf der Kombination etablierter Methoden wie der Netztheorie und klassischen Laminattheorie. Hierbei werden implizit die spezifischen fertigungstechnischen Eigenschaften duroplastischer FVK berücksichtigt, da diese aufgrund ihrer überlegenen Prozessreife eine beherrschende Marktstellung einnehmen. Die mit diesen Systematiken bestimmten und optimierten Strukturen werden auch für rotationssymmetrische Bauteile aus TP-FVK angewendet. Dabei werden die charakteristischen material- und verarbeitungsseitigen Vorteile dieser Materialklasse nicht berücksichtigt. Die erste Forschungsfrage und die zugehörige Forschungsthese beziehen sich daher auf diese Problemstellung vor dem Hintergrund der Auslegung von FVK-Druckbehältern:

Forschungsfrage 1: *Welche Gestaltungsmöglichkeiten eröffnet die Herstellung von Faserverbundkunststoff-Druckbehältern aus thermoplastischen Endlosfaserhalbzeugen mittels in-situ Konsolidierung gegenüber der konventionellen Auslegung vor dem Hintergrund der Verwendung duroplastischer FVK?*

Forschungsthese 1: *Das Eigenschaftsprofil thermoplastischer Faserverbundkunststoffe und die Herstellung von rotationssymmetrischen Komponenten im Tapewickelverfahren mit in-situ Konsolidierung ermöglichen die Gestaltung optimierter Wickelstrukturen und Lagenaufbauten, welche in Bezug auf die Einbringung der Verstärkungsfasern entsprechend vorherrschender Lastfälle und Einsparung von Verstärkungsmaterial Vorteile gegenüber konventionellen Laminatstrukturen für FVK-Druckbehälter aufweisen.*

Im Kontext komplexer Bauteile wie Druckbehälter, welche automatisiert im laserunterstützten Tapewickelverfahren hergestellt werden können, ergeben sich über die Auslegung hinaus Fragestellungen in Bezug auf die Prozessführung. Die Methode der in-situ Konsolidierung thermoplastischer Tapes ist bereits erfolgreich für die Herstellung belastungsoptimierter und hochqualitativer Laminate qualifiziert [JANS20,

S. 117]. Sie birgt jedoch Herausforderungen, wenn stationäre Prozessbedingungen, beispielsweise in Bezug auf die Vorschubgeschwindigkeit des Tapes, nicht eingehalten werden können. Dieser Fall ist bei der Abbildung komplexer 3D-Geometrien gegeben und resultiert in ungleichmäßigen Verläufen der Prozessgeschwindigkeit, Druck- und Temperaturverteilung. Um dieses Verhalten zu überwachen, stehen verschiedene in die Systemtechnik für den Tapewickelprozess integrierte Sensoren zur Verfügung. Eine gezielte Analyse dieser Daten bietet Möglichkeiten des vertieften Prozessverständnisses als Grundlage für eine effiziente und adaptive Prozessführung bzw. -steuerung.

Forschungsfrage 2: *Welche Informationen können aus den messbaren Prozessdaten während des laserunterstützten Tapewickelverfahrens in Hinblick auf die fertigungstechnischen Herausforderungen für den Erhalt konstanter und qualitativ hochwertiger Bauteileigenschaften, die sich durch den instationären Prozesszustand bei der thermoplastischen Verstärkung der Druckbehälterdome ergeben, gewonnen werden?*

Forschungsthese 2: *Die während der Herstellung von Faserverbundkunststofflaminaten im laserunterstützen Tapewickelverfahren erhobenen Prozessdaten lassen sich durch eine örtliche Auflösung als digitaler Schatten gezielt und aggregiert für die offline Prozessanalyse und die online Prozessoptimierung nutzen und ermöglichen auf diese Weise die Führung eines Fertigungsprozesses, welcher adaptiv auf wechselnde Prozessbedingungen abgestimmt ist.*

Für die Optimierung des laserunterstützten Tapewickelverfahrens stehen unterschiedliche Methoden zur Verfügung, neben der Prozessdatenverarbeitung insbesondere die Simulation und Strategien zur Prozesssteuerung bzw. -regelung. Die Herausforderung besteht in der Weiterentwicklung und Kombination der vorhandenen Ansätze, um eine anwendungsspezifische Optimierung der Prozessführung zu generieren. Die letzte Forschungsfrage und -these beziehen sich demgemäß auf die Prozessoptimierung bei der Herstellung von TP-FVK-Druckbehältern.

Forschungsfrage 3: *Inwiefern befähigen datengestützte Modellierungs- und Steuerungsansätze die Führung eines adaptiven Herstellungsprozesses für die Verstärkung von Druckbehältern aus thermoplastischem Faserverbundkunststoff?*

Forschungsthese 3: *Eine angepasste Prozessführung und die gezielte Optimierung relevanter Prozessparameter befähigen die Herstellung von verstärkten Druckbehältern mit konstanten, prozesssicheren Laminateigenschaften im laserunterstützten Tapewickeln.*

3.2 Aufbau der Arbeit

Outline

Auf Grundlage der formulierten Forschungsfragen ergibt sich der Aufbau der weiteren Arbeit (s. Bild 3.1). In Kapitel 4 werden unter Berücksichtigung der im Stand der

Technik ausgeführten Auslegungsmethoden für FVK-Strukturen bestehende Verfahren für den Entwurf von Druckbehälter-Laminaten analysiert und Verbesserungspotenziale unter Berücksichtigung der material- und prozesstechnischen Eigenschaften thermoplastischer, endlosfaserverstärkter FVK-Halbzeuge identifiziert. Die Herstellung von TP-FVK-Druckbehältern des Typ IV umfasst zum einen die Befähigung der Prozess- und Systemtechnik für die Tapeablage auf thermoplastischen Linern. Zum anderen werden kritische Prozessbereiche und relevante Prozessgrößen identifiziert, um die anschließende Prozessoptimierung gewinnbringend auszurichten.

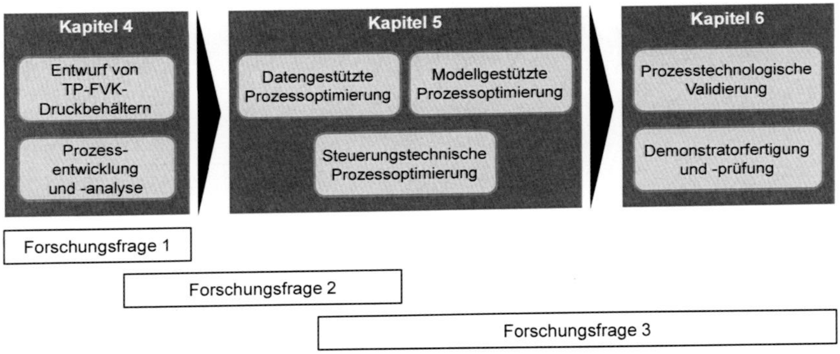

Bild 3.1: Gliederung der Arbeit und Vorgehensweise zur Erreichung der wissenschaftlichen Zielsetzungen
Outline of work and procedure for the achievement of the scientific objectives

Kapitel 5 behandelt die adaptive Prozessführung für die Herstellung von TP-FVK-Druckbehältern im laserunterstützten Tapewickelverfahren. Im Kontext der Industrie 4.0 werden die während der Herstellungskonzeption gesammelten Prozessdaten digital aggregiert, aufbereitet und für eine Visualisierung verwendet. Dies dient als Grundlage für die Entwicklung von Algorithmen zur gezielten Hervorhebung von Behälterbereichen mit unzureichender Konsolidierungsqualität und für eine iterative Qualitätsoptimierung. Für die identifizierten kritischen Prozessparameter werden Modelle entwickelt und verwendet, um Prozessverhalten abzubilden und Prozessfenster einzugrenzen. Diese Arbeiten dienen als Grundlage für die Gestaltung einer adaptiven Prozesssteuerung zur Beherrschung der Fertigungsbedingungen des laserunterstützten Tapewickelns von komplexen FVK-Komponenten.

Eine Validierung der entwickelten Produktauslegungskonzepte und Prozessoptimierungswerkzeuge erfolgt durch die Fertigung von TP-FVK-Druckbehältern in Kapitel 6. Dies schließt die Ermittlung eines Zielbereichs für die Prozessführung sowie die Untersuchung der Prozessdaten und hergestellten Laminate und Demonstratoren ein. Die Arbeit schließt mit einer Zusammenfassung der Ergebnisse und einem Ausblick auf weiterführende Forschungsthemen in Kapitel 7.

4 Konzept- und Prozessentwicklung für TP-FVK-Druckbehälter

Concept and process development for the manufacturing of thermoplastic composite pressure vessels

Die erste Forschungsfrage und -these dieser Arbeit zielen auf die erweiterten Möglichkeiten in Bezug auf die Gestaltung von Verstärkungslagen für Faserverbundkunststoff-Druckbehälter bei Nutzung von TP-FVK. Diesem Ansatz liegt das Ziel zugrunde, die Vorteile der Herstellung durch in-situ Konsolidierung von TP-FVK-Halbzeugen (vgl. Tabelle 2.2) zu nutzen und Fertigungszeiten sowie Materialeinsatz zu verringern. Zur Ergründung der These werden in Kapitel 4.1 zunächst bestehende Ansätze für den Entwurf von FVK-Druckbehältern (vgl. Bild 2.7) erörtert. Anschließend werden auf Basis der Erkenntnisse aus dem Stand der Technik (s. Kapitel 2) Anforderungen an die Auslegung von TP-FVK-Druckbehältern identifiziert, welche die Basis für die Entwicklung und Umsetzung neuer Fertigungskonzepte bilden. Kapitel 4.2 behandelt die iterative Vorgehensweise zur Herstellung von FVK-Druckbehältern und die erstmalige Umsetzung der neu entwickelten Fertigungskonzepte. Durch dynamische und parametrische Prozessanalysen werden weitere Optimierungspotenziale für den Fertigungsprozess aufgezeigt, welchen im nachfolgenden Kapitel dieser Arbeit nachgegangen wird.

4.1 Entwurf von FVK-Druckbehältern

Design of composite pressure vessels

Je nach Anwendungsfall ist zumeist der vorherrschende Innen- oder Außendruck die maßgebende Größe für die Auslegung von Druckbehältern. Der Auslegungsdruck wird auf Basis des Betriebsdrucks gemäß anwendbaren Richtlinien mit einem Sicherheitsfaktor oder einer Sicherheitszugabe bestimmt. Des Weiteren müssen Randbedingungen des Lastfalls wie Temperatur, mechanische Belastungen durch Anschlusselemente oder Befestigungen sowie Witterung berücksichtigt werden. Im vorwiegend auftretenden Lastfall des Innendrucks, welcher Gegenstand dieser Arbeit ist, treten die Hauptspannungen bei zylindrischen Behältern entlang des Meridians und orthogonal zu diesem in Umfangsrichtung auf. Der Meridian ist als Linie definiert, welche die rotationssymmetrische Behälterkontur beschreibt. Für einen idealisierten Zylinder kann das Verhältnis beider Hauptspannungen durch die Kesselformel beschrieben werden (s. Bild 4.1). Die Spannungsverhältnisse auf den Domen sind wesentlich komplexer und daher nicht analytisch abbildbar. Neben den genannten Lastfällen ist es essenziell, die Eigenschaften des ausgewählten Materials und Herstellungsprozesses in die Auslegung miteinzubeziehen. Die Zielvorgabe besteht vornehmlich aus der Ausnutzung eines vorgegebenen Bauraums durch Maximierung des Innenvolumens und Minimierung des Gewichts. [ANNA07, S. 9-13; BEDN91, S. 1-23; ZU10c, S. 2307-2308]

Im Vergleich zu metallischen Druckbehältern weist die Auslegung von FVK-Druckbehältern aufgrund der erhöhten Anzahl von Designparametern eine gesteigerte Komplexität auf. Als hauptsächliche Parameter sind die Behälterkontur, Wickelwinkel, Schichtdicke, Schichtanzahl und Schichtungsreihenfolge innerhalb des Laminats zu nennen. Der Entwurfsprozess kann in das Design der Wickelkontur und die Berechnung des Wickelpfads unterteilt werden. Die hohe Komplexität spiegelt sich in einer Vielzahl von Auslegungsvarianten und Optimierungsansätzen auf Basis unterschiedlicher Zielfunktionen wider, die in der Forschung beispielsweise auf Grundlage komplexer Finite-Elemente-Modelle oder genetischer Algorithmen entwickelt werden. Besonders die Gestaltung der Dombereiche trägt aufgrund gekrümmter Pfade, kontinuierlich veränderter Wickelwinkel und Materialanhäufungen an den Polradien zu der Komplexität der Auslegung bei. Aus diesem Grund werden diese Bereiche in der Behälterauslegung häufig vernachlässigt und lediglich für die Bestimmung der Verläufe und Wendepunkte der Wickeltrajektorien berücksichtigt, um Pfade entlang der optimierten Wickelwinkel auf den Zylindern sicherzustellen. Die Komplexität der FVK-Behälterauslegung bringt jedoch auch eine erhöhte Designfreiheit mit sich, die im Gegensatz zu isotropen Materialien eine Verringerung des Materialeinsatzes ermöglicht, da die Verstärkungsfasern entlang der Hauptspannungsrichtungen orientiert werden können. Aus diesem Grund können die Dome bei Druckbehältern aus Faserverbundkunststoff mit geringerer axialer Ausdehnung als bei metallischen Druckbehältern ausgeführt werden. [ALCA17, S. 15770-15771; BEUK07, S. 1; ROSA64, S. 174-176; VAFA07, S. 380-381; ZU13, S. 1601]

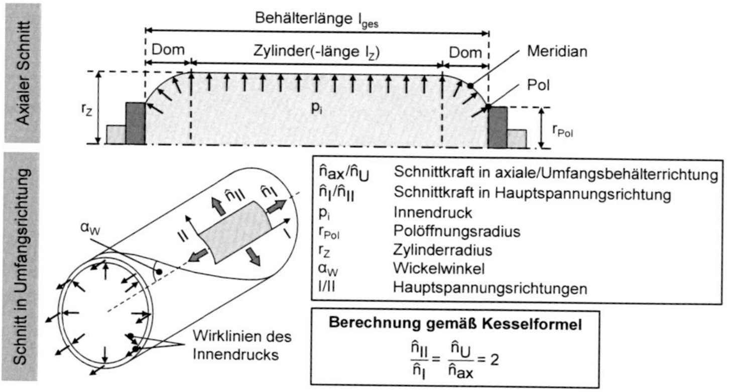

Bild 4.1: Hauptkraftflüsse in einem Druckbehälter unter Innendruck [BEAK01, S. 288; KABI00, S. 248; WIED07, S. 528]

Main flow of forces in a pressure vessel subjected to internal pressure

In den folgenden Abschnitten wird zunächst der Ist-Zustand des Entwurfs von FVK-Druckbehältern durch eine Literaturrecherche aufgearbeitet (Kapitel 4.1.1). Bestehende Ansätze basieren dabei fast ausschließlich auf den Eigenschaften duroplastischer Faserverbundkunststoffe. Aus den gewonnenen Erkenntnissen wird ein Vorgehen für die Auslegung von FVK-Komponenten in Wickelbauweise abgeleitet, welches die Rahmenbedingungen für die nachfolgenden Abschnitte vorgibt. In Kapitel 4.1.2 werden darauf aufbauend material- und fertigungsbedingte Potenziale thermoplastischer FVK gesammelt, und auf dieser Grundlage in Kapitel 4.1.3 Fertigungskonzepte entwickelt. Diese werden in Kapitel 4.1.4 analysiert und umgesetzt, sodass schließlich Pfaddaten für Druckbehälterlagen generiert werden können.

4.1.1 Bestehende Ansätze für die Auslegung von FVK-Druckbehältern

Existing approaches for the design of composite pressure vessels

Da die Behälterkontur in vielen praktischen Fällen durch den Bauraum und die vorhandenen Wertschöpfungsrouten vorgegeben ist, fokussiert sich diese Arbeit auf die Auslegung des Aufbaus der Laminatschichten bei gegebenem Zylinderradius r_Z und Behälterlänge l_{ges}. Der Laminataufbau wird maßgeblich durch den Wickelwinkel und die Dicke der kontinuierlich abgelegten Einzelschichten beschrieben. Entsprechend der Darstellung in Bild 4.2 ist der Wickelwinkel als Ausrichtung der Verstärkungsfaser in Bezug auf den Meridian definiert. Wie in Kapitel 2.3 eingeführt, wird grundsätzlich zwischen Umfangs- und Kreuzwickelmustern unterschieden (s. Bild 2.11), wobei Umfangslagen mit Winkeln von annähernd 90 ° konventionell auf den Zylinderbereich beschränkt sind, um eine übermäßige Faserkrümmung auf den Domen zu vermeiden. Da Kreuzlagen immer den Zylinder und entsprechend dem gewählten Polöffnungsdurchmesser die gesamte Domoberfläche oder Teile davon bedecken, sind deutlich geringere Wickelwinkel als bei Umfangslagen möglich. Wichtige Kenngrößen für die Beschreibung von Kreuzlagen sind der Abstand der parallel abgelegten Bänder a_T und der entstehende Bedeckungsgrad der Behälteroberfläche (vgl. Gleichung 4.10). [KRIE02, S. 11-12; ROMA97, S. 49-60]

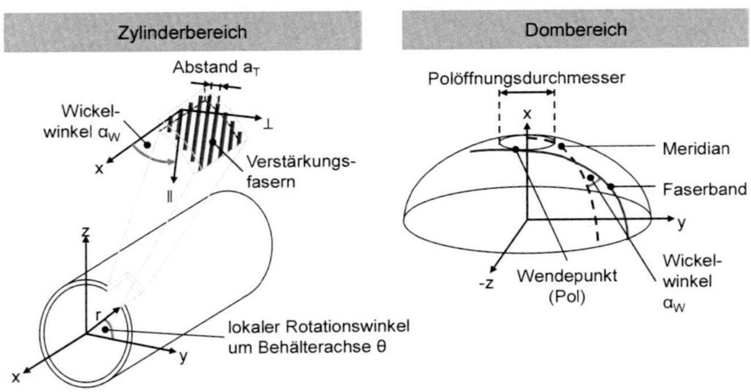

Bild 4.2: Definition des Wickelwinkels bei FVK-Druckbehältern [FU17, S. 331; KOUS07, S. 2; LOUR97, S. 77]

Definition of the winding angle for composite pressure vessels

Im idealen Fall sind die Verstärkungsfasern auf dem Zylinder in Richtung der wirkenden Hauptlasten orientiert, da auf diese Weise das beste Verhältnis aus Materialeinsatz und Verstärkungswirkung erreicht werden kann. Insbesondere bei duroplastischen Wickelverfahren (vgl. Bild 2.9 oben) kann es jedoch zu einem Rutschen der Fasern kommen, wenn diese nicht entlang geodätischer Pfade abgelegt sind. Geodätische Pfade beschreiben die kürzeste Verbindungslinie zwischen zwei Punkten auf einer gekrümmten Oberfläche und gewährleisten die Stabilität der Faserlage und die Reproduzierbarkeit des Ablagevorgangs, da keine Transversalkraft F_B zwischen Fasern und Untergrund tangential zur Behälteroberfläche auftreten. [BARK77, S. 50-53; CARV95, S. 79-81]

In Bild 4.3 sind die Bedingung für eine stabile Ablage und das Vorgehen zur Bestimmung geodätischer Pfade aufgezeigt. Diese folgen der Clairaut-Gleichung, welche besagt, dass das Produkt aus lokalem Radius r_i und dem Sinus des Wickelwinkels $\alpha_{W,i}$ an jedem Punkt entlang der geodätischen Bahn konstant ist. Da der Radius auf dem Zylinder konstant ist ($r_i = r_Z$), ergeben sich somit lediglich auf den Domen variierende Wickelwinkel [ZEND92, S. 58]:

$$r_i \sin \alpha_{W,i} = const. \tag{4.1}$$

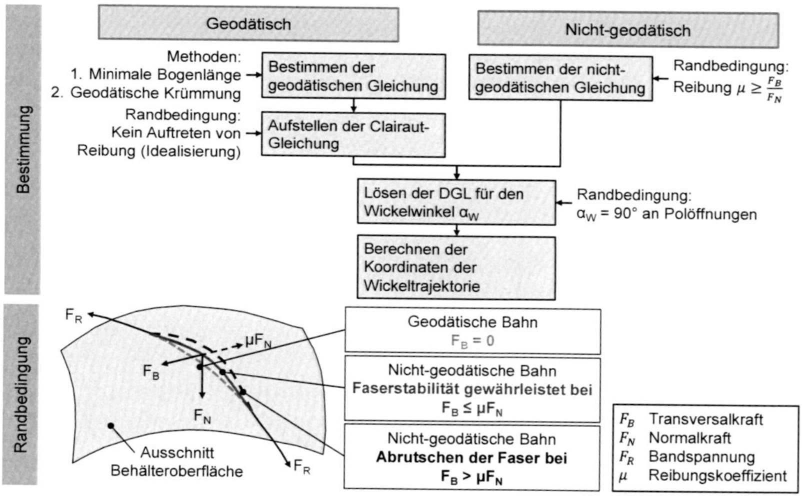

Bild 4.3: Vorgehensweise zur Bestimmung von Wickeltrajektorien für duroplastische FVK-Wickelkörper unter Berücksichtigung der Reibung (in Anlehnung an: [FU17, S. 331; SOFI18, S. 61-62])

Procedure for determining winding trajectories for thermoset composite winding parts taking friction into account

Schon bei geringen Abweichungen in Faserwinkel oder Behältersymmetrie, beispielsweise durch ein Design mit beidseitig unterschiedlichen Polöffnungsdurchmessern, kann eine geodätische Ablage nicht aufrecht gehalten werden und es gilt die Stabilitätsbedingung aus Bild 4.3. Nicht-geodätische Wickelpfade steigern die Gestaltungsfreiheit, insbesondere bei Festlegung des Wickelwinkels auf dem Zylinder. Dadurch können Gewicht und mechanische Eigenschaften optimiert werden, jedoch sind hierfür üblicherweise komplexe, numerische Berechnungsmethoden erforderlich. Eine weitere Motivation für nicht-geodätisches Wickeln ist die Verringerung von

Materialanhäufungen auf den Domen, welche bei geodätischen Pfaden automatisch auftreten, wenn der lokale Radius r_i bei konstanter Faseranzahl abnimmt (s. Bild 4.4). In der Praxis wird zum Erhalt der Stabilität oft nur leicht vom geodätischen Wickelpfad abgewichen, was als „semi-geodätisches Wickeln" bezeichnet wird. Je höher der Reibkoeffizient μ der aufeinanderliegenden Oberflächen und je ausgeprägter die Krümmung der Oberfläche, desto größer ist die theoretisch mögliche Abweichung von der geodätischen Wickeltrajektorie. Ein hoher Reibkoeffizient wird unter anderem durch eine hohe Matrixviskosität bei duroplastischen Halbzeugen und eine raue Substratoberfläche begünstigt. [KAYR14, S. 3-7; KOUS04, S. 86-92; VARG14, S. 805-806; ZU10b, S. 344-345]

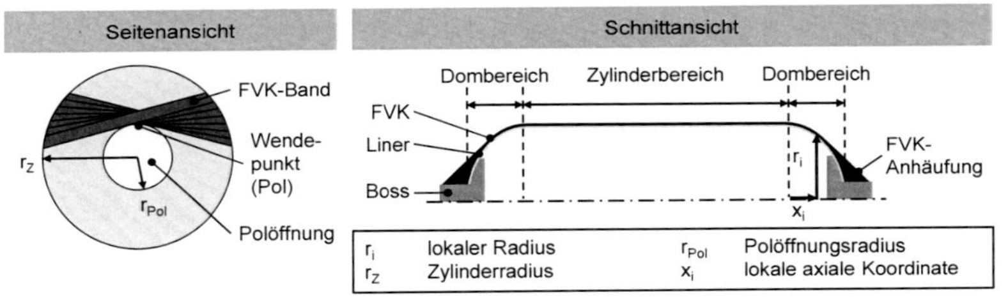

Bild 4.4: Materialanhäufungen an den Polöffnungen [LENG17, S. 18; LOUR97, S. 83]
Material accumulation at the polar openings

Die ganzheitliche Auslegung von FVK-Druckbehältern beginnt mit dem Entwurf der Behälterkontur, die üblicherweise durch das Aufstellen von Gleichgewichtsbedingungen am Schalenelement erfolgt [KRIE02, S. 11-12]. Hierbei haben sich in Verbindung mit geodätischen Wickeltrajektorien isotensoide Domkonturen durchgesetzt. Per Definition garantieren diese bei Belastung durch Innendruck eine gleichmäßige Spannung in den abgelegten Fasern, sodass ein Scheren und Schubversagen in der Matrix aufgrund variierender Faserspannungen vermieden wird [NAIR15, S. 1199-1201]. Unter Berücksichtigung von Behälterkontur, Polöffnungsdurchmessern und Belastung erfolgt die weitere Auslegung durch Bestimmen von Wickelwinkeln auf dem Zylinder, Berechnen von Wickelpfaden auf Zylinder und Domen und darauf aufbauend Bestimmen von Wickelmustern und Laminaten [BEUK07, S. 4-6]. Eine wichtige Randbedingung ist die Breite des verwendeten Halbzeugs, da eine große Breite sowohl die Anzahl möglicher Trajektorien einschränkt als auch zu erhöhten Materialanhäufungen an den Domen führt [ZU19, S. 44-45].

Ein ausgeglichener Winkelverbund ist dadurch definiert, dass positive und negative Wickelwinkel auf dem Zylinder mit Verbindungstrajektorien auf den Domen verbunden werden, um eine geschlossene Bedeckung des Zylinders durch exakt paralleles Legen der Halbzeuge nebeneinander zu erhalten [SCHU07, S. 234; ZEND92, S. 74]. Als Spezialfall folgt aus der Kenntnis der Hauptkraftflüsse bei Innendruck und unter Anwendung der Kesselformel (s. Bild 4.1) für eine zylindrische Behältergeometrie analytisch ein idealer Wickelwinkel von 54,7 °. Alternativ kann eine Ausrichtung der Fasern direkt entlang der Hauptspannungsrichtungen im Kreuzverbund (0° und 90°, s. Bild 4.5 links oben) mit entsprechender Aufteilung der Schichtdicken erfolgen

[SULA13, S. 2-4; VERC13, S. 4-5]. Diese beiden Möglichkeiten sind aufgrund des Stabilitätskriteriums geodätischer Ablage und fertigungstechnischer Einschränkungen nicht herstellbar. Da außerdem Hilfsmittel für eine rutschsichere Ablage (s. Bild 4.5 links unten) aufgrund der dadurch ausgelösten Schwächung des Laminatverbunds nicht umsetzbar sind, werden in der Praxis ausgeglichene Winkelverbunde mit flachen Wickelwinkeln der Kreuzlagen in Kombination mit Umfangslagen (Wickelwinkel annähernd 90 °) in orthotropen Mehrschichtverbunden umgesetzt (s. Bild 4.5 rechts oben) [MADH09, S. 77-79; NAIR15, S. 1199-1201].

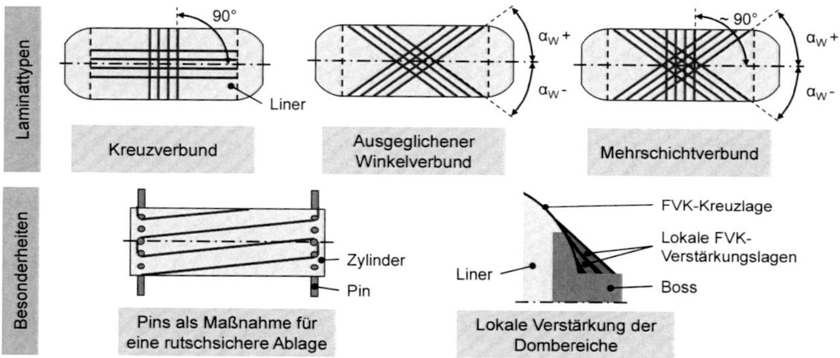

Bild 4.5: Wickelstrukturen für die Verstärkung von FVK-Druckbehältern [ROH13, S. 12798; SCHU07, S. 234-238; WIED07, S. 685; ZEND92, S. 13]

Winding structures for the reinforcement of composite pressure vessels

Die Bestimmung der Kombinationen aus Wickelwinkeln und Schichtdicken auf dem Zylinder kann auf Basis der Netztheorie erfolgen, da diese aufgrund der Vernachlässigung der Matrix zu konservativen Lösungen führt und das Kraftübertragungsverhalten von Druckbehältern als faserdominiert beschrieben werden kann [BUTT10, S. 381-382; LOUR97, S. 76-77]. Die Spannungszustände auf dem Dom werden dabei aufgrund der komplexen Wickeltrajektorie mit kontinuierlich variierenden Wickelwinkeln vernachlässigt. Eine Anbringung zusätzlicher Verstärkungen ist zum einen im Übergangsbereich zwischen Zylinder und Dom sinnvoll, da dort die Kräfte in die axiale Behälterrichtung, welche durch den Innendruck auf den Domflächen auftreten, in das Zylinderlaminat übertragen werden [PARK02, S. 64]. Zum anderen kann ein Laminatversagen am Boss bzw. Polöffnungsdurchmesser, welches bei ausschließlicher Auslegung des Zylinderlaminats ein schwer einschätzbares Risiko darstellt, durch Einbringung metallischer Inserts [KABI00, S. 251] oder lokaler FVK-Verstärkungslagen [ROH13, S. 12797] vermieden werden.

In fortgeschritteneren Entwurfsprozessen wird die Netztheorie lediglich zur Vordimensionierung des Zylinderlaminats verwendet. Aufbauend auf den gewonnenen Erkenntnissen wird eine Auslegung mittels klassischer Laminattheorie oder anderer numerischer Verfahren für das gesamte Behälterlaminat durchgeführt, um präzisere Ergebnisse zu erhalten. Materialkennwerte werden dabei mikromechanisch aus

Faser- und Matrixeigenschaften bestimmt. Auf Basis des Behälteraufbaus und des Anwendungsfalls wird ein Versagenskriterium ausgewählt, mit denen die Ergebnisse der Berechnungen abgeglichen werden. Abminderungsfaktoren berücksichtigen Ungenauigkeiten im Fertigungsprozess, z. B. die gekrümmte Bandablage auf der Domoberfläche. [BEAK01, S. 287-289; KRIE02, S. 42-43; LENG17, S. 30-32; ZU10a, S. 1312-1313]

Basierend aus den Erkenntnissen dieses Abschnitts stellt Bild 4.6 eine Vorgehensweise für die Auslegung einer gewickelten FVK-Komponente dar, welche als Leitfaden für die folgenden Abschnitte dient.

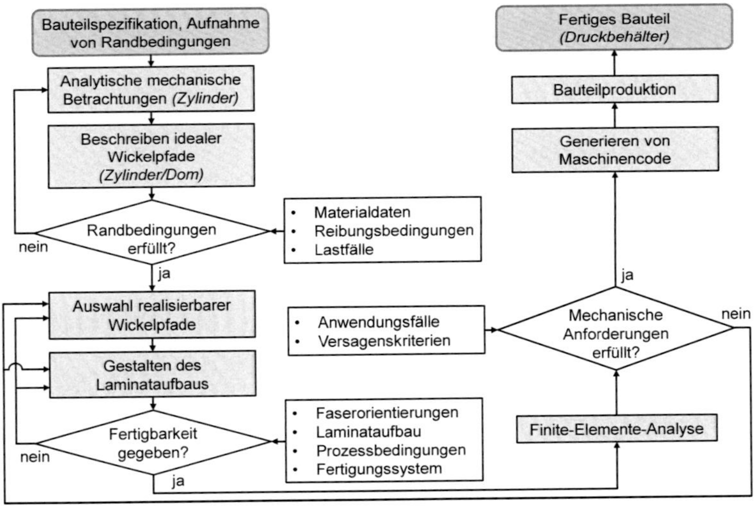

Bild 4.6: Vorgehensweise zur Auslegung einer FVK-Komponente in Wickelbauweise (in Anlehnung an [CARV95, S. 80; SCHU07, S. 14-17; SOFI18, S. 66])

Procedure for the design of a composite component manufactured by winding

4.1.2 Anforderungen und Potenziale der Auslegung von TP-FVK-Druckbehältern

Potentials and requirements for the design of thermoplastic composite pressure vessels

Die Bandablage über eine direkt mit dem Liner in Verbindung stehenden Andruckrolle (vgl. Bild 2.9 rechts unten) lässt potenziell größere Abweichungen von der geodätischen Wickeltrajektorie zu. Prinzipiell wird für die Auslegung von TP-FVK-Druckbehältern die Netztheorie empfohlen, da sie aufgrund der geringen Steifigkeit des Matrixmaterials gegenüber den Fasern akkurate Ergebnisse liefert [EVAN02, S. 3080-3081]. Bei umfassender Modellierung, wie sie in der klassischen Laminattheorie erfolgt, erhöht das nichtlineare viskoelastische Verhalten thermoplastischer Kunststoffe die Komplexität der numerischen Berechnung [EVAN02, S. 3086-3088]. Die spezifischen Materialeigenschaften thermoplastischer FVK haben zur Folge, dass eine einfache

Adaption von duroplastischen FVK-Wickelmustern für TP-FVK-Druckbehälter zu einer schlechteren Performanz führt. Bei einer optimalen Auslegung und Prozessbeherrschung kann hingegen eine Gewichtsreduzierung bei erhöhten mechanischen Eigenschaften des Verstärkungslaminats erreicht werden [COUR17, S. 25-29]. Spezifische Ansätze für die Auslegung von TP-FVK-Verstärkungsstrukturen für Druckbehälter sind jedoch bisher nicht bekannt und werden deshalb im Folgenden untersucht.

Unter Berücksichtigung der Erkenntnisse aus den vorangegangenen Kapiteln sind die Anforderungen an neue Fertigungskonzepte für die Herstellung von TP-FVK-Laminaten für Typ-IV-Druckbehälter in Bild 4.7 aufgelistet. Für eine erfolgreiche Umsetzung neuer Fertigungskonzepte muss die Laminatqualität unter Berücksichtigung der spezifischen Prozesseigenschaften des laserunterstützten Tapewickelns gewährleistet sein und der Produktionsprozess gegenüber konventionellen duroplastischen Fertigungsverfahren wirtschaftliche Potenziale aufweisen.

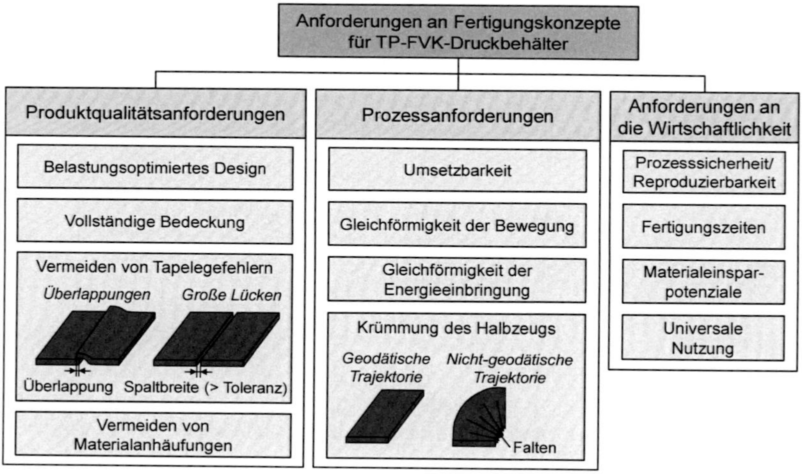

Bild 4.7: Anforderungen an Fertigungskonzepte für TP-FVK-Druckbehälter (Abbildungen in Anlehnung an [BERE02, S. 13; WITE15, S. 22; ZEND92, S. 18])

Requirements concerning manufacturing concepts for thermoplastic composite pressure vessels

In Hinblick auf die Qualität des gefertigten Druckbehälters geht ein belastungsoptimiertes Design mit einer Steigerung von Effizienz und Materialausnutzung einher. Hierbei sollen die prozessseitigen Potenziale, die Wickelpfade auf dem Zylinder in Richtung der Hauptspannungsrichtungen auszurichten, genutzt werden. Da der Innendruck homogen auf die gesamte Oberfläche des Druckbehälters wirkt, muss das Wickelmuster so gestaltet werden, dass eine vollständige Bedeckung des gesamten Behälters sichergestellt wird. Hierfür ist ein homogenes, kontinuierliches Wickelmuster essenziell [ROMA97, S. 49]. Dieses ist ebenfalls der Randbedingung unterworfen, dass Tapelegefehler vermieden werden sollen. Hierzu gehören Überlappungen und Lücken, welche durch mangelhaftes Design, ungenaue Prozessführung oder zu hohe

Toleranzen der Halbzeugbreite hervorgerufen werden können [BERE02, S. 13]. Da das thermoplastische Matrixmaterial nachfolgender Lagen kleine Lücken schließen kann, müssen insbesondere Überlappungen vermieden werden. Eine weitere Materialeinsparung kann durch die Vermeidung übermäßiger Materialanhäufung in den Polbereichen erreicht werden.

Prozesstechnisch ist die Umsetzbarkeit des Fertigungskonzepts zu beachten. Hierunter fallen die Darstellbarkeit der Wickeltrajektorie mittels der verwendeten Fertigungsanlage (s. Kapitel 4.2.1) und die Abstimmung der unterschiedlichen Lagen aufeinander [KIM05, S. 444]. Eine starke lokale Abweichung von der geodätischen Trajektorie bei sprunghafter Änderung des Wickelwinkels kann darüber hinaus zu einer ungewünschten abrupten Richtungsänderung des Tapewickel-Applikators führen, die über das übliche Maß der ungleichförmigen Bewegung hinausgeht (vgl. Kapitel 4.2.3). In Kapitel 2.3.3 wird herausgestellt, dass Beschleunigungs- und Abbremsvorgänge der Tapezuführung so weit wie möglich reduziert werden sollten. Der dadurch geförderte gleichmäßige Bewegungsablauf ist zuträglich für eine gleichförmige Energieeinbringung in den Zwickelbereich und somit für eine konstante Konsolidierungsqualität des hergestellten Bauteils. Eine Krümmung des Halbzeugs erfolgt bei einer großen lokalen Änderung des Wickelwinkels auf einer gering gekrümmten Oberfläche. Grenzablageradien, um Krümmung zu vermeiden, sind darüber hinaus von Materialtyp, Faservolumengehalt, Tapebreite und Tapedicke abhängig [BERE02, S. 13].

Eine wichtige Kenngröße für die wirtschaftliche Fertigung ist die Prozesssicherheit bzw. Reproduzierbarkeit des Wickelmusters. Es wird auf eine möglichst kontinuierliche Wickeltrajektorie abgezielt, um die Vorteile des automatisierten Prozesses zu nutzen, Ansetzvorgänge zu minimieren und die Fertigungszeit des Druckbehälters zu verringern. Ein effektiver Materialeinsatz im Laminat, möglichst entlang der Hauptspannungsrichtungen, reduziert die Lagenanzahl und trägt zur Verringerung der Fertigungszeit und des Einsatzes kostspieliger FVK-Halbzeuge bei. Eine universale Nutzung bedingt, dass das Wickelmuster auf beliebige Behältergeometrien übertragbar ist. Dies ist unter anderem notwendig, wenn beidseitig unterschiedliche Polöffnungsdurchmesser vorliegen oder eine Seite des Druckbehälters komplett geschlossen ist. Außerdem sollen die Fertigungskonzepte für unterschiedliche thermoplastische Tapematerialien und Fertigungssysteme anwendbar sein.

Gegenüber dem Wickelprozess zur Herstellung von Druckbehältern aus duroplastischen Faserverbundkunststoffen weist die Verstärkung der Behälter im thermoplastischen, laserunterstützten Tapewickelverfahren wesentliche Potenziale auf, die zuvorderst durch den Prozess der in-situ Konsolidierung begründet sind (s. Kapitel 2.3). Die vorwiegenden identifizierten Potenziale sind in Bild 4.8 dargestellt.

Wie bereits in Kapitel 4.1.1 erläutert, bieten nicht-geodätische Trajektorien viele Vorteile wie eine Erhöhung der Designfreiheit, wodurch Verstärkungsfasern auf dem Zylinder gezielt entlang der Richtungen maximaler Belastung orientiert werden können [ZU19, S. 41-42]. Für duroplastische FVK-Fertigungsverfahren existieren zahlreiche Untersuchungen, die sich mit der Formulierung semi-geodätischer Faserablagespuren befassen. Dabei wird das Ziel verfolgt, unter Berücksichtigung von Reibungseffekten eine bessere Ausnutzung der anisotropischen Materialeigenschaften bei geringer Abweichung vom geodätischen Pfad zu realisieren. Die Verwendung thermoplastischer Tapes und die Fertigung mit in-situ Konsolidierung eröffnen die Möglichkeit, stärker von geodätischen Pfaden abzuweichen, da Reibungswerte aufgrund der stoffschlüssigen Verschweißung zwischen Tape und Substrat praktisch keine Rolle spielen. Limitierender Faktor bei starker lokaler Winkelveränderung auf einer gering gekrümmten Oberfläche ist dabei die Vermeidung von Tapekrümmung über der Breite sowie von Ondulationen des abgelegten Halbzeugs [KERM15, S. 30].

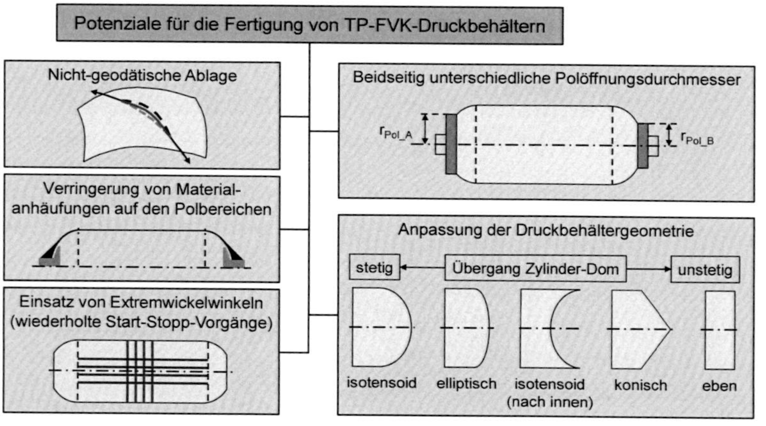

Bild 4.8: Identifizierte Potenziale von Fertigungskonzepten für TP-FVK-Druckbehälter (Abbildungen in Anlehnung an [FU17, S. 331; LENG17, S. 18; SCHU07, S. 237; VOLZ91, S. 52])

Identified potentials regarding manufacturing concepts for thermoplastic composite pressure vessels

Bei kontinuierlichen Fertigungskonzepten in Anlehnung an geodätische Trajektorien folgt bei Forderung einer vollständigen Bedeckung der Behälteroberfläche aufgrund der Massenerhaltung zwangsläufig eine Steigerung der Laminatdicke auf den Behälterdomen [LOUR97, S. 86]. Somit ist es bei herkömmlichen, kontinuierlichen Fertigungskonzepten nicht möglich, eine Materialanhäufung an den Polöffnungsdurchmessern zu vermeiden [WITT10, S. 348]. Die Prozessführung des laserunterstützten Tapewickelverfahrens ermöglicht die Gestaltung von Wickeltrajektorien, welche die Laminatdicke auf dem Dom homogenisieren und das Tapematerial gezielter einsetzen. Eine Implementierung beidseitig unterschiedlicher Polöffnungsdurchmesser oder sogar einer vollständigen Schließung einer Behälterseite kann auf diese Weise umgesetzt werden. Dies ist vorteilhaft, da es die Flexibilität der Anpassung des Laminats an verschiedene Linergeometrien und Anschlusselemente zulässt.

Ein weiteres Potenzial für die Fertigung von TP-FVK-Druckbehältern stellt die Faserablage in den Extremwickelwinkeln 0 ° (axial) und 90 ° (Umfangsrichtung) dar. Die Faserausrichtung entlang der entsprechenden Hauptspannungsrichtungen kann entweder diskontinuierlich durch das Trennen der Tapebahnen oder kontinuierlich durch Gestaltung von Konnektoren erfolgen. Als Konnektoren werden verbindende Elemente zwischen zwei primär ausgerichteten Tapebahnen bezeichnet. Bei der diskontinuierlichen Fertigung ermöglicht die Anbindung der Tapes über in-situ Konsolidierung wiederholte direkte Ansetz- und Abhebevorgänge durch Schneiden des Tapes und Anbindung an einer anderen Stelle auf der Behälteroberfläche. Übergangslagen bzw. Konnektoren und damit Materialeinsatz in Bereichen, wo dieser spannungstechnisch nicht sinnvoll ist, können hierdurch entfallen.

Schließlich kann die Behältergeometrie aufgrund der erhöhten Gestaltungsfreiheit angepasst werden, um die Faserorientierung auf dem Zylinder und das angewandte Spannungssystem entsprechend dem vorliegenden Lastfall in Einklang zu bringen. Dies führt bei kohärenter Betrachtung von Behältergeometrie und Laminataufbau zu einer Steigerung der strukturellen Bauteilfestigkeit [ZU10a, S. 1317; ZU10b, S. 345] und einer Harmonisierung der Fadenspannungen entlang nicht-geodätischer Bahnen [ZU13, S. 1604]. Die Anwendung der thermoplastischen Fertigungstechnologie erlaubt zudem die Gestaltung spezifischer Behältergeometrien (vgl. Bild 4.8) zur maximalen Ausnutzung des vorhandenen Bauraums [FU17; VARG14], da unstetige Übergänge zwischen Zylinder und Domen und konkave Bereiche gezielt verstärkt werden können.

4.1.3 Entwicklung von Fertigungskonzepten

Development of manufacturing concepts

Basierend auf den im vorangegangenen Abschnitt formulierten Anforderungen an und Potenzialen von Design und Fertigungskonzepten für TP-FVK-Druckbehälter werden im Folgenden spezifische Konzepte auf- und vorgestellt. Hierbei wird das Zylinderlaminat aus netztheoretischen Überlegungen heraus spannungstechnisch betrachtet und die Wickeltrajektorien der Dome entsprechend angepasst.

Zunächst wird das vollständig axiale und Umfangswickeln mit den Wickelwinkeln 0 ° bzw. 90 ° betrachtet. Hierbei wird auch die Ablage auf den Domen betrachtet, um die Erweiterung der Wickelmuster über den Zylinder hinaus zu bewerten. Die vollständige Tapeablage unter einem der genannten Extremwickelwinkel, welche in Bild 4.9 visualisiert ist, kann nur diskontinuierlich erfolgen, da es im Gegensatz zu klassischen Kreuz- oder Umfangswickelmustern keinen Versatz zwischen den Bahnen gibt. Dies führt zu wiederholten Schnitten des Tapes sowie Ansetz- und Abhebevorgängen, während denen die Konsolidierung aufgrund der eingeschränkten Einbringung einer Bandspannung eine zusätzliche Herausforderung darstellt [BERE02, S. 15]. Außerdem kann keine Lastaufnahme am Schnitt erfolgen, da die Fasern dort getrennt sind.

Eine kontinuierliche Wickeltrajektorie mit Faserorientierung entlang der Hauptspannungsrichtungen würde für die axiale Wicklung (Wickelwinkel 0 °) einen erheblichen zusätzlichen Materialeinsatz für Konnektoren erfordern, um unterschiedliche Tapebahnen miteinander zu verbinden. Weitere Folgen dieser Maßnahme wären eine mögliche Krümmung der Tapes und eine lokale Aufdickung des Laminats, weshalb diese Option wenig vielversprechend erscheint. Bei leichter Abweichung vom Winkel in Umfangsrichtung (90 °) unter Verwendung schmaler Tapes kann die Wicklung annähernd durch Umfangslagen kontinuierlich abgebildet werden. Während eine Materialanhäufung auf den Dombereichen bei reinem Umfangswickeln vollständig vermieden werden kann, folgt die axiale Tapeablage denselben geometrischen Gesetzen wie kontinuierliche Kreuzwickelmuster. Eine Möglichkeit, die Anhäufung zu minimieren, ist im unteren Teil von Bild 4.9 dargestellt. Die entstehenden Zwischenräume können durch einen radialen Versatz nachfolgendender Lagen gefüllt werden.

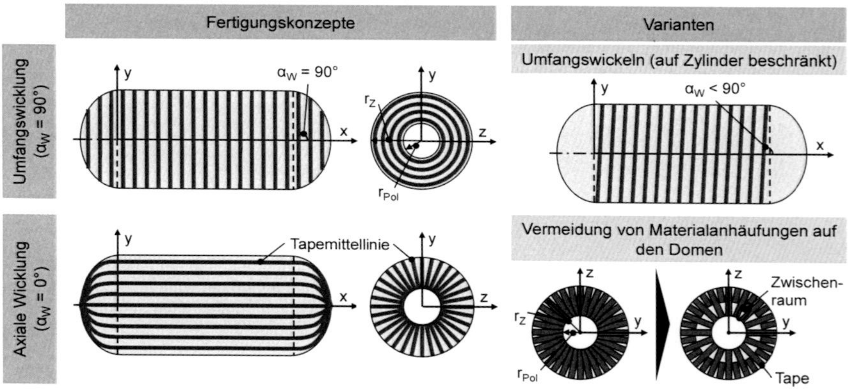

Bild 4.9: Konzeptentwicklung für TP-FVK-Druckbehälter: Extremwickelwinkel
Development of concepts for thermoplastic composite pressure vessels: Extreme winding angles

Gemäß der Netztheorie weist eine Kombination von 0 °- und 90 °-Laminatschichten auf dem Zylinder mit einer Aufteilung nach der Kesselformel ein optimales Design in Bezug auf den Materialeinsatz dar [VERC13, S. 4]. Die Kräftegleichgewichte auf dem Zylinder in den beiden Hauptspannungsrichtungen (I/II, vgl. Bild 4.1) bestimmen sich demnach gemäß den folgenden Gleichungen:

$$\hat{n}_I = \hat{n}_{ax} = \sigma_f\left[cos(\alpha_{W1})^2 \cdot t_{Kreuz} + cos(\alpha_{W2})^2 \cdot t_{Umfang}\right] = \frac{p_i \cdot r_Z}{2} \tag{4.2}$$

$$\hat{n}_{II} = \hat{n}_U = \sigma_f\left[sin(\alpha_{W1})^2 \cdot t_{Kreuz} + sin(\alpha_{W2})^2 \cdot t_{Umfang}\right] = p_i \cdot r_Z \tag{4.3}$$

Die benötigten Schichtdicken für Kreuz- und Umfangslagen, t_{Kreuz} und t_{Umfang}, lassen sich bei Kombination von zwei Wickelwinkeln α_{W1} und α_{W2} wie folgt berechnen:

$$t_{Kreuz} = \frac{p_i \cdot r_Z}{2 \cdot \sigma_f} \cdot \frac{\sin(\alpha_{W2})^2 - 2\cos(\alpha_{W2})^2}{\sin(\alpha_{W2})^2 \cos(\alpha_{W1})^2 - \sin(\alpha_{W1})^2 \cos(\alpha_{W2})^2} \tag{4.4}$$

$$t_{Umfang} = \frac{p_i \cdot r_Z}{\sigma_f} \cdot \frac{1 - 0{,}5\tan(\alpha_{W1})^2}{\sin(\alpha_{W2})^2 - \tan(\alpha_{W1})^2 \cos(\alpha_{W2})^2} \tag{4.5}$$

Die Lagenanzahl N_{Kreuz} bzw. N_{Umfang} bestimmt sich mittels einer Division durch die nominelle Lagendicke t_K und ein Aufrunden der sich ergebenden Zahl:

$$N_{Kreuz} = \left\lceil \frac{t_{Kreuz}}{t_k} \right\rceil \tag{4.6}$$

$$N_{Umfang} = \left\lceil \frac{t_{Umfang}}{t_k} \right\rceil \tag{4.7}$$

In Bild 4.10 sind die Anteile von Kreuz- und Umfangslagen bei dem Spezialfall des ausgeglichenen Winkelverbunds nach der Kesselformel, der Kombination von Extremwickelwinkeln sowie einer beliebigen Kombination von Umfangs- und Kreuzlagen dargestellt. Bei der Dickenbetrachtung gemäß der Netztheorie ergibt sich bei gleichbleibendem Innendruck für alle Kombinationen von maximal zwei Faserrichtungen immer eine konstante Gesamtdicke des Laminats [SCHU07, S. 473; VERC13, S. 5]. Daher ist eine Maximierung des Anteils der Umfangslagen wirtschaftlich attraktiv, da Umfangslagen mit weniger kinematischen Freiheitsgraden einfacher und mit erhöhter Geschwindigkeit herstellbar sind (vgl. Bild 2.11).

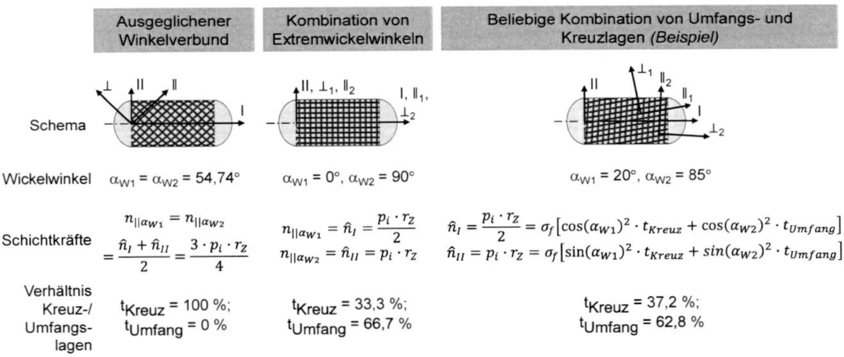

Bild 4.10: Netztheoretische Betrachtung der Dickenaufteilung zwischen Umfangs- und Kreuzlagen

Consideration of thickness distribution between circumferential and helical layers using the netting theory

Die Auslegung der Dome ist aufgrund der lokal variierenden Wickelwinkel ungleich komplexer als die Auslegung der Zylinder und kann daher nicht mit einfachen netztheoretischen Überlegungen oder der nur für den Zylinder geltenden Kesselformel erfüllt werden. Im Sinne einer einfachen Auslegung werden die Dome daher im Folgenden vordergründig als Wendepunkte der kontinuierlichen Wickeltrajektorie außerhalb des Zylinderbereichs betrachtet. Die Optimierung der Tapepfade auf den Domen erfolgt daher nicht spannungstechnisch, sondern rein aus fertigungstechnischer Perspektive. Dabei wird das Ziel verfolgt, die Vorteile des Tapewickelns von TP-FVK mit in-situ Konsolidierung herauszustellen.

Aus den angestellten Überlegungen geht hervor, dass ein materialsparendes, effizientes Fertigungskonzept einen möglichst geringen, konstanten Wickelwinkel auf dem Zylinder mit einem zweiten Wickelwinkel möglichst nah an 90° kombiniert. Da letzteres durch kontinuierliches laserunterstütztes Tapewickeln von zylindrischen

Umfangslagen den Stand der Technik darstellt (u. a. [ESCH01, S. 111-114], vgl. Bild 4.9), werden Konzepte für die kontinuierliche Umsetzung der Trajektorien mit minimalem Wickelwinkel entwickelt. Diese werden unter dem Oberbegriff „Variation der Wendepunkte“ (VdW) zusammengefasst. Wie Bild 4.11 verdeutlicht, gelten die in Kapitel 4.1.2 ermittelten Randbedingungen (s. Bild 4.8). Der Fokus liegt hierbei auf den Wickeltrajektorien auf der Domoberfläche, die über den Zylinder kontinuierlich mit möglichst geringen Wickelwinkeln verbunden werden. Dabei sollen Vorteile des Wickelns mit in-situ Konsolidierung wie die nicht-geodätische Ablage und die Verringerung von Materialanhäufungen auf den Polbereichen umgesetzt werden, um die Tapebahnen auf dem Zylinder effektiv, materialsparend und fertigbar zu verbinden.

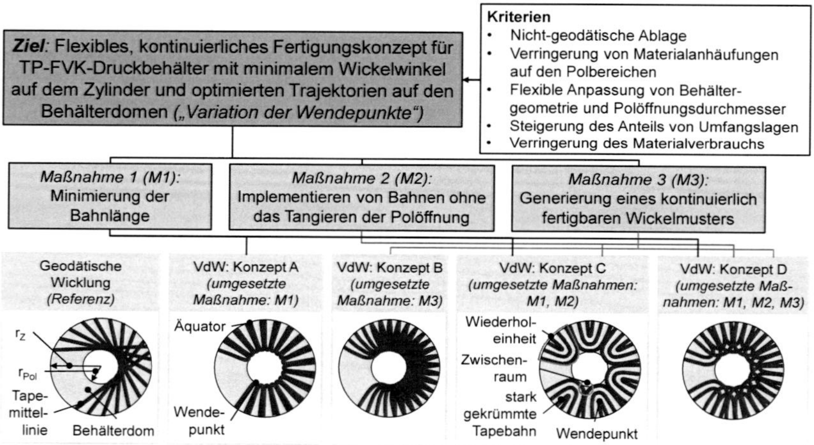

Bild 4.11: Konzeptentwicklung für TP-FVK-Druckbehälter: Variation der Wendepunkte (VdW) mit optimierten Wickeltrajektorien auf den Behälterdomen

Development of concepts for thermoplastic composite pressure vessels: Variation of turning points with optimized winding trajectories on the vessel domes

Eine direkte Maßnahme zur Verringerung von Materialanhäufungen auf den Behälterdomen ist die Minimierung der Bahnlänge. Dies kann beispielsweise erreicht werden, indem die Tapebahn ausgehend von einem Wickelwinkel nahe 0 ° am Äquator an der Polöffnung wendet und ohne Überschneidung mit einer anderen Tapebahn im gleichen Winkel zum Äquator zurückgeführt wird (Konzept A). Konzept B beschreibt eine Variante, welche eine weniger starke Krümmung des Halbzeugs am Pol beinhaltet, jedoch zu ähnlich vielen Kreuzungspunkten der Tapes einer Lage wie bei einer geodätischen Wickeltrajektorie führt. Um die Anzahl dieser Kreuzungspunkte zu reduzieren, können einige Tapebahnen auf dem Behälterdom so gestaltet werden, dass diese die Polöffnung nicht tangieren, d.h. ihre Wendepunkte auf einem Radius größer dem Polöffnungsradius r_{Pol} haben (Konzept C). Bei diesem Fertigungskonzept ist dafür Sorge zu tragen, dass Ungleichmäßigkeiten des Wickelmusters vermieden werden und eine vollständige Bedeckung der Behälteroberfläche sichergestellt wird. Hierfür werden Wiederholeinheiten definiert, die mehrere Wendepunkte auf unterschiedlichen lokalen Radien enthalten, ohne dass sich die Tapebahnen einer Wiederholeinheit schneiden. Ein gleichmäßiges Wickelmuster ohne Kreuzungspunkte kann dabei nur erreicht werden, wenn die Bogenlänge einer Wiederholeinheit ein ganzzahliges Vielfaches des Kreisumfangs ist. Ähnlich wie das Konzept einer axialen Wicklung unter Vermeidung von Materialanhäufungen (s. Bild 4.9 unten) weist Konzept C innerhalb einer Lage Zwischenräume auf, die nicht von Tapematerial bedeckt sind. Konzept D ergibt sich aus einer regelmäßigen Anordnung der Wiederholeinheiten zur Vermeidung dieser Zwischenräume.

4.1.4 Analyse der entwickelten Fertigungskonzepte

Analysis of developed manufacturing concepts

In dieser Arbeit dient die konventionelle, geodätische Wicklung als Referenzkonzept, um einen Vergleich und die Bewertung der neuen Fertigungskonzepte zu ermöglichen. Tabelle 4.1 umfasst die Konzeptbewertung (s. Bild 4.9 und Bild 4.11) in Hinblick auf die in Kapitel 4.1.2 erarbeiteten Kriterien (s. Bild 4.7). Alle dargestellten Fertigungskonzepte nutzen die Flexibilität, die das laserunterstützte Tapewickelverfahren mit in-situ Konsolidierung bietet. Sie beinhalten eine nicht-geodätische Ablage mit dem Ziel der Verringerung von Materialanhäufungen auf den Polbereichen. Darüber hinaus eröffnen sie die Gestaltung beidseitig unterschiedlicher Polöffnungsdurchmesser und eine Übertragung des Wickelmusters auf verschiedene Linergeometrien.

Die Fertigungskonzepte „Extremwickelwinkel" optimieren die Materialeffizienz, bringen jedoch prozess- und fertigungstechnische Herausforderungen mit sich. Eine kontinuierliche Gestaltung der Tapeablage in axialer und Umfangsrichtung würde die Komplexität des Wickelmusters erhöhen und gleichzeitig die Vorteile des Konzepts in Bezug auf eine geringe Anzahl an Kreuzungspunkten, dem netztheoretisch optimalen Materialeinsatz und der vollständigen Vermeidung von Materialanhäufungen negieren. Das diskontinuierliche Konzept garantiert demgegenüber die optimale Faserausrichtung entlang der Wirklinien des Innendrucks im Laminat und wird im Folgenden umgesetzt, um die antizipierten fertigungstechnischen Herausforderungen evaluieren zu können. Auch eine Ablage in Umfangsrichtung auf den Domen soll insbesondere in Hinblick auf das Auftreten von lokalen Tapekrümmungen untersucht werden, da diese prinzipiell die Möglichkeit einer gezielten lokalen Verstärkung eröffnen. Ein weiterer Grund der Untersuchung der Faserablage in Extremwickelwinkeln auf den Domen besteht darin, dass hiermit lokale Verstärkungen realisiert werden können. Da spannungstechnisch lediglich der Zylinderbereich betrachtet wird, können diese nicht ausgeschlossen werden.

Die Fertigungskonzepte „Variation der Wendepunkte" gestatten eine kontinuierliche Tapeablage bei geringen Wickelwinkeln auf dem Zylinder als Ergänzung zu klassischen Umfangslagen. Im Vergleich zu klassischen, geodätischen Fertigungskonzepten liegt die größte Besonderheit dieser Fertigungskonzepts darin, dass sehr geringe Wickelwinkel auf dem Zylinder unabhängig von der Behältergeometrie umgesetzt werden. Der Vergleich der Konzepte A bis D erfolgt aufgrund der Gleichartigkeit der Tapepfade auf dem Zylinder anhand der Trajektorien auf den Domen, mit denen diese miteinander verbunden werden.

Tabelle 4.1: Vor- und Nachteile der entwickelten Fertigungskonzepte (grau: umgesetzte Konzepte)

Advantages and disadvantages of developed manufacturing concepts (grey: implemented concepts)

Konzept	Vorteile	Nachteile
Geodätisch (Referenz)	+ Gleichmäßiger Bahnverlauf + Selbststabilisierende Trajektorien	– Wickelwinkel auf dem Zylinder nicht frei wählbar – Materialanhäufung am Pol – Viele Kreuzungspunkte – Hoher Materialeinsatz
Extremwickel-winkel (kontinuierlich)	+ Netztheoretisch optimale Wickelwinkel + Geringer Materialeinsatz + Geringe Materialanhäufung am Pol	– Komplexe Trajektorie von Konnektoren – Mögliche Bandkrümmung – Viele Kreuzungspunkte
Extremwickel-winkel (diskontinuierlich)	+ Netztheoretisch optimale Wickelwinkel + Minimaler Materialeinsatz + Keine Kreuzungspunkte + Keine Materialanhäufung am Pol möglich	– Mögliche geringe Konsolidierung an Bahnanfang und -ende
Variation der Wendepunkte A	+ Geringer Wickelwinkel auf dem Zylinder + Minimaler Materialeinsatz + Keine Kreuzungspunkte + Keine Materialanhäufung am Pol	– Starke Bandkrümmung an den Wendepunkten
Variation der Wendepunkte B	+ Geringer Wickelwinkel auf dem Zylinder + Geringer Materialeinsatz + Gleichmäßiger Bahnverlauf	– Materialanhäufung am Pol – Viele Kreuzungspunkte – Mögliche Bandkrümmung
Variation der Wendepunkte C	+ Geringer Wickelwinkel auf dem Zylinder + Minimaler Materialeinsatz + Keine Kreuzungspunkte + Keine Materialanhäufung am Pol	– Starke Bandkrümmung an den Wendepunkten – Nicht bedeckte Zwischenräume an der Polöffnung – Komplexes Wickelmuster
Variation der Wendepunkte D	+ Geringer Wickelwinkel auf dem Zylinder + Geringer Materialeinsatz + Geringe Anzahl an Kreuzungspunkten + Geringe Materialanhäufung am Pol + Gleichmäßiger Bahnverlauf	– Komplexes Wickelmuster – Mögliche Bandkrümmung

Die Konzepte A und C garantieren einen minimalen Materialeinsatz unter je nach Einstellung des Wickelmusters vollständiger Eliminierung von Kreuzungspunkten der Tapes auf den Domen innerhalb einer Lage. Bei Umsetzung dieser Konzepte ist jedoch ein starker Faltenwurf in den Wendepunkten zu erwarten, was die Qualität des Laminats verringern würde und nicht zielführend ist. Deshalb werden diese Konzepte nicht weiter betrachtet. Das Konzept B weist aus Qualitäts- und Prozesssicht zwar deutliche Verbesserungen auf, enthält allerdings ähnlich viele Kreuzungspunkte des Tapes und Materialanhäufungen auf den Polbereichen wie ein klassisches geodätisches Wickelmuster. Konzept D stellt als Kombination der Konzepte B und C einen vielversprechenden Kompromiss aus reduzierter Materialanhäufung, vollständiger Bedeckung und prozesssicherer Fertigung dar und wird daher für die Umsetzung ausgewählt. Im Gegensatz zu geodätischen Fertigungskonzepten tangiert nicht jede Ablagespur auf den Domen die Polöffnung. In den folgenden Kapiteln wird „Variation der Wendepunkte" synonym mit Konzept D verwendet.

4.1.5 Umsetzung ausgewählter Fertigungskonzepte

Implementation of selected manufacturing concepts

Zur Umsetzung der Fertigungskonzepte wird ein Programm mit der Software *MATLAB* geschrieben, welches die Behälterkontur und weitere geometrische Randbedingungen als Eingangsgrößen einliest und auf dieser Grundlage die Koordinaten der Pfadpunkte berechnet und ausgibt. Bild 4.12 zeigt die Struktur des Programmcodes und die zugehörige Benutzeroberfläche. Für die Generierung von geodätischen Pfaddaten wird die kommerzielle CAD/CAM-Software *ComposiCAD* verwendet.

Innerhalb des neuen Programms wird dem Behälterdom A, welcher der Anschlussseite in der Wickelachse entspricht, und dem abschlussseitigen Behälterdom B unterschieden. In Bild 4.13 sind relevante geometrische Größen und Gleichungen für die Berechnung der Wickelmuster in axialer Richtung und in Umfangsrichtung dargestellt. Die Anzahl der Tapes pro Lage wird unter Berücksichtigung des Meridians mit den gegebenen Polöffnungsdurchmessern bei Umfangswicklung bzw. des Umfangs und der gegebenen Tapebreite bei axialer Wicklung so berechnet, dass keine Überlappungen zwischen den Tapes auftreten. Hierfür wird eine Angabe der effektiven Breite des abgelegten Tapes nach Temperatur- und Druckeinwirkung empfohlen. Anhand der eingegebenen Lagennummer wird eine Mauerlage erzeugt, d. h. die Koordinaten der Tapebahnen gerader Lagen werden mit einem Versatz von einer halben Tapebreite zu den Tapebahnen ungerader Lagen berechnet, um etwaige Lücken zwischen den Tapes zu bedecken und aufzufüllen. Es kann ausgewählt werden, ob die Tapes nur auf dem Zylinder oder auf Domen und Zylinder abgelegt werden.

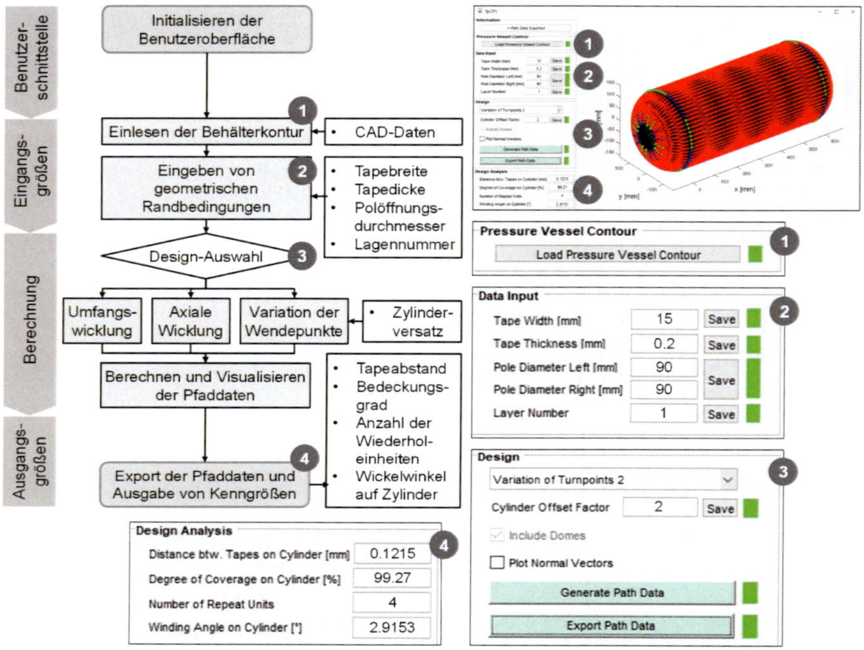

Bild 4.12: Struktur und Benutzeroberfläche des Programms zur Generierung von Pfaddaten
Structure and user interface of the program for generating path data

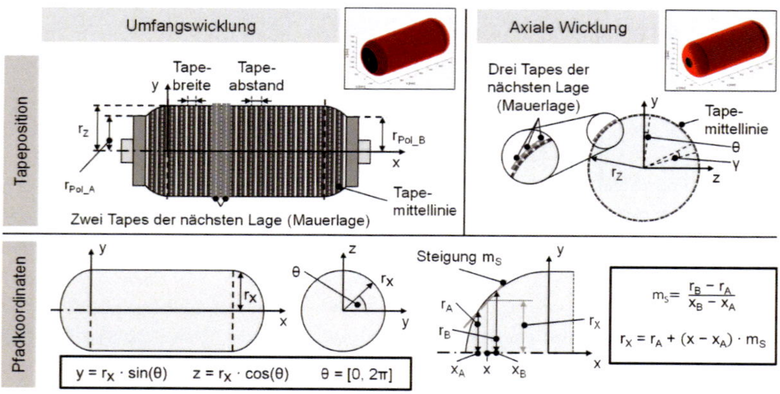

Bild 4.13: Bestimmung der Tapeposition und der Pfadkoordinaten für Wickelmuster in axialer Richtung und Umfangsrichtung
Determination of tape position and path coordinates for circumferential axial winding layups

Entsprechend der Darstellung unten in Bild 4.13, werden die Pfadkoordinaten auf der Y- und Z-Achse mithilfe des lokalen Radius r_x, welcher am betreffenden Punkt entlang der Behälterachse X vorliegt, und des lokalen Rotationswinkels θ bestimmt. Der lokale Radius r_x wird durch Interpolation der benachbarten Konturpunkte ermittelt. Diese Vereinfachung wird angewandt, da eine exakte Berechnung der meist isotensoiden Behälterkontur nur mittels aufwendiger, computergestützter Verfahren, z. B. dem Runge-Kutta-Nyström-Algorithmus, erfolgen kann [KUHN00, S. 67]. Zur Kontrolle, ob die Vereinfachung durch Berechnung mittels Interpolation zu starken Abweichungen von der vorgesehenen Kontur führt, wird die maximale Abweichung des berechneten Radius r_x für den in dieser Arbeit verwendeten Kunststoffliner (s. Kapitel 4.2.1) unter Annahme einer vollständig geschlossenen, isotensoiden Kontur geprüft. Es wird eine maximale Abweichung von 1,46 mm am Pol ohne Öffnungsdurchmesser ermittelt, was einer Abweichung vom tatsächlichen Radius von 3 % entspricht. Schon bei einem geringen Polöffnungsdurchmesser des Laminats von 15 mm sinkt diese Abweichung auf 0,008 mm bzw. 0,02 %. Da aufgrund der meist beidseitigen Anschlusselemente an Behälterpolen wesentlich höhere Öffnungsdurchmesser erwartbar sind und die Abweichung schon bei geringem Durchmesser unter der Bahngenauigkeit gängiger Knickarmroboter sowie unter der üblichen Schnittgenauigkeit thermoplastischer Tapes liegt, werden die Abweichungen als tolerierbar bewertet. Bei der diskontinuierlichen 90 °-Umfangswicklung wird der Startpunkt jedes Rings zufällig entlang des Behälterumfangs gewählt, um eine axial verlaufende Schwachstelle im Laminat zu vermeiden.

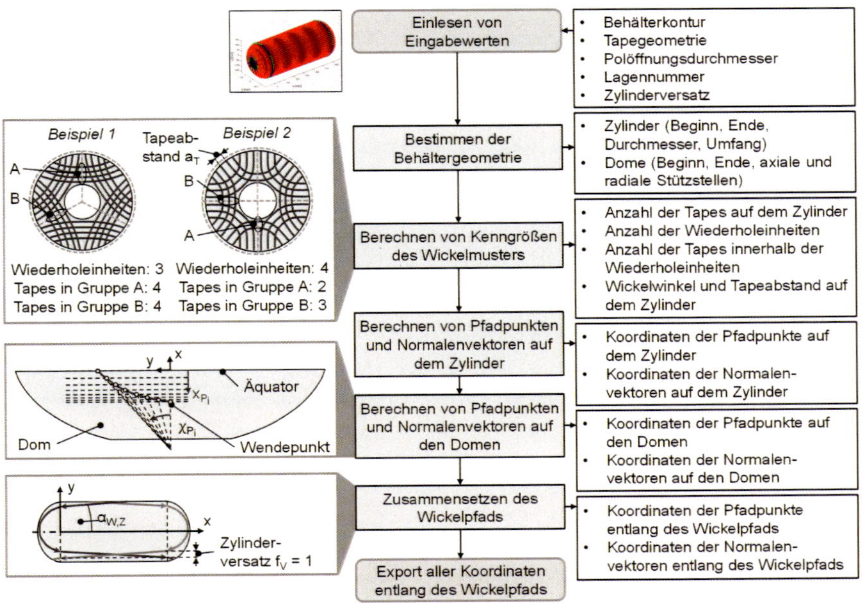

Bild 4.14: Vorgehen für die Wickelpfadberechnung im Fertigungskonzept „Variation der Wendepunkte“

Procedure for winding path calculation in the manufacturing concept “Variation of turning points”

Das Vorgehen zur Berechnung des Wickelpfads für das Fertigungskonzept „Variation der Wendepunkte“ (Konzept D in Bild 4.11) wird in Bild 4.14 aufgezeigt. Nach Einlesen der Eingabewerte und Bestimmung von geometrischen Kennwerten des Behälters wird die auf dem Zylinderumfang platzierbare Tapeanzahl und die Anzahl der Wiederholeinheiten auf den Domen berechnet. Für die Einordnung der Tapes in Wiederholeinheiten ist es dabei erforderlich, dass die Tapeanzahl auf dem Zylinderumfang durch die Anzahl an Wiederholeinheiten geteilt werden kann. Dies kann je nach Kombination von Tapebreite, Wickelwinkel auf dem Zylinder und Umfang dazu führen, dass die Anzahl der auf dem Zylinderumfang verteilten Tapes N_T reduziert werden muss. Anschließend werden die Tapes entsprechend der Anzahl pro Wiederholeinheit in Gruppen eingeteilt, die miteinander verknüpft werden (s. Beispiele in Bild 4.14). Der Wickelwinkel auf dem Zylinder $\alpha_{W,Z}$ kann in Abhängigkeit der Zylinderlänge l_Z und des Zylinderradius r_Z mittels eines manuellen Faktors für den Versatz der Bahnen f_V in Vielfachen der Tapebreite b_T (s. Bild 4.14 unten) eingestellt werden (vgl. Bild 4.1 und Bild 4.2):

$$\tan\left(\frac{\pi}{2} - \alpha_{W,Z}\right) = \frac{l_Z \cdot N_T}{2\pi \cdot r_Z \cdot f_V} \tag{4.8}$$

Anschließend kann der Abstand der Tapes auf dem Zylinder a_T wie folgt berechnet werden:

$$a_T = \frac{2\pi \cdot r_Z}{N_T} - \frac{b_T}{\cos(\alpha_{W,Z})} \tag{4.9}$$

Nach der Bestimmung dieser Kenngrößen erfolgt die Berechnung der Pfadpunkte auf dem Zylinder. Hierfür werden zunächst die Koordinaten der Schnittstellen der einzelnen Tapebahnen mit dem Äquator bestimmt. Dies geschieht analog zu Bestimmung der Tapepositionen beim axialen Wickelmuster (s. Bild 4.13 unten). Die ermittelten Positionen auf anschluss- und abschlussseitigem Äquator werden mit dem vorgegebenen Versatz entlang der Zylinderlänge miteinander verknüpft. Die Pfadkoordinaten auf der Y- und Z-Achse werden ebenfalls auf Grundlage der Bestimmung der Pfadkoordinaten bei axialer und Umfangswicklung mittels des lokalen Rotationswinkels θ berechnet.

Für die Berechnung der Pfadpunkte auf den Domen werden zunächst separat für beide Behälterenden die Tapepositionen auf dem Äquator bestimmt, welche innerhalb der Wiederholeinheiten und zwischen Wiederholeinheiten miteinander verbunden werden. Anschließend wird die Position der Wendepunkte der Tapebahnen auf den Domen ermittelt. Hierfür wird die lokale Konturgeometrie interpoliert und die benachbarten Wendepunkte entsprechend der effektiven Tapebreite zueinander versetzt. Um den Abstand benachbarter Pfadpunkte möglichst konstant zu halten, und auf diese Weise eine gleichmäßige Ablagebewegung zu begünstigen [ZEND92, S. 60], werden sowohl die axiale Pfadkoordinate x_{Pi} als auch eine von der Behälterachse ausgehende Winkelkoordinate χ_{Pi} durch hyperbolische Sinus- und Tangensfunktionen beschrieben. Die Anzahl der Punkte auf den Domen kann über einen Faktor skaliert werden.

Schließlich wird der Wickelpfad gemäß der verknüpften Tapepositionen auf dem Äquator zu einem kontinuierlichen Pfad zusammengesetzt.

Da die Fertigungskonzepte für eine roboterbasierte Produktionsanlage entwickelt werden, müssen zusätzlich zu den Koordinaten der Pfadpunkte auch die Koordinaten der Normalenvektoren auf jedem Pfadpunkt bestimmt werden. Aus den Normalenvektoren ergibt sich die Orientierung des Tapewickel-Applikators relativ zur Behälteroberfläche [ZEND92, S. 88]. Die Berechnung der Vektoren, welche auf die Länge 1 normiert werden, ist in Bild 4.15 festgehalten. Auf dem Zylinder wird die Berechnung vereinfacht, da sie polar erfolgen kann. Auf den Domen wird eine Hilfsebene im lokalen Umfeld des Pfadpunkts definiert, die durch Vektoren an benachbarten Stützpunkten A, B und C aufgespannt wird.

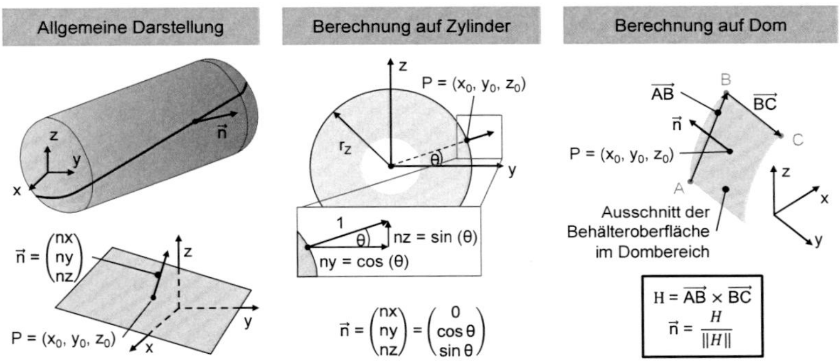

Bild 4.15: Berechnung der Normalenvektoren auf den Flächen des Druckbehälters
Calculation of normal vectors on the surfaces of the pressure vessel

Neben dem Tapeabstand auf dem Zylinder, der Anzahl der ermittelten Wiederholeinheiten und dem Wickelwinkel auf dem Zylinder gibt das *MATLAB*-Programm den Bedeckungsgrad des Zylinders B_Z aus, welcher sich mit der Pfadlänge auf dem Zylinder $l_{P,Z}$ und der Tapebreite b_T für alle Fertigungskonzepte gemäß der folgenden Gleichung ermitteln lässt:

$$B_Z = \frac{l_{P,Z} \cdot b_T}{2\pi \cdot r_Z \cdot l_Z} = \frac{N_T \cdot b_T}{2\pi \cdot r_Z \cdot \cos(\alpha_{W,Z})} \quad (4.10)$$

4.1.6 Untersuchung der Behälterbelastung

Examination of the vessel load case

Zur Validierung der betrachteten Laminate wird abschließend eine numerische Analyse der Behälterbelastung unter Anwendung der Finite-Elemente-Methode (FEM) durchgeführt. Das Ziel besteht darin, eine Basis für die Bewertung der Wickelkonzepte zu erstellen, indem überprüft wird, wie die Belastungen des Behälter-Laminats in axialer und in tangentialer Umfangsrichtung ausfallen. In Bezug auf die in Kapitel 4.2.1 dargelegte Linerauswahl wird ein artgleiches Matrixmaterial für die Verstärkungslagen angenommen, um eine Erstlagenfixierung mittels in-situ Konsolidierung auch bei 3D-

Oberflächen zu realisieren [STEE06, S. 18-19]. Die gesammelten Materialwerte, die für den Faserverbundkunststoff mittels der Laminatberechnungssoftware *elamX²* der TU Dresden zusammengeführt werden, sind in Tabelle 4.2 aufgeführt.

Es werden vier generische Lastfälle als Kombination von zwei Laminatdicken d_L (10 mm und 25 mm) und zwei Innendrücken p_i (78,75 MPa und 157,5 MPa) definiert. Die Werte für den Innendruck basieren auf vorwiegend industriell verwendeten Behältern mit einem nominellen Betriebsdruck von 35 MPa bzw. 70 MPa. Dieser muss in Übereinstimmung mit der weltweit geltenden Richtlinie [UN15] mit einem Sicherheitsfaktor von 2,25 multipliziert werden muss, um den anzuwendenden Berstdruck zu erhalten. Mithilfe des Programms *ABAQUS/CAE 2019* wird eine statische FEM-Analyse durchgeführt. Hierbei werden aus Gründen der Vereinfachung das Laminat quasi-isotrop mit gleichen Eigenschaften in allen Ausdehnungsrichtungen definiert und nur elastisches Materialverhalten betrachtet. Bild 4.16 zeigt die betrachteten Elemente und die berücksichtigte Behälterbelastung durch Innendruck. Es wird eine ideale, feste Verbindung zwischen Boss-Teilen, Liner und Laminat angenommen. Aus diesem Grund ist die Validität der Ergebnisse auf dem Zylinder als höher einzuschätzen als im Bereich der Pole auf den Domen.

Tabelle 4.2: Material-Eingangsgrößen der FEM-Simulation
Material input parameters of the FEM simulation

Element (Material)	Parameter [Einheit]	Wert
Boss 1/Boss 2 (Stahl, EN 1.4305)	Dichte [kg/m³]	7900
	Elastizitätsmodul [GPa]	200
	Poissonzahl [-]	0,28
Liner (Polyamid-6)	Dichte [kg/m³]	1170
	Elastizitätsmodul [GPa]	2,8
	Poissonzahl [-]	0,39
Laminat (Polyamid-6 mit Kohlenstofffaser)	Elastizitätsmodul [GPa]	37
	Poissonzahl [-]	0,351

Wie die Ergebnisse aus Bild 4.16 verdeutlichen, dominieren im Bereich des Zylinders tangentiale Umfangsspannungen, welche an den Übergängen zu den Domen stark abfallen. Bei geringer Laminatdicke dominieren axiale Spannungen auf den Domen und auch unabhängig von der Laminatdicke lässt sich erkennen, dass eine axiale Verstärkung durch Kreuzlagen insbesondere in den Bereichen der Zylinder-Dom-Übergänge sowie an den Polöffnungsdurchmessern benötigt wird. In Bezug auf die entwickelten Fertigungskonzepte kann festgehalten werden, dass diese in nachfolgenden Entwicklungen gegebenenfalls durch eine lokale Verstärkung durch Tapebahnen in Umfangsrichtung auf den Domen ergänzt werden müssen.

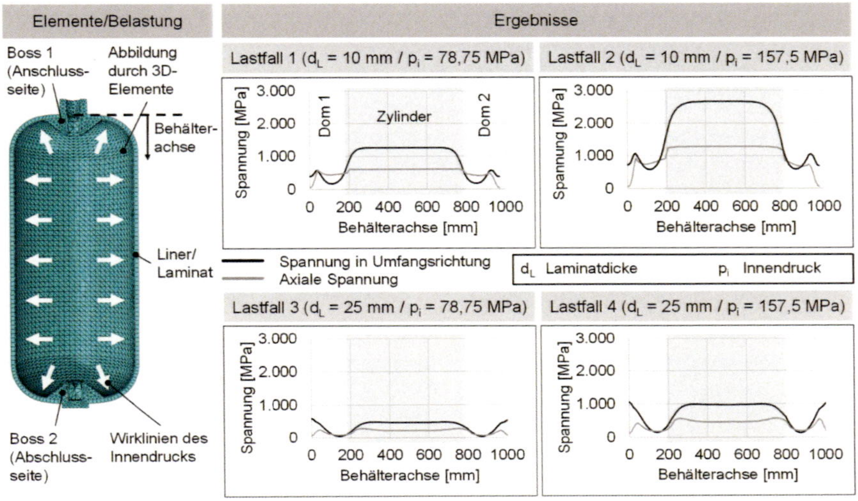

Bild 4.16: Statisch quasi-isotrope FEM-Simulation eines TP-FVK-Druckbehälters unter Innendruck

Static quasi-isotropic FEM analysis of a thermoplastic composite pressure vessel subjected to internal pressure

4.2 Prozessentwicklung und -analyse

Process development and analysis

Während der Entwicklung von Fertigungskonzepten und dem Entwurf von Wickelmustern für TP-FVK-Druckbehälter wird das Fertigungsverfahren des laserunterstützten Tapewickelns sowie weitere Randbedingungen wie die Auswahl eines Liners und eine grundsätzliche Materialauswahl bereits mit berücksichtigt, da diese Aspekte im Entwicklungsprozess nicht getrennt voneinander betrachtet werden können [WITT10, S. 289]. Die Festlegung und Darstellung dieser Randbedingungen erfolgen zu Anfang dieses Kapitels (Kapitel 4.2.1). Anschließend wird in Kapitel 4.2.2 die iterative Prozessentwicklung dokumentiert, welche in dieser Arbeit für die Fertigung von TP-FVK-Druckbehältern entworfen und durchlaufen wird. Um weitere Kenntnisse über den Prozess und dadurch eine fundiertere Grundlage für die folgende Modell- und Steuerungsentwicklung zu gewinnen, wird eine dynamische Prozessanalyse durchgeführt (Kapitel 4.2.3). Für den gleichen Zweck werden erste Behälter mit den neuen Fertigungskonzepten (grau hinterlegt in Tabelle 4.1) hergestellt und untersucht (Kapitel 4.2.4).

4.2.1 Rahmenbedingungen der Druckbehälter-Fertigung

Boundary conditions for manufacturing of pressure vessels

Für die Verstärkung von Typ-IV Druckbehältern dient in dieser Arbeit das Fertigungssystem „PrePro3D" des Fraunhofer-Instituts für Produktionstechnologie IPT, welches als „Multi-Material-Head" für die Verarbeitung von thermoplastischem Tape, duroplastischen Prepregs und Dry-Fiber-Rovings entwickelt wurde [BREC15, S. 4-5]. WERNER beschreibt in seiner Dissertation den modularen Aufbau des Gesamtsystems bestehend aus robotergeführtem Endeffektor, Laserstrahlquelle und Peripherieelementen wie einer Wickelachse [WERN18, S. 75-83]. Demzufolge besteht das modulare System, welches in Bild 4.17 dargestellt ist, aus folgenden Hauptkomponenten:

- Bevorratungsspule mit Antrieb zum Aufbringen einer Bandspannung;
- Führungskomponenten mit guter Zugänglichkeit für das Einlegen des Bands;
- Schneideinheit mit zustellendem Schneidmesser und starrem Gegenmesser gemäß dem Guillotinen-Prinzip;
- Konsolidierungseinheit für die Aufbringung der Andruckkraft über eine Andruckrolle mit optional flexibler Hülle über einen stickslipfreien, pneumatischen Zylinder;
- Kompakte, fasergekoppelte Homogenisierungs- und Kollimationsoptik von *Laserline*, welche einen Laserspot mit den Dimensionen 32 mm x 67 mm im Zwickelbereich formt, verbunden mit einem Diodenlaser desselben Herstellers mit einer maximalen Ausgangsleistung von 3300 W (Wellenlängenbereich: 935-1030 mm);
- Laserhöhenverstellung zur Änderung der Strahlaufteilung (Tape/Substrat);
- Infrarot-Wärmebildkamera *Pyroview 380L* von *DIAS* für die berührungslose, ortsaufgelöste Erfassung der Temperaturverteilung in der Prozesszone mit einer Aufnahmefrequenz von bis zu 50 Hz;
- Sensoren für die Erfassung von Bandspannung und Andruckkraft;
- Prozesssteuerung basierend auf Komponenten der Firma *Beckhoff* mit Kommunikation durch die Feldbussysteme *EtherCAT* und *Profibus*.

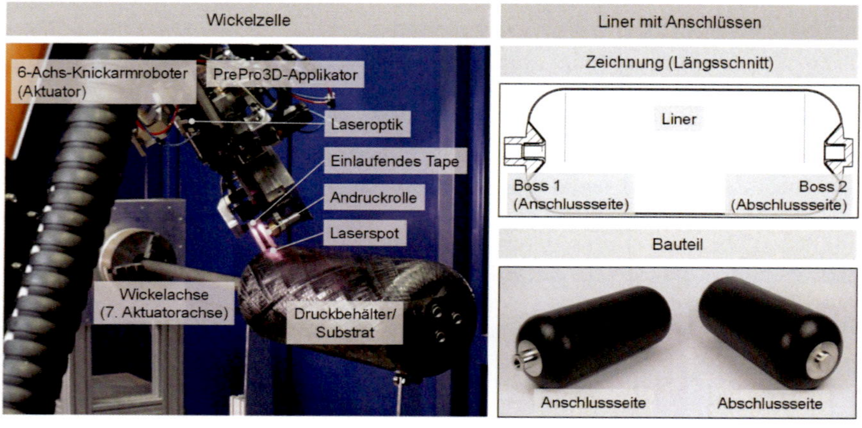

Bild 4.17: Hauptelemente der Wickelzelle am Fraunhofer IPT und Liner für Typ-IV Druckbehälter

Main elements of the winding cell at the Fraunhofer IPT and liner for type-IV CPV

Auf der rechten Seite von Bild 4.17 ist der Druckbehälter-Liner inklusive Anschlüssen bzw. Boss-Komponenten abgebildet, welcher für die Herstellung von Demonstratoren in dieser Arbeit ausgewählt wird. Der Kunststoffliner aus Polyamid-6 wird im Blasformverfahren hergestellt und wurde von *Roth Composites* bezogen. Er basiert auf einer isotensoiden Form, welche herstellerseitig für die Verstärkung im duroplastischen Nasswickelverfahren entwickelt wurde. Die Boss-Komponenten wurden zusammen mit einer Aufnahme für die Wickelachse konstruiert, gefertigt und anschließend im Liner verschraubt und eingeklebt. Als Material wird Edelstahl vom Typ 1.4301 gewählt, um im Vergleich zu alternativem Aluminiumwerkstoff eine erhöhte Festigkeit in den Polbereichen zu gewährleisten. Dies ist deswegen notwendig, da die Polöffnungsdurchmesser des FVK-Laminats beim thermoplastischen Tapewickeln größer als der Außendurchmesser des Boss-Stutzens ausfallen. Im Gegensatz zum duroplastischen Nasswickelverfahren können die Halbzeuge nicht direkt am Boss-Stutzen drapiert werden, da die Andruckrolle während des Fertigungsprozesses in ständigem Kontakt mit der Behälteroberfläche sein muss (s. Kapitel 2.3.3). Somit ist der Abstand zwischen Polöffnungsdurchmesser und Boss-Stutzen durch die Breite der Andruckrolle, welche über die Breite des einlaufenden Tapes herausragt, bestimmt. Die Boss-Geometrie beschreibt eine Weiterführung der isotensoiden Form der Behälterdome, um eine lokale übermäßige Umlenkung der Tapes beim Übergang zwischen Liner und Boss zu vermeiden. Die Boss-Komponente auf der Abschlussseite ist geschlossen und in der Form dem beschriebenen Fertigungssystem angepasst, um einen minimalen Polöffnungsdurchmesser zu realisieren. Die Anschlussseite ist mit einem UNF-Feingewinde ausgeführt, da auf diese Weise eine einfache Abdichtung bei Berstdruckprüfungen realisiert werden kann. Tabelle 4.3 enthält grundlegende Kenndaten des beschriebenen Liners, der für einen Teil der Versuche auch in einer Version ohne Boss-Komponenten verwendet wird.

Tabelle 4.3: Kenndaten des verwendeten Liners für Typ-IV Druckbehälter
Characteristics of used liner for type-IV pressure vessels

Parameter [Einheit]	**Wert**
Material (Liner / Boss-Komponenten)	Polyamid-6 / Stahl (1.4301)
Volumen [l] / Gewicht [kg]	52 / 2,8
Durchmesser [mm] / Zylinderlänge [mm]	314 / 581,5
Wanddicke [mm]	2,5 +/- 0,5

4.2.2 Iterative Prozessentwicklung

Iterated process development

Um die ausgewählten Fertigungskonzepte und Wickelmuster in der Verstärkung der Druckbehälter-Liner mit unidirektional faserverstärktem, thermoplastischem Tape umzusetzen, wird ein Postprozessor benötigt, welcher die Pfadpunkte und zugehörigen Normalenvektoren in lesbaren Maschinencode für das Robotersystem umwandelt. Das in Bild 4.17 dargestellte Fertigungssystem besteht aus einem Knickarmroboter mit sechs Achsen und einer Wickelachse als externe siebte Achse. In Bild 4.18 wird der in dieser Arbeit verwendete, iterative Prozess vom Sammeln der Eingangsgrößen und Auswahl des Fertigungskonzepts bis zur Bauteilherstellung beschrieben. Als Postprozessor dient die Software *ComposiCAD*, welche ebenfalls zur Generierung von Pfaddaten für konventionelle, geodätische Wickelmuster verwendet wird (s. Kapitel 4.1.4).

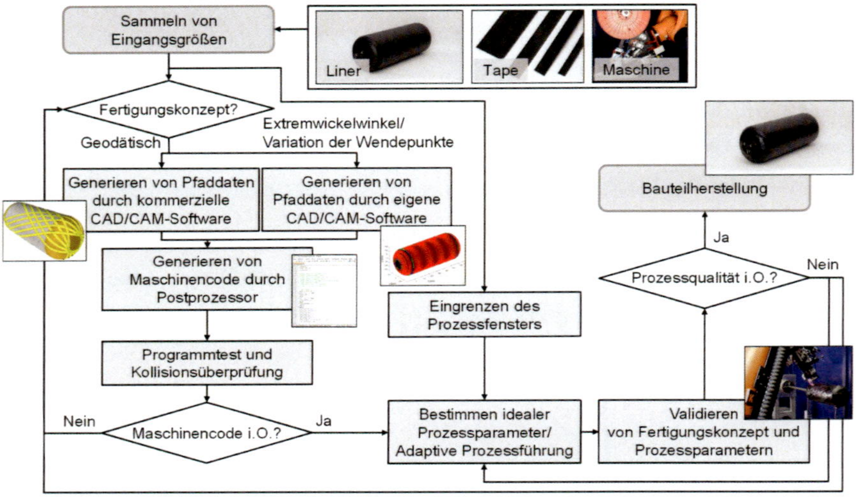

Bild 4.18: Iterative Prozessentwicklung für den laserunterstützten Tapewickelprozess zur Herstellung von TP-FVK-Druckbehältern

Iterative process development for the manufacturing of thermoplastic composite pressure vessels by laser-assisted tape winding

Da der Roboter in der Wickelzelle des Fraunhofer IPT zum Zeitpunkt dieser Arbeit keine zusätzliche lineare Positionierachse aufweist, kann es zu Singularitäten und Kollisionen kommen, welche durch Verifikation des Maschinencodes ausgeschlossen werden müssen. Gegebenenfalls kann dafür eine Anpassung von Fertigungskonzept und Maschinencode notwendig sein. Parallel zu der Generierung des Maschinencodes müssen in Abhängigkeit von Materialien und Fertigungsrandbedingungen das Prozessfenster definiert und Prozessparameter für eine optimierte Fertigung bestimmt werden. Die Parameter werden in Kombination mit dem gewählten Fertigungskonzept durch Fertigung von einzelnen Lagen und Prüfkörpern validiert (s. Kapitel 6.1). Hierbei werden sowohl Prozessdaten bewertet als auch einzelne Proben zerstörend getestet. Kann die Prozessqualität positiv bewertet werden, erfolgt die Herstellung der Komponente. Alternativ kann eine Anpassung von Fertigungskonzept und Prozessführung notwendig sein.

4.2.3 Dynamische Prozessanalyse

Dynamic process analysis

Die Tapeablage mithilfe eines roboterbasierten Fertigungssystems auf gekrümmten Geometrien resultiert in Variationen der Ablegegeschwindigkeit, die als eine der Haupteinflussgrößen die Temperaturverteilung in der Prozesszone maßgeblich beeinflusst [KOLL19, S. 79-80]. Als Ursache hierfür können die dynamischen Grenzen des Robotersystems und starke Orientierungsänderungen im programmierten Pfad angeführt werden, die im Bahnbetrieb des Knickarmroboters nicht adäquat ausgeglichen werden können. Weitere Folgen der nicht konstanten Tapevorschubgeschwindigkeit können eine Beeinflussung der Bandspannung und Abweichungen von der gewünschten Pfadtrajektorie sein [POLI05, S. 1391-1393]. Eine gleichförmige Ablagebewegung wird bei der Entwicklung der neuen Fertigungskonzepte in Kapitel 4.1 als Anforderung berücksichtigt und die konzipierten kontinuierlichen Wickelpfade dementsprechend gestaltet (vgl. Bild 4.14). Zur weiteren Beschreibung des Fertigungssystems und um die Rahmbedingungen für die Optimierungsmaßnahmen im folgenden Kapitel zu festzulegen, wird zusätzlich eine dynamische Prozessanalyse der Abbildung einer geodätischen Trajektorie durch das Ablegesystem durchgeführt.

Im Maschinencode wird eine Abfolge von Pfadpunkten in sieben Achsen definiert, welche im Bahnbetrieb mit einer anlagenseitig begrenzten Anzahl von vorausschauend berücksichtigten Folgepunkten durchfahren wird. Hierbei bewegt sich die Unterseite der Andruckrolle, welche als Mittelpunkt des Werkzeugs (engl. Tool Center Point – TCP) definiert werden kann, infolge der Vorgaben des Postprozessors der Software *Composicad* stets auf einer Ebene. Diese Ebene enthält die Mittelachse des Behälters. Die dreidimensionale Bewegung wird durch eine Überlagerung mit der tangentialen Rotationsbewegung der Wickelachse erreicht, wie Bild 4.19 veranschaulicht. Hierbei wird ein geodätischer Wickelpfad um einen Druckbehälter im Automatikmodus der Robotersteuerung ununterbrochen abgefahren. Die Orientierung des TCP wird entsprechend der durchlaufenen Pfadpunkte mithilfe der in den Normalenvektoren enthaltenen Informationen durch den Postprozessor angepasst, um ein Knicken oder Verbiegen des Materials zu vermeiden (vgl. Bild 2.12). Die gekrümmte Oberfläche der Dome bedingt erhöhte Änderungen der TCP-Orientierung, welche im Bahnbetrieb zu einer Abweichung der gemessenen Geschwindigkeit von TCP, Wickelachse und Tapeablage von der Sollgeschwindigkeit führen (s. Bild 4.19). Die Messung und Darstellung der TCP- und Achsgeschwindigkeiten erfolgt über die Trace-Funktion und die *WorkVisual*-Software des Roboterherstellers *KUKA*, die Tapevorschubgeschwindigkeit wird mithilfe des im Endeffektor integrierten Drehgebers gemessen (s. Bild 2.10).

Aus den Geschwindigkeitsverläufen ist klar ersichtlich, dass nur auf dem Zylinder ein stationärer Prozess vorliegt. Auf den Domen fällt die Vorschubgeschwindigkeit des Tapes um mehr als die Hälfte ab. Zudem sorgt die konstante Änderung des Wickelwinkels für reproduzierbare Beschleunigungs- und Abbremsvorgänge von TCP und Wickelachse. Am Pol, wenn der Wickelwinkel per Definition 90 ° beträgt, steht der TCP kurzzeitig still, während die Wickelachse an den Übergängen zwischen Zylinder und Domen ihre Minimalgeschwindigkeit erreicht. Diese Punkte sind durch erhebliche Orientierungsänderungen des Endeffektors bei gleichbleibender Position gekennzeichnet, welche in Minima der Tapevorschubgeschwindigkeit resultieren. Bei Betrachtung der vorgegebenen Geschwindigkeiten im Maschinencode fällt auf, dass sie auf dem Zylinder mit den realen Geschwindigkeiten übereinstimmen, auf den Domen jedoch höhere Werte vorgegeben sind. In weiteren Untersuchungen wird festgestellt, dass die aufgezeichneten Geschwindigkeiten der Endeffektor-nahen Achsen des Knickarmroboters (Bezeichnung: A.4, A.5, A.6) in der Nähe der gemäß technischer Spezifikation maximal möglichen Geschwindigkeiten liegen. Obwohl eine Evaluierung der Kenngrößen Beschleunigung und Ruck mit der zur Verfügung stehenden Robotersoftware nicht möglich ist, besteht die Vermutung, dass anlagenbedingte, achsspezifische Grenzen dieser Parameter für die Geschwindigkeitsabweichungen und -unregelmäßigkeiten ursächlich sind.

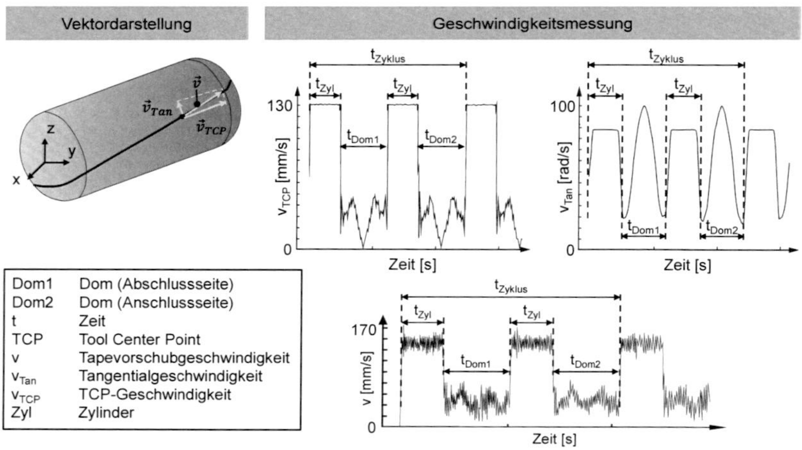

Bild 4.19: Dynamische Analyse der Abbildung einer geodätischen Wickelbahn
Dynamic analysis of the reproduction of a geodesic winding trajectory

Um eine mögliche Stabilisierung des Prozesses zu untersuchen, werden vier Maßnahmen für die Homogenisierung der Tapevorschubgeschwindigkeit umgesetzt (s. Bild 4.20). Zunächst wird die Rotationsgeschwindigkeit der externen Wickelachse als Kontrollvariable definiert. Durch Integration der Tapevorschubgeschwindigkeit v entlang des Tapepfads wird jedem Pfadpunkt eine externe, tangentiale Achsgeschwindigkeit v_{Tan} und entsprechend der Vektordarstellung in Bild 4.19 eine TCP-Geschwindigkeit v_{TCP} zugeordnet. Aufgrund einer direkten Zuordnung zu den Pfadpunkten im Maschinencode können die Werte der Geschwindigkeit der externen Wickelachse mit dem Ziel, eine möglichst konstante Tapevorschubgeschwindigkeit auf den Domen zu erreichen, manipuliert werden. Diese Maßnahme brachte in Testläufen jedoch keine Änderung der gemessenen Geschwindigkeiten mit sich. Daher wird darauf geschlossen, dass andere Faktoren, wie die Limitierung der Roboterachsen, dominieren und die Geschwindigkeit der externen Achse während der Interpretation des Maschinencodes in der Robotersteuerung überschreiben.

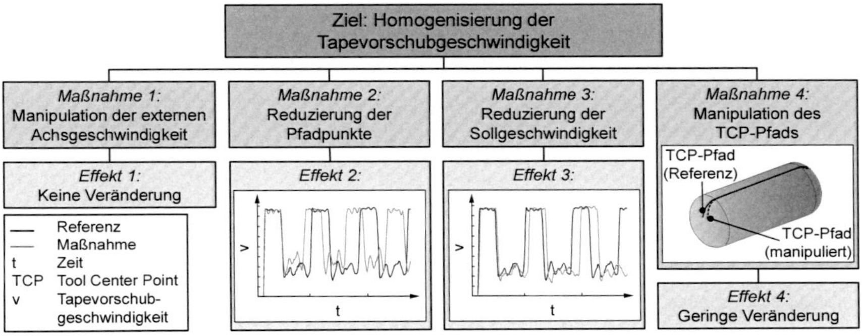

Bild 4.20: Untersuchte Ansätze für die Homogenisierung der Tapevorschubgeschwindigkeit
Investigated approaches for the homogenization of the tape feed rate

Eine weitere, in der Literatur des Öfteren erwähnte Maßnahme für die Beeinflussung der Trajektorie ist die Veränderung der Anzahl der Bahnpunkte. Diese hat nachweislich sowohl Auswirkungen auf die Gleichmäßigkeit der Bewegung als auch die Wickelzeit [POLI05, S. 1395-1398]. Dieser Effekt kann sowohl auf die verringerte Strecke zwischen den Pfadpunkten im Sinne des Polygoneffekts als auch auf die vergrößerte Strecke zur Vorausberechnung im Bahnbetrieb der Robotersteuerung zurückgeführt werden. Eine Abnahme der Wickelzeit kann durch die Implementierung der Maßnahme bestätigt werden, da eine Reduzierung der Pfadpunkte um 50 % eine Zeitersparnis von ca. 15 % bezogen auf einen Zyklus (Wiederholeinheit der Kreuzlage) ergibt. Erwartungsgemäß hat eine Reduzierung der Soll-Tapevorschubgeschwindigkeit einen entgegengesetzten Effekt, insbesondere wenn die Sollgeschwindigkeit niedriger als die gemessene Tapevorschubgeschwindigkeit auf den Domen angesetzt wird. Einen Einfluss auf den Geschwindigkeitsverlauf kann allerdings nicht festgestellt werden. Für eine Halbierung der Pfadpunkte kann sogar eine Steigerung der Standardabweichung der Tapevorschubgeschwindigkeiten auf den Domen von ca. 25 % festgestellt werden.

Als letzter Ansatz wird eine Manipulation des TCP-Pfads vorgenommen, sodass dieser die seitens des Postprozessor-Programms vorgegebene Ebene verlässt, um eine Homogenisierung der Orientierungsänderungen auf den Domen zu erreichen. Anlagenbedingt ist die maximale Winkelverschiebung auf dem Dom auf 5 ° limitiert, um Kollisionen an den Wendepunkten entlang des Polöffnungsdurchmessers zu vermeiden. In einer ähnlichen Herangehensweise zur Manipulation der externen Achsgeschwindigkeit werden sowohl die Orientierung des TCP als auch die Geschwindigkeit der externen Achse für jeden Pfadpunkt auf den Domen in Zusammenhang mit der veränderten TCP-Position angepasst, um eine unveränderte Abbildung der Wickeltrajektorie zu garantieren. Bei Betrachtung der Tapevorschubgeschwindigkeiten kann eine Verringerung der Standardabweichung auf den Domen von ca. 10 % bei Abweichung des TCP betrachtet werden. Mit einem flexibleren Fertigungssystem könnte diese Methode und die Auswirkungen auf eine homogenere Tapevorschubgeschwindigkeit weiter untersucht werden. Dieses könnte beispielsweise eine weitere Linearachse beinhalten, sodass die Basis des Roboters nicht mehr ortsfest montiert ist. Mit dem bestehenden System und ähnlich aufgebauten Systemen dominieren die Limitierungen des Roboters die Tapevorschubgeschwindigkeit, welche durch Anpassung der weiteren relevanten Prozessparameter ausgeglichen werden muss, um ein konsistentes Fertigungsergebnis zu erreichen.

4.2.4 Parameteranalyse und Validierung der entwickelten Fertigungskonzepte

Parameter analysis and validation of developed manufacturing concepts

Die Ergebnisse, die in diesem Kapitel dargestellt werden, basieren in Teilen auf einer Veröffentlichung, in der eine Parameteranalyse für geodätische Kreuzlagen durchgeführt wurde [SCHA21]. Hierfür wurde glasfaserverstärktes, thermoplastisches Tape um den in Bild 4.17 dargestellten Liner ohne Anschlusselemente gewickelt. Hierbei wurde die Temperatur im Zwickelbereich als Zielgröße unter Variation von eingebrachter Laserleistung, Aufteilung der Lasereinstrahlung auf Tape und Substrat, Tapevorschubgeschwindigkeit und Wickelwinkel untersucht. Neben der Temperatur wurde insbesondere die durch den in Bild 2.10 gezeigten Drehgeber aufgezeichnete Tapevorschubgeschwindigkeit ausgewertet und aufgrund der Abweichungen von der Solltemperatur im Bahnbetrieb als ursächlich für Abweichungen von einer gleichmäßigen Temperatur im Zwickelbereich und damit einer gleichmäßigen Konsolidierungs- und Bauteilqualität identifiziert. Die erzielten Messergebnisse waren konsistent und reproduzierbar. Ihre Analyse weist einen direkten Einfluss von Laserleistung, Lasereinstrahlverteilung und Tapevorschubgeschwindigkeit auf die Temperatur auf. Während die Temperaturwerte auf den Zylindern in einem Prozessfenster von ca. +/- 30 K gehalten werden können, traten auf den Domregionen starke Oszillationen auf. Diese fallen für beide Behälterseiten unterschiedlich aus und können ortsbezogen auf die Stellung des Roboters und damit auf positionsbezogene Begrenzung von Beschleunigung und Ruck der Roboterachsen zurückgeführt werden. Die Tapevorschubgeschwindigkeit kann bei der Erstellung von Pfaddaten und Maschinencode in der CAD/CAM-Software und im zugehörigen Postprozessor (vgl. Bild 4.18) nur bedingt vorgegeben werden. Stattdessen wird sie durch die Bewegungen und Limitierungen des Robotersystems bestimmt.

Um eine erste Bewertung der Umsetzbarkeit der neu entwickelten Fertigungskonzepte und zusätzliche Erkenntnisse für die adaptive Prozessführung im nachfolgenden Kapitel zu erhalten, werden die in Kapitel 4.1.4 ausgewählten und implementierten Konzepte durch die Herstellung von Druckbehälter-Verstärkungslagen umgesetzt. Hierfür wird aus Gründen der Vergleichbarkeit mit der Evaluierung der geodätischen Lagen in [SCHA21] ein Liner mit identischer Geometrie ohne Anschlusselemente (vgl. Bild 4.17) und dasselbe Tapematerial des Typs *Celstran CFR-TP PA6 GF60-03* des Herstellers *Celanese* wie für die Evaluierung der geodätischen Kreuzwickelmuster verwendet (s. Tabelle 4.4). Ein Behälter wird zunächst mit zwei axialen Lagen, gefolgt von zwei Umfangslagen im Konzept „Extremwickelwinkel" verstärkt, ein weiterer Behälter mit zwei Lagen des Konzepts „Variation der Wendepunkte" (s. Tabelle 4.5). Diese zwei Lagen des kontinuierlichen Fertigungskonzepts ergeben aufgrund der Überkreuzung der Wickelwinkel im Wickelmuster, die identisch zu geodätischen Kreuzlagen ausfällt, einer vierfachen Tapedicke als Laminatdicke.

Tabelle 4.4: Kenndaten des für die Parameteranalyse verwendeten Tapematerials [CELA16]

Characteristics of the tape material used for the parameter analysis

Parameter [Einheit]	Wert
Material (Matrix/Verstärkung)	Polyamid-6/Glasfaser (PA6/GF)
Tapedicke/-breite [mm]	0,3 / 12 und 25
Faservolumengehalt [%]	39
Dichte [g/cm³]	1,69
Schmelztemperatur [°C]	220
Glasübergangstemperatur [°C]	57

Tabelle 4.5: Prozessparameter für die Validierung der Fertigungskonzepte

Process parameters for the validation of the manufacturing concepts

Konzept	Extremwickelwinkel (axial – 0 °)	Extremwickelwinkel (Umfangsrichtung – 90 °)	Variation der Wendepunkte
Lagenanzahl	2	2	2
Laserleistung Zylinder/ Äquator/Dom [W]	1400/300/600	1400/-/1400	1400/300/600
Anteil der Laserleistung auf dem Tape [%]	43	43	43
Andruckkraft [N]	50	50	50
Tapespannung [N]	10	10	10
Tapevorschubgeschwindigkeit [mm/s]	150	150	150

Bild 4.21 zeigt den Versuchsaufbau mit Tapewickel-Applikator und Druckbehälter-Liner sowie exemplarisch die hergestellten Lagen. Für die Bedeckung des Zylinders in der entlang des Umfangs wird aufgrund erhöhter Effizienz ein Tape mit einer nominellen Breite von 25 mm verwendet, während für alle anderen Bahnen und Lagen Tape mit einer nominellen Breite von 12 mm eingesetzt wird. Da die Breite des Laserspots in der Fokusebene 32 mm beträgt (s. Kapitel 4.2.1), kann in beiden Fällen von einer homogenen Temperaturverteilung über der Bandbreite ausgegangen werden [GROU12, S. 30]. Der Prozessablauf wird übereinstimmend mit Bild 4.18 durchlaufen,

wobei die Prozessparameter ohne vorherige Modellierung oder Optimierung entsprechend den Prozesseinstellungen aus der vorgestellten Veröffentlichung ausgewählt werden [SCHA21].

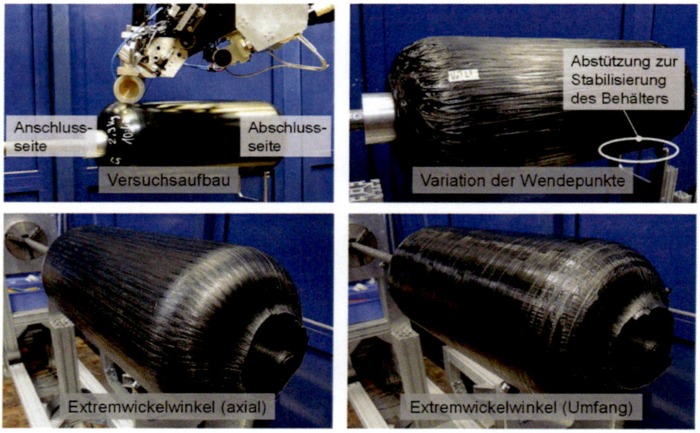

Bild 4.21: Versuchsaufbau und hergestellte Verstärkungslagen gemäß der ausgewählten Fertigungskonzepte

Experimental setup and manufactured reinforcement layers according to selected manufacturing concepts

Als aufwendig erweist sich bei den Extremwickelwinkel-Lagen die diskontinuierliche Tapeablage und die hierfür nötige Fixierung jedes einzelnen Tapes zu Beginn der jeweiligen Bahn. Bei den axialen Lagen muss diese außerhalb des Liners vorgenommen werden, um eine vollständige Bedeckung zu gewährleisten. Aus dem gleichen Grund wird der Anfang jeder Tapebahn in Umfangsrichtung mittels Einwirkung von Ultraschall auf dem Substrat fixiert. Diese notwendigen Maßnahmen führen zu einer deutlichen Steigerung der Fertigungszeit um einen Faktor von mehr als drei gegenüber einem kontinuierlichen Fertigungskonzept.

Die Lagen des Fertigungskonzepts „Variation der Wendepunkte“ können gemäß der vorgegebenen Wickeltrajektorie kontinuierlich hergestellt werden. Aufgrund der erhöhten Umlenkung des Halbzeugs entlang der Trajektorie auf den Domen sind Krümmungen und Aufwürfe zu erkennen, die zu einer geringfügigen Anpassung des in Kapitel 4.1.4 vorgestellten Algorithmus vor den Validierungsversuchen (s. Kapitel 6) führen.

Da der Temperatur im Zwickelbereich bei der Bewertung der Konsolidierung von dreidimensionalen Laminaten eine Schlüsselrolle zukommt [STEE06, S. 19], wird diese in der Prozesssoftware der Infrarot-Wärmebildkamera in einem definierten Bereich ausgewertet. Für die weiteren Betrachtungen in dieser Arbeit wird die Durchschnittstemperatur der in Bild 4.22 entsprechenden Auswertezonen mit Fokus auf den Zwickelbereich herangezogen.

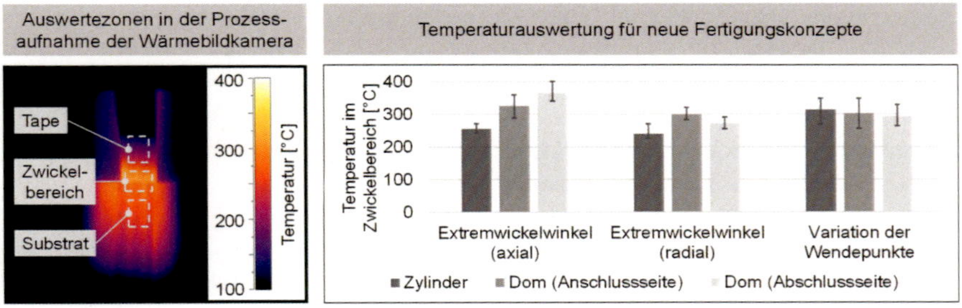

Bild 4.22: Auswertung der Temperaturverteilung im Zwickelbereich für unterschiedliche Behälterregionen

Evaluation of temperature distribution in the nip point for different vessel regions

Bei Betrachtung der Temperaturen während der Umsetzung des Konzepts „Extremwickelwinkel“ (s. Bild 4.22 rechts) fällt die im Vergleich zu den Werten auf dem Zylinder wesentlich höhere Wertebereich auf den Domen bei axialer Ablage auf. Diese kann auf die in diesen Bereichen durchgängig starke Orientierungsänderung des Roboter-Aktuators zurückgeführt werden, die in Kombination mit einer ungenügenden Anpassung der Laserleistung Temperaturänderungen auslöst. Wie in Bild 4.23 zu erkennen ist, können die lokalen Maxima und Minima des Temperaturverlaufs im Zwickelbereich im Wesentlichen mit Veränderungen der Parameter Tapevorschubgeschwindigkeit und Laserleistung in Zusammenhang gebracht werden. Als ein weiterer Einfluss, der einem stationären Zustand auf den Domregionen und somit einer gleichmäßigen Temperaturführung entgegenwirkt, sei an dieser Stelle die von KOLLMANNSBERGER [KOLL19, S. 77] angeführte, sich kontinuierlich verändernde bestrahlte Substratoberfläche genannt. Diese kann bei statischer Aufteilung der Lasereinstrahlung auf Tape und Substrat zu den Temperaturunregelmäßigkeiten im Zwickelbereich beitragen. Die angeführte Orientierungsänderung des Roboterarms, die eine konstant senkrecht wirkende Andruckkraft im Zwickelbereich sicherstellt, unterscheidet sich zudem auf beiden Domen in Abhängigkeit von der lokalen Achskonfiguration des in der Fertigungszelle fixierten Roboters. Dies führt zu unterschiedlichen Tapevorschubgeschwindigkeiten und Ablagezeiten auf anschluss- und abschlussseitigem Dom limitiert durch die Beschleunigungs- und Ruckbegrenzungen der einzelnen Roboterachsen (vgl. Kapitel 4.2.3). Ein stationärer Zustand stellt sich bei der axialen Ablage nur kurzzeitig auf dem Zylinder ein, was einen verringerten Wertebereich der Zwickelbereichstemperatur zur Folge hat.

Die Abbildung von Umfangslagen bildet abgesehen von den Beschleunigungs- und Abbremsvorgängen des Ablagesystems zu Beginn und zum Ende der jeweiligen Tapebahn, welche durch eine geregelte Laserleistungsanpassung beherrscht werden können [WERN18, S. 84-88], einen insgesamt stationären Prozess ab. Änderungen der Neigung des Tapewickel-Applikators sorgen allenfalls für geringe Unterschiede der Durchschnittstemperaturen (s. Bild 4.22).

Die gemittelten Temperaturen im Zwickelbereich weisen für die Erstumsetzung des Fertigungskonzepts „Variation der Wendepunkte" vergleichsweise hohe Spannweiten auf. Die Ursachen hierfür sind mutmaßlich in der hohen Prozessdynamik und hohen lokalen Winkeländerungen entlang der Wickeltrajektorie in Verbindung mit der eingeschränkten Aktuatordynamik begründet. Die im Vergleich zu den anderen Versuchen erhöhte Temperatur auf dem Zylinder lässt sich durch eine verringerte lokale Tapevorschubgeschwindigkeit begründen, deren Winkelabhängigkeit in Zusammenspiel mit der Maschinendynamik auch in [SCHA21] festgestellt wurde. Wie aus Bild 4.23 hervorgeht, verhält sich die Temperatur im Zwickelbereich auf den Domen reziprok zur Tapevorschubgeschwindigkeit und weist große Wertebereiche auf, die lokal sowohl zu ungenügender Tapeaufschmelzung als auch zu Degradation des Matrixkunststoffs führen können. Als Ursachen dieser Varianz können ebenso wie bei der axialen Ablage auf den Domen im Fertigungskonzept „Extremwickelwinkel" die dynamischen Grenzen der Roboterachsen sowie die Veränderung der bestrahlten Substratfläche entlang der Trajektorie angeführt werden. Eine adaptive Anpassung der Prozessparameter, welche die Temperatur im Zwickelbereich beeinflussen (z.B. Laserleistung), ist daher essenziell für eine optimierte Steuerung des Fertigungsprozesses bei Anwendung der neuen Fertigungskonzepte (s. Kapitel 5).

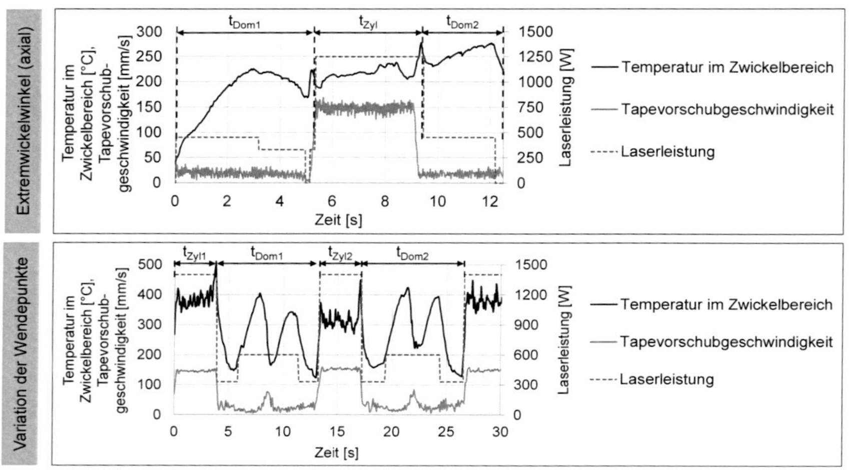

Bild 4.23: Auswirkung von Laserleistung und Tapevorschubgeschwindigkeit auf die Temperatur im Zwickelbereich für neue Fertigungskonzepte

Effect of laser power and tape feed rate on nip point temperature for new manufacturing concepts

4.3 Zusammenfassung der Erkenntnisse und Fazit

Summary of findings and conclusion

Nach einer Analyse bestehender Ansätze für die Auslegung und Gestaltung der Verstärkungslaminate von FVK-Druckbehältern können Potenziale identifiziert werden, welche sich durch die Prozessführung mit Verarbeitung von thermoplastischen Halbzeugen und in-situ Konsolidierung eröffnen. So kann von einer geodätischen Ablage, die reibungsbedingt die wichtigste Randbedingung konventioneller Wickelmuster darstellt, abgewichen werden. Auf diese Weise können prinzipiell beliebige Wickelwinkel eingestellt werden, um dem vorherrschenden Spannungsfall des Innendrucks zu genügen. Des Weiteren können Materialanhäufungen auf den Polbereichen der Behälterdome vermieden sowie unsymmetrische Verstärkungslagen und Verstärkungen auf einem weiten Spektrum von Behältergeometrien realisiert werden. Auch der Einsatz von Extremwickelwinkeln zur Ausrichtung der Verstärkungsfasern exakt entlang der Hauptspannungsrichtungen bei Innendrucks ist ohne Hilfselemente möglich. Unter Berücksichtigung von Anforderungen an Qualität, Prozess und Wirtschaftlichkeit werden neue Fertigungskonzepte für eine Verstärkung von Druckbehälter-Linern mit unidirektional faserverstärktem, thermoplastischem Tape entwickelt. Durch netztheoretische Überlegungen werden die Vorteile in Bezug auf eine Einstellung geringer Wickelwinkel auf dem Zylinder und die Potenziale für eine Materialeinsparung der Verbindungstrajektorien auf den Domen herausgestellt und somit die erste Forschungsfrage dieser Antwort durch Belegung der zugehörigen Forschungsthese beantwortet:

Die Fertigung von Verstärkungslagen für TP-FVK-Druckbehälter mit in-situ Konsolidierung ermöglicht den Entwurf optimierter, sowohl kontinuierlicher als auch diskontinuierlicher Wickelstrukturen. Da die Verstärkungsfasern verstärkt in Richtung der Hauptspannungen im Behälter ausgerichtet werden können, kann die Anzahl an Lagen, welche den gesamten Behälter bedecken und dynamisch aufwendiger herzustellen sind, minimiert werden. Auf den Domen kann Verstärkungsmaterial gegenüber geodätischen Wickelstrukturen eingespart werden. Im Vergleich mit duroplastischer FVK-Wickeltechnik besteht daher das Potenzial, die Wickelstrukturen zu optimieren und in der Herstellung energieintensive und teure Kohlenstofffasern einzusparen.

Durch Festlegung von Fertigungssystem und Druckbehälter-Liner sowie der Gestaltung eines Ablaufs für eine iterative Prozessentwicklung werden Rahmenbedingungen für die Optimierungswerkzeuge und die Validierung in den folgenden Kapiteln geschaffen. In einer dynamischen und einer parametrischen Prozessanalyse können die im Bahnbetrieb auftretenden Fluktuationen der Tapevorschubgeschwindigkeit und die Ausführung des Robotersystems als maßgebend für die Prozessführung identifiziert werden. Betrachtete Konzepte für die Beeinflussung der Tapevorschubgeschwindigkeit wie eine Filterung der Pfaddaten oder eine Manipulation der Werkzeugbahn weisen ein hohes Potenzial für eine Steigerung von Prozessqualität und -reproduzierbarkeit auf. Aufgrund der fehlenden Flexibilität des vorgegebenen Fertigungssystems (fest auf dem Boden montierter 6-Achs-Knickarmroboter) werden sie in dieser Arbeit jedoch nicht weiterverfolgt. Unter Berücksichtigung aller Randbedingungen können Unregelmäßigkeiten im Temperaturverlauf auf die Bahnposition entlang der Wickeltrajektorie bezogen werden. Eine adaptive Homogenisierung der Temperatur in der Prozesszone erfordert daher eine ortsbezogene Modellierung, Datenanalyse und Optimierung der beeinflussbaren Prozessparameter. Insbesondere die eingebrachte Laserleistung und die Aufteilung der Lasereinstrahlung auf einlaufendes Tape und Substrat sind hierbei zu beachten.

Von den entwickelten Fertigungskonzepten werden die Tapeablage in axialer und in Umfangsrichtung unter dem Konzept „Extremwickelwinkel“ und ein kontinuierliches Pfaddesign als Konzept „Variation der Wendepunkte“ innerhalb eines CAD/CAM-Programms umgesetzt. Eine erste Validierung erfolgt exemplarisch durch Herstellung von Verstärkungslagen auf einem Kunststoffliner. Entsprechend der in Kapitel 4.1.2 ermittelten Anforderungen (s. Bild 4.7) erfüllt die Kombination von Umfangs- (Wickelwinkel = 90 °) und axialen (0 °) Lagen die Qualitätsanforderung eines belastungsoptimierten Designs, da die Verstärkungsfasern entlang der Hauptspannungsrichtungen ausgerichtet sind. Die einfachen Ablagepfade minimieren Tape-Kreuzungspunkte und Tapelegefehler. Eine vollständige Bedeckung der Behälteroberfläche ist möglich, wenn dadurch leichte Materialanhäufungen der axialen Lagen am Pol zugelassen werden. Bei der Umsetzung von Umfangsringen auf den Domen können leichte Bandkrümmungen beobachtet werden, die mit abnehmendem Behälterdurchmesser zunehmen. Bei rein axialer Verstärkung der Dome würden jedoch vorliegende tangentiale Umfangsspannungen, die in einer quasiisotropen FEM-Betrachtung ermittelt wurden, nur unzureichend kompensiert. Die axialen Bahnen weisen eine ungleichförmige Bewegung entlang der Dommeridiane auf, die ohne angepasste Prozessparametersteuerung eine ungleichmäßige Energieeinbringung in die Prozesszone bewirken. Trotz der klaren Materialeinsparpotenziale ist insbesondere die Wirtschaftlichkeit des Extremwickelwinkel-Fertigungskonzepts aufgrund hoher Fertigungszeiten und einer geringen Prozesssicherheit als kritisch zu bewerten. Beides ist auf die häufigen Ansetz-, Abhebe- und Schneidvorgänge zurückzuführen, die zwar einen prinzipiellen Vorteil der Prozessführung mit in-situ Konsolidierung darstellen, aber einen hohen zeitlichen Aufwand bedingen. Aus diesem Grund wird das Konzept „Extremwickelwinkel“ innerhalb der prozesstechnologischen Validierung (s. Kapitel 6) nicht umgesetzt.

Aufgrund der komplexen Trajektorie mit variierenden Winkelverläufen auf den Domen kann das Design des entwickelten Fertigungskonzepts „Variation der Wendepunkte“ anhand der Netztheorie nur qualitativ erfolgen. Aufgrund der gegenüber geodätischen Wickelmustern reduzierten Wickelwinkel auf dem Zylinder wird jedoch von einer Belastungsoptimierung und einer Reduzierung axialer, den Behälter vollumfassenden Lagen ausgegangen. Hierfür ist es erforderlich, das neu entwickelte Fertigungskonzept mit Umfangslagen (Wickelwinkel 85-90 °) und gegebenenfalls lokalen Verstärkungen durch Ringe in Umfangsrichtung auf den Domen zu kombinieren. Zusätzlich zeichnet sich das neue Fertigungskonzept durch eine vollständige Bedeckung der

Behälteroberfläche unter Vermeidung von Tapelegefehlern und eine Verringerung der Materialanhäufungen an den Polen aus. Die Umsetzbarkeit kann durch eine Herstellung von Probelagen belegt werden. Hinsichtlich der Gleichförmigkeit von Bewegung und Energieeinbringung werden hohe Ähnlichkeiten zu geodätischen Wickelmustern festgestellt. Aus diesem Grund wird davon ausgegangen, dass die im folgenden Kapitel 5 vorgestellten Optimierungswerkzeuge für alle kontinuierlichen Fertigungskonzepte auf variabler Behältergeometrie anwendbar sind. Aufgrund der während der ersten Konzeptvalidierung beobachteten Halbzeugkrümmungen wird eine Anpassung der Trajektorien vorgenommen, um diese zu minimieren. Die Wirtschaftlichkeit des kontinuierlichen Fertigungskonzepts ist in Bezug auf Prozesssicherheit und -flexibilität als ähnlich zu kontinuierlichen geodätischen Verstärkungskonzepten zu bewerten. Dem Potenzial zur Materialeinsparung stehen die aufgrund der erhöhten Winkeländerungen auf den Domen erhöhte Fertigungszeit gegenüber, die während der Validierungsversuche ermittelt wird. Da diese jedoch zum Teil auf die mangelnde Flexibilität des Fertigungssystems ohne zusätzliche Linearachse zum Verfahren des 6-Achs-Knickarmroboters zurückzuführen ist, wird das neue Fertigungskonzept für TP-FVK-Druckbehälter als valide Alternative zu konventionellen, geodätischen Wickelmustern angesehen und in den folgenden Kapiteln weiter untersucht.

5 Entwicklung von Optimierungswerkzeugen zur adaptiven Prozessführung

Development of optimization tools for adaptive process control

Aus der Betrachtung des Stands der Technik in den Kapiteln 2.3 und 2.4 und der durchgeführten Prozessanalyse in Kapitel 4.2 gehen die Herausforderungen durch instationäre Prozesszustände bei der Abbildung von komplexen, gekrümmten Geometrien wie den Domregionen von Druckbehältern im thermoplastischen Tapewickelprozess hervor. Die mangelnde Sicherstellung von Qualität und Reproduzierbarkeit des Prozessergebnisses und somit der Bauteilgüte steht trotz der belegten prinzipiellen Vorteile von thermoplastischen Faserverbundkunststoff-Druckbehältern (vgl. Kapitel 2.1 und 2.2) der weitgehenden Markteinführung dieser Produktgruppe entgegen. Ziel dieses Kapitels ist es daher, Werkzeuge für die Optimierung des laserunterstützten Tapewickelns für die Fertigung von Verstärkungslagen von FVK-Druckbehältern zu entwickeln und diese in einem Konzept zur adaptiven Prozessführung und -beherrschung zusammenzuführen. In Kapitel 5.1 wird hierfür die datengestützte Prozessoptimierung durch die digitale, ortsaufgelöste Visualisierung und Analyse von Prozessdaten behandelt. Die Entwicklung und Anwendung von Prozessmodellen für die Vorhersage der wesentlichen Prozessgrößen Temperatur und Druck stehen im Fokus von Kapitel 5.2. Die Ergebnisse der Datenanalyse und Prozessmodellierung werden anschließend in Kapitel 5.3 bei der Aufstellung und Bewertung von Steuerungs- und Regelungskonzepten für eine adaptive Prozessführung aufgegriffen.

5.1 Ortsaufgelöste Datenvisualisierung und -analyse

Spatial visualization and analysis of process data

Die im Tapewickel-Applikator integrierte Sensortechnik befähigt in Verbindung mit der Steuerungstechnik des Systems eine durchgängige Erfassung verschiedener Prozessdaten, maßgeblich der Temperaturverteilung, Andruckkraft und Tapevorschubgeschwindigkeit [BREC15, S. 5]. Diese Prozessdaten können seitens des Anlagenbedieners vor oder nach dem Wickelverfahren mit Metadaten bezüglich der aktuellen Lagennummer, dem verwendeten Parametersatz oder dem Ort der Ablage auf dem Bauteil angereichert werden. Daten des Halbzeugmaterials werden meist für eine gesamte Charge angegeben, für die stichprobenartig optische, thermische und mechanische Materialeigenschaften geprüft werden. Sensoren für eine kontinuierliche Messung von Halbzeuggeometrie und -qualität werden bisher nur selten direkt in das Produktionssystem integriert, sodass diese Daten ebenfalls in Stichproben bestimmt werden. Ähnlich verhält es sich bei Produktdaten, die beispielsweise durch Angabe von Designparametern und mechanischen Prüfdaten repräsentativer Proben einer Produktcharge vorliegen können. Neben Auslegung und Fertigung ist die Nutzung eine weitere Produktlebensphase, über die prinzipiell mit geeigneter Sensorik spezifische Daten gesammelt werden können. Bild 5.1 gibt einen Überblick über potenziell erhobene Daten, die über die genannten Lebensphasen einer gewickelten TP-FVK-

Komponente zusammengetragen werden können. In dieser Arbeit werden hiervon die bereits durchgängig gemessenen Prozessdaten betrachtet. Die in den folgenden Abschnitten vorgestellte Programmarchitektur der Datenvisualisierung ist jedoch so modular gestaltet, dass eine Integration weiterer Datenquellen ohne hohen Aufwand möglich ist. Dies kann auch Kenndaten wie geometrische Positionen und Gradienten umfassen, wie sie in der automatisierten Verarbeitung von Bildern der Infrarot-Wärmebildkamera ermittelt werden können [KUKL17, S. 4].

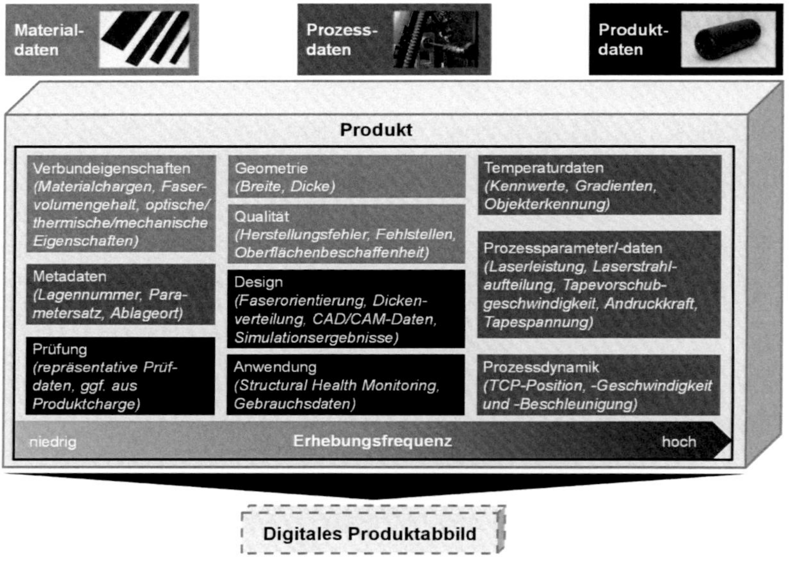

Bild 5.1: Übersicht potenziell erhobener Daten während der Herstellung und Anwendung einer gewickelten TP-FVK-Komponente

Overview of potentially collected data during manufacturing and application of a wound thermoplastic composite component

Die genannten Material-, Prozess- und Produktdaten werden bisher entweder zeitbezogen erfasst oder liegen als Referenzdaten für das gesamte Bauteil vor. Ziel dieses Kapitels ist die Entwicklung und Umsetzung einer ortsaufgelösten Datenvisualisierung als digitaler Schatten (s. Kapitel 2.4.1), die eine gezielte Analyse und Optimierung des laserunterstützten Tapewickelprozesses ermöglicht. Darüber hinaus soll sie als Grundlage für Prozesssteuerungsansätze dienen. Kapitel 5.1.1 beschreibt die Konzeptentwicklung und Implementierung eines dementsprechenden Werkzeugs. Algorithmen für die Datenauswertung werden in Kapitel 5.1.2 vorgestellt.

5.1.1 Konzeptentwicklung und Implementierung der ortsaufgelösten Datenvisualisierung als digitaler Schatten

Concept development and implementation of spatial data visualization as digital shadow

Bild 5.2 enthält eine Darstellung des grundsätzlichen Konzepts eines digitalen Schattens für TP-FVK-Druckbehälter. Ausgangspunkt ist die Linergeometrie inklusive deren Abbildung als dreidimensionales CAD-Modell, auf das die Prozessdaten ortsaufgelöst projiziert werden sollen. Innerhalb des Visualisierungswerkzeugs werden ortsbezogene CAM-Pfaddaten und zeitbezogene, aggregierte Sensordaten zusammengeführt, um aus den dann ortsbezogenen Sensordaten einen digitalen Schatten des hergestellten Bauteils zu generieren. Erste Vorstellungen dieses Konzepts befinden sich in verschiedenen Publikationen, angewendet auf Rohre [SCHA18a, S. 6-7] und Druckbehälter [SCHA19, S. 14-15].

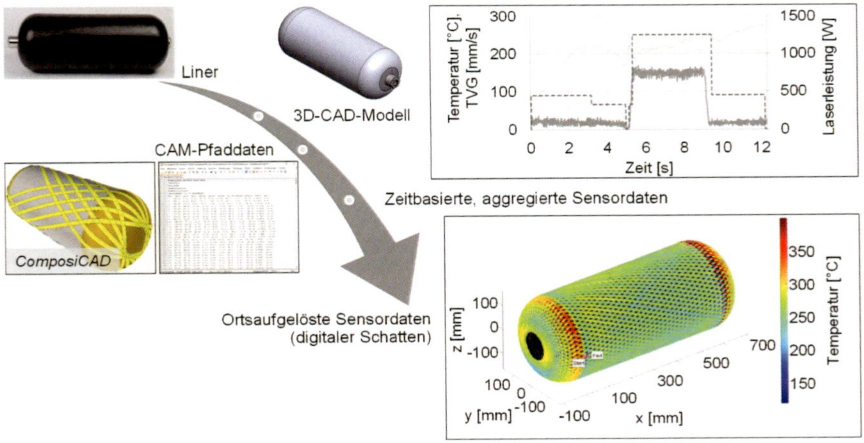

Bild 5.2: Konzept eines digitalen Schattens für FVK-Druckbehälter
Digital shadow concept for composite pressure vessels

Das Konzept wird mithilfe der Programmiersoftware *MATLAB* umgesetzt. Bild 5.3 zeigt die Benutzeroberfläche und den Programmablauf für die exemplarische Datenvisualisierung einer gewickelten Druckbehälter-Verstärkungslage. Nach Starten des Programms müssen die Eingangsdaten in einer vorgegebenen Reihenfolge durch den Nutzer ausgewählt und eingelesen werden. Die Behälterkontur besteht dabei aus einer Reihe von axialen und radialen Koordinaten, aus denen durch eine Rotation die Oberfläche der betreffenden Lage gebildet wird.

Die Pfaddaten enthalten die Koordinaten und Normalenvektoren aller Pfadpunkte. Da diese für geodätische Kreuzlagen und im neuen Fertigungskonzept „Variation der Wendepunkte“ nur für einen spezifischen Teil der Wickeltrajektorie vorliegen, der entsprechend dem Wickelmuster wiederholt wird, müssen die Pfaddaten für die gesamte Trajektorie berechnet und zusammengesetzt werden. Dies geschieht durch

Rotation der gegebenen Pfaddaten (bei Kreuzlagen entspricht dies in der Regel der ersten Helix) gemäß der Anzahl der Wiederholungen N_j, wobei der Rotationswinkel φ_R der aktuellen Wiederholung j mithilfe des so genannten Skip-Index i_S bestimmt wird:

$$\begin{pmatrix} x_j \\ y_j \\ z_j \end{pmatrix} = \begin{pmatrix} 1 & 0 & 0 \\ 0 & \cos(\varphi_{R,j}) & -\sin(\varphi_{R,j}) \\ 0 & \sin(\varphi_{R,j}) & cos(\varphi_{R,j}) \end{pmatrix} \begin{pmatrix} x_1 \\ y_1 \\ z_1 \end{pmatrix} \tag{5.1}$$

$$\varphi_{R,j} = -\frac{2\pi \cdot j \cdot i_S}{N_j} \tag{5.2}$$

In den Pfaddaten enthaltene Metadaten wie Tapelänge und theoretische Wickeldauer werden in der Benutzeroberfläche angezeigt (s. Bild 5.3). Auf eine Kompatibilität der Kontur- und Pfaddaten mit etablierten CAD/CAM-Schnittstellen wird geachtet.

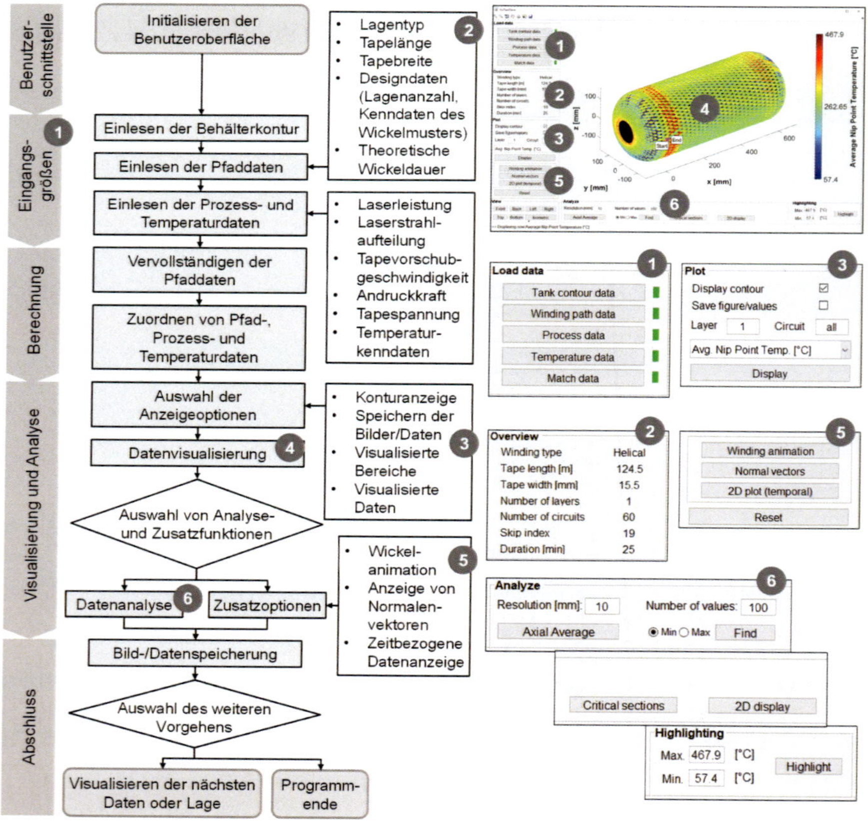

Bild 5.3: Struktur und Benutzeroberfläche des Programms zur ortsbezogenen Datenvisualisierung

Structure and user interface of the program for position-related data visualization

Die segmentbezogene Pfadlänge d_i zwischen zwei Punkten wird nach der folgenden Gleichung berechnet und anschließend für die gesamte Pfadlänge aufsummiert:

$$d_i = \sqrt{(x_{i+1} - x_i)^2 + (y_{i+1} - y_i)^2 + (z_{i+1} - z_i)^2} \tag{5.3}$$

Nach den Pfaddaten werden die Prozess- und Temperaturdaten eingelesen und im Sinne der Sensorfusion zusammengeführt. Stammen diese aus unterschiedlichen Quellen, werden sie über Flanken in der Messkurve voneinander abhängiger Parameter, beispielsweise Laserleistung und Temperatur im Zwickelbereich, mit einer nutzerseitig vorgebbaren Totzeit zugeordnet. Diese beschreibt die Dauer zwischen Anschalten des Lasers bis zu einem messbaren Anstieg der Temperatur und beträgt auf Basis von Vorversuchen als Voreinstellung 0,05 s. Über ein ähnliches Verfahren werden die Start- und Endpunkte des Prozesses in der Datenaufzeichnung identifiziert. Mithilfe des gemessenen Werts der Tapevorschubgeschwindigkeit v_i zwischen zwei Messpunkten werden die inkrementellen Tapelängen s_i ermittelt und anschließend genau wie die Längeninkremente aus den Pfaddaten aufsummiert:

$$s_i = \int_{t_i}^{t_{i+1}} v_i \, dt = v_i \cdot (t_{i+1} - t_i) \tag{5.4}$$

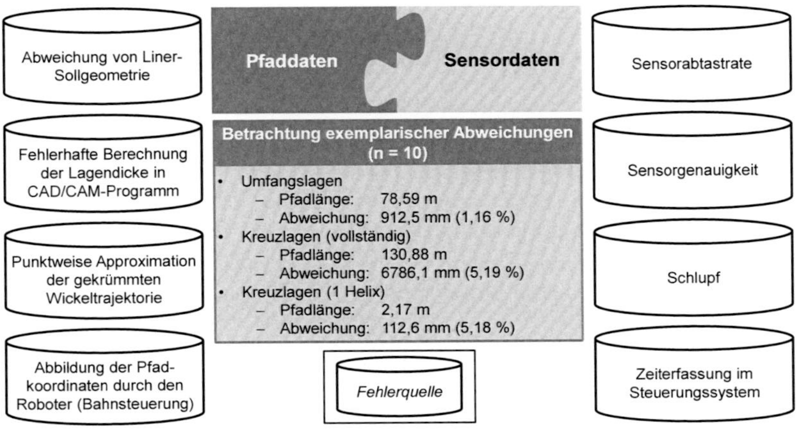

Bild 5.4: Fehleranalyse für die Abgleichung von Pfad- und Sensordaten
Error analysis for matching of path and sensor data

Die Zuordnung der Messdaten zu den entsprechenden Positionen entlang des Wickelpfads ist aufgrund mehrerer möglicher Fehlerquellen mit einer Unschärfe behaftet. Wie Bild 5.4 veranschaulicht, können Ungenauigkeiten in den gegebenen Pfaddaten beispielsweise durch eine Abweichung zwischen der realen und der vorgegebenen bzw. im CAD/CAM-Programm berechneten Linerkontur inklusive der bereits abgelegten Verstärkungslagen vorliegen. Des Weiteren sorgt die Linearisierung der Wickeltrajektorie durch punktweise Verbindung der Pfadkoordinaten für eine leichte Unterschätzung der Pfadlänge. Die im Robotersystem aktivierte

Bahninterpolation, die einen gleichmäßigen Bewegungsablauf garantieren soll, führt ebenfalls zu einer Abweichung vom angegebenen Pfad.

Die Verlässlichkeit der Sensordaten ist potenziell durch die Genauigkeit der Abtastrate und Messwerterfassung des verwendeten Drehgebers beeinträchtigt. Entsteht ein Schlupf des Tapematerials an der Messrolle, die mit dem Drehgeber verbunden ist, führt dies ebenfalls für eine Abweichung der gemessenen von der realen Vorschubgeschwindigkeit. Auch die Zeiterfassung, die zur Integration der Geschwindigkeiten herangezogen wird, ist als potenzielle Fehlerquelle zu nennen.

Durch Analyse erhobener Daten während der Herstellung von je 10 Umfangs- und Kreuzlagen eines Typ-IV Druckbehälters mit dem in Bild 4.17 abgebildeten Liner und einem Tape mit einer Breite von 12 mm können die Abweichungen abgeschätzt werden. Bei Umfangslagen beträgt die ermittelte Abweichung nur 0,2 % bis 2 % der gesamten Pfadlänge, was eine Bewertung der Parameter entlang der Behälterachse mit guter Genauigkeit zulässt. Die aus den Messdaten bestimmten Inkrementallängen s_i werden hierfür mittels eines Skalierungsfaktors f_S multipliziert, um eine möglichst genaue Abbildung auf die visualisierte Pfadlänge zu gewährleisten:

$$f_S = \frac{\sum d_i}{\sum s_i} \tag{5.5}$$

Bei Kreuzlagen, die aufgrund der Bedeckung von Zylinder und Domen üblicherweise eine deutlich höhere Gesamtpfadlänge als Umfangslagen aufweisen, treten wesentlich größere Abweichungen der berechneten Längen von im Durchschnitt ca. 5 % der Pfadlänge auf. Diese lassen bei einer einfachen Skalierung keine akkurate örtliche Zuordnung der Messdaten auf dem Druckbehälter zu. Aus diesem Grund wird für Kreuzlagen und Lagen des neuen kontinuierlichen Wickelkonzepts eine spezifische lokale Zuordnung der Mess- zu den Pfaddaten implementiert, indem in beiden Datenquellen die Übergänge zwischen Domen und Zylindern identifiziert und miteinander abgeglichen werden. Auf diese Weise werden die Bahnlängen nicht über eine komplette Lage synchronisiert, sondern über einzelne Bahnabschnitte auf Zylinder und Dom. Da eine einzelne Helixbahn des entsprechenden Wickelmusters je zwei Abschnitte auf Zylinder und Dom aufweist, kann die maximale Abweichung der Messdaten auf 5 % der Länge eines solchen Abschnitts reduziert werden. Bei einer Verstärkungslage mit 60 konsekutiven Helixbahnen wird die absolute Abweichung somit beispielsweise um den Faktor 240 verringert.

Nach erfolgter Zuordnung der Pfad-, Prozess- und Temperaturdaten kann der Anwender auswählen, welche Prozessdaten und welche Pfadbereiche visualisiert werden sollen (s. Bild 5.3). Bei Kreuzlagen können beispielsweise nur einzelne Helixbahnen angezeigt werden. Die Visualisierung erfolgt durch Zuordnung der Messwerte zwischen dem kleinsten und größten erhobenen Wert und Interpolation innerhalb einer Farbskala. Start und Ende der Wickeltrajektorie werden mit einer Markierung hervorgehoben. Das generierte Bild kann optional an einem durch den Nutzer vorgegebenen Ort abgespeichert werden. Nach der Visualisierung hat dieser die Auswahl, die betrachteten Daten durch verschiedene Analyse- (s. folgendes Kapitel 5.1.2) und

Zusatzfunktionen zu untersuchen. Zu letzteren gehören eine Animation der Datenabfolge entlang des Tapepfads, die Anzeige von Normalenvektoren auf den Pfadpunkten und eine einfache zeitbezogene, zweidimensionale Darstellung der Messdaten.

5.1.2 Gezielte Auswertung von Prozessdaten

Targeted analysis of process data

Neben der vorgestellten Visualisierung von Prozessdaten einer Verstärkungslage können bestimmte Bereiche dieser Daten im digitalen Schatten hervorgehoben werden (s. Bild 5.5 links unten). Hierfür gibt der Anwender einen Mindest- und Höchstwert innerhalb der Datenspannweite an, innerhalb derer die Messwerte farblich dargestellt werden sollen. Alle Werte über dem spezifizierten Maximalwert werden in der gewählten Farbskala dunkelrot, alle unter dem Minimalwert dunkelblau dargestellt. Auf diese Weise können beispielsweise Regionen identifiziert werden, in denen die Prozesstemperatur unterhalb des spezifizierten Prozessfensters liegt.

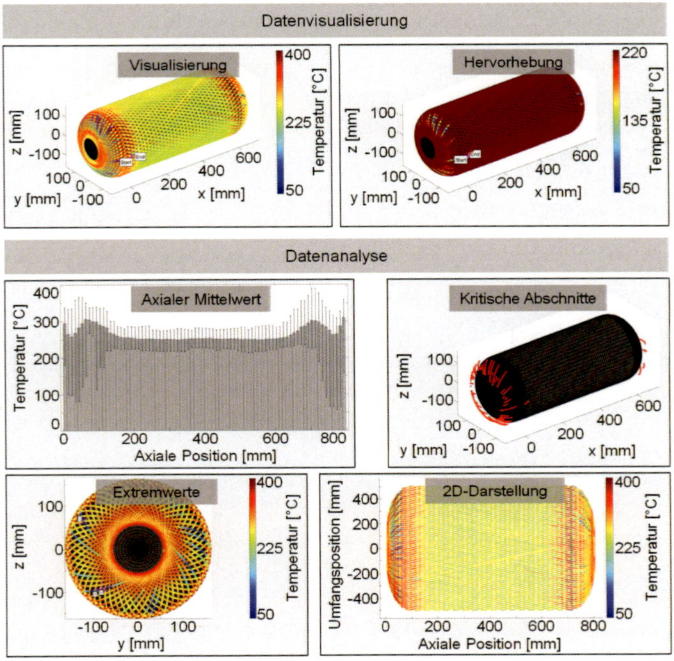

Bild 5.5: Implementierte Funktionen zur Visualisierung und -analyse der Daten einer Lage
Implemented functions for visualization and analysis of the data of one layer

Für die erweiterte Visualisierung und Datenanalyse werden vier Funktionen implementiert, die auf der rechten Seite von Bild 5.5 dargestellt sind. Die Funktion „Axialer Mittelwert" teilt den Behälter entlang seiner Achse in gleich große Abschnitte entsprechend einer vom Nutzer gewählten Auflösung ein. Für jeden Abschnitt werden Mittelwert, Extremwerte und die Standardabweichung der Daten entlang des gesamten Umfangs bestimmt und in Diagrammen dargestellt. Die Werte werden zusätzlich zusammen mit den Grenzen der Behälterabschnitte in einer Tabelle ausgegeben. Die Funktion erlaubt die Erkennung von Ausreißern, Oszillationen und instationären Prozesszuständen, die in bestimmten Bereichen der Bauteilkontur auftreten. Die Funktion „Kritische Abschnitte" ist eine weiterführende Form der hervorgehobenen Visualisierung. Es werden alle Abschnitte des Wickelpfads dargestellt, die innerhalb von vorgegebenen Grenzen der Prozessdaten liegen. Somit können gezielt Wechselwirkungen zwischen Prozessdaten identifiziert und demzufolge Parameteroptimierungen vorgenommen werden. Beispielsweise kann der Einfluss der Tapespannung auf die Andruckkraft auf verschiedenen Domabschnitten untersucht und die Eingabewerte anschließend mithilfe der in Kapitel 5.3.3 implementierten Prozesssteuerung angepasst werden.

Durch die Funktion „Extremwerte" kann eine vom Nutzer vorgegebene Anzahl an maximalen oder minimalen Messdaten zusammen mit ihrer Messposition ausgegeben werden. Auch diese Funktion verhilft zu einer Identifikation kritischer Bereiche der betrachteten Lagen, in denen die Prozessdaten von den Zielvorgaben abweichen und die Bauteilqualität aus diesem Grund nicht gesichert ist. Die letzte Funktion „2D-Darstellung" erlaubt einen gezielten Blick auf alle Messdaten durch Abwicklung der betrachteten Lage.

5.2 Parametrische Modellentwicklung

Parametric development of process models

In Kapitel 2.4.2 werden verschiedene Modellierungsansätze für den laserunterstützten Tapewickelprozess vorgestellt, die eine Beherrschung der multivariablen Einflüsse auf die Konsolidierungsqualität bei der Abbildung komplexer Geometrien unterstützen können (vgl. Tabelle 2.3). In diesem Abschnitt wird der Fokus auf parametrische Modelle gerichtet, die in Verbindung mit der im vorangegangenen Kapitel vorgestellten ortsaufgelösten Datenvisualisierung unmittelbar in die Führung und Optimierung eines adaptiven Fertigungsprozesses (s. Kapitel 5.3) integriert werden können. Bild 5.6 zeigt einen Überblick über die entwickelten Modelle. Für die Simulation des Laserenergieeintrags und der Temperaturverteilung im Prozessbereich zwischen einlaufendem Tape und Substrat wird ein numerisches, multidimensionales Prozessmodell verwendet. Das Modell mit dem Namen *OTOM*, welches in Kapitel 5.2.1 beschrieben und bewertet wird, wurde an der University of Twente in Kooperation mit dem Fraunhofer IPT für die explizite Anwendung in der TP-FVK-Druckbehälterfertigung aufgestellt. Darauf aufbauend wird in dieser Arbeit ein ergänzendes Programm entwickelt, welches die gezielte Auswertung der Modell-Ausgangsgrößen, die Validierung des Prozessmodells und dessen Integration in eine adaptive Steuerung ermöglicht (Kapitel 5.2.2). Für die direkte, inverse Modellierung der Lasereinstrahlverhältnisse wird ein zusätzliches Werkzeug entwickelt, das in Kapitel 5.2.3 vorgestellt wird. Abschließend wird eine experimentelle Untersuchung der Druckeinwirkung während der Ablage auf den konvexen Druckbehälterdomen durchgeführt (Kapitel 5.2.4), deren Ergebnisse für die Gestaltung der Andruckkraft entlang der Wickeltrajektorie verwertet werden.

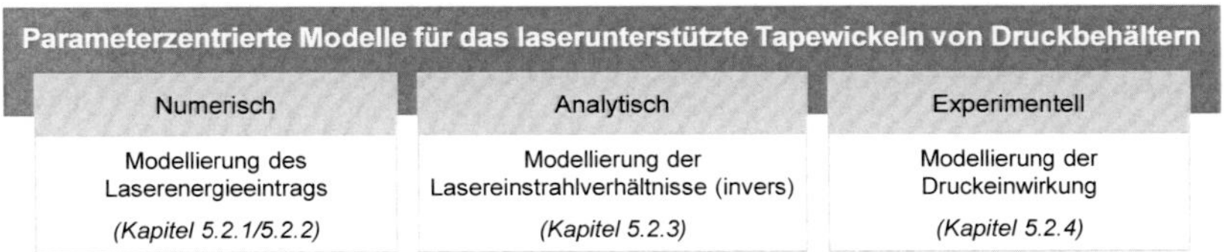

Bild 5.6: Übersicht der Prozessmodelle für die Analyse der Druckbehälterfertigung im laserunterstützten Tapewickeln

Overview of the process models for the analysis of pressure vessel manufacturing via laser-assisted tape winding

5.2.1 Aufbau und Analyse des optisch-thermischen Prozessmodells

Structure and analysis of optical-thermal process model

In Bild 2.18 ist der schematische Aufbau einer optisch-thermischen Prozessmodellierung dargestellt. Auf Basis verschiedener Eingangsparameter wird zunächst die Lasereinstrahlungsverteilung im optischen Teil des Modells bestimmt und diese anschließend im thermischen Teil für die Ermittlung der Temperaturverteilung verwendet. Das optisch-thermische Prozessmodell, das Gegenstand dieser Arbeit ist, wurde an der University of Twente mit Unterstützung des Fraunhofer IPT im Rahmen des Horizon-2020-Forschungsprojekts *ambliFibre* speziell für die Simulation thermoplastischer Tapewickelprozesse auf zylindrischen Körpern im weiteren und Druckbehältern im engeren Sinne entwickelt. Es handelt sich um ein lokales Modell, welches einen herausgegriffenen Prozesszustand in einem Punkt der Wickeltrajektorie mit gegebenen Randbedingungen auswertet. Um eine hohe Gestaltungsfreiheit der Modelleigenschaften zu gewährleisten, wird die Softwareumgebung *MATLAB* verwendet und das Simulationsmodell als ausführendes Programm *OTOM* (Optimizing Thermo-Optical Model) extrahiert.

Das optische Teilmodell bildet die Elemente Liner, Andruckrolle, einlaufendes Tape und Substrat entsprechend den geometrischen Eingangsgrößen in einem globalen, dreidimensionalen Koordinatensystem ab. Als Ausgangsgrößen werden die Verteilung der Laserstrahlen und der damit verbundene Wärmestrom auf den Oberflächen der genannten Elemente berechnet. Hierfür wird ein 3D-Ray-Tracing-Ansatz für das angegebene Laserstrahlprofil (in dieser Arbeit wird gemäß der in Kapitel 4.2.1 beschriebenen Anlagentechnik ein Top-Hat-Profil gewählt) genutzt, welcher eine frei wählbare Anzahl diskreter Laserstrahlen in gleichmäßiger Verteilung ausgehend von der Laserstrahlquelle einzeln betrachtet. An allen Oberflächen wird eine spiegelnde Reflektion der Strahlen angenommen. Der reflektierte Energieanteil wird mittels fresnelscher Formeln anhand der Einstrahlwinkel und optischen Materialeigenschaften bestimmt. Es wird nur eine Reflektion pro Strahl betrachtet, da zum einen auf diese

Weise die Rechenzeit minimiert wird und zum anderen der Einfluss weiterer Reflektionen auf die Gesamtenergieverteilung weniger als 5 % beträgt und daher mit genügend hoher Sicherheit vernachlässigt werden kann [ZAAM17c, S. 4]. Die Verteilung der Lasereinstrahlung geht aus Anzahl und Ordnung der Schnittpunkte der direkten und reflektierten Laserstrahlen mit den modellierten Objekten hervor. Die Transmission durch das FVK-Material wird vernachlässigt, da kohlenstofffaserverstärkte Halbzeuge, welche für Druckbehälter aufgrund der hohen mechanischen Eigenschaften bevorzugt verwendet werden, die gesamte, nicht reflektierte Energie absorbieren [GROU12, S. 14; STOK14, S. 106]. Bild 5.7 enthält die wichtigsten geometrischen Randbedingungen und Gleichungen des optischen Teilmodells. Weitere nennenswerte Eingangsgrößen sind die Verformung der Andruckrolle in Abhängigkeit der Andruckkraft und die Feinheit der Vernetzung von Tape und Substrat. Für eine detailliertere Beschreibung sei auf die Dissertation von ZAAMI verwiesen [ZAAM21, S. 1076-1078].

Das thermische Teilmodell wurde als lokales, implizites Finite-Differenzen-Modell mit Kontrollvolumina implementiert und berechnet die Temperaturverteilung für Tape und Substrat in der Prozesszone für einen bestimmten Prozesspunkt. Hierbei wird das Tape zweidimensional modelliert und seine konstante Dicke vernachlässigt, da diese im Gegensatz zur im Allgemeinen vielfach höheren Substratdicke einen geringeren Einfluss auf die Ausprägung der Temperaturverteilung aufweist. Die zugrunde liegenden, transienten Wärmeleitungsgleichungen und die modellierten Randbedingungen sind in Bild 5.7 dargestellt. Die Randbedingungen umfassen dabei den Kontakt zwischen Tape und Andruckrolle, den Kontakt von Tape und Substrat zur Umgebungsluft und die Eingangstemperatur des Substrats. Zu den wesentlichen Eingangsgrößen gehören die thermischen Eigenschaften von Tape und Substrat, die Wärmeübergangskoeffizienten und die Tapevorschubgeschwindigkeit im Prozesspunkt. Weitere Hintergründe zum thermischen Teilmodell befinden sich in [ZAAM21, S. 1078-1080].

Aufgrund der Tatsache, dass das Modell in direkter Verbindung mit experimentellen Untersuchungen und Daten iterativ entwickelt wurde (s. [ZAAM20; ZAAM21]), können die Verteilungen von Lasereinstrahlung und Temperatur bei akkuraten Eingangsgrößen und Modellparametern mit guter Genauigkeit vorhergesagt werden. Für die Einschätzung der Modellergebnisse in Abhängigkeit der Eingangsgrößen wird eine Sensitivitätsanalyse durchgeführt, deren Ergebnisse im nachfolgenden Kapitel aufgeführt sind. Der lokale Charakter des Modells schließt zwar die durchgehende Erfassung übergeordneter Phänomene wie beispielsweise die Kreuzung von Tapes entlang der Wickeltrajektorie und die Erwärmung des Behälterinneren aus, garantiert allerdings eine kurze Rechenzeit in der Größenordnung weniger Sekunden. Folglich eignet sich das Modell für die Betrachtung vieler Pfadpunkte, die schnelle Bewertung unterschiedlicher Eingangsgrößen und potenziell die Integration in eine modellbasierte Regelung (vgl. Bild 2.20).

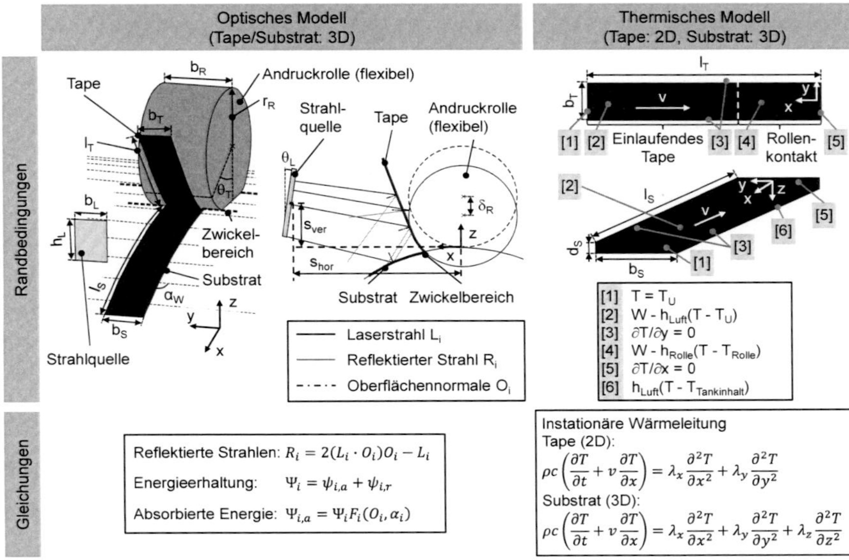

Bild 5.7: Maßgebende Randbedingungen und Gleichungen des optisch-thermischen Prozessmodells [ZAAM21, S. 1078-1079]

Main boundary conditions and equations of the optical-thermal process model

Die Nachteile des betrachteten optisch-thermischen Prozessmodells in Bezug auf eine gezielte Auswertung von Prozessgrößen entlang der Trajektorie einer Druckbehälterverstärkung und eine adaptive Prozesssteuerung sind in Bild 5.8 aufgelistet. Da alle geometrischen Modellgrößen in einem einheitlichen kartesischen Koordinatensystem definiert sind, erfordert die gleichmäßige Darstellung der geometrischen Zusammenhänge, manuelle, aufwendige und wenig intuitive Einstellungen und Anpassungen durch den Anwender. Insbesondere die benötigte händische Ausrichtung zwischen Laserstrahlquelle und den betrachteten Elementen des optischen Teilmodells auf den Behälterdomen für jeden betrachteten Prozesspunkt kann als Beispiel hierfür angeführt werden. Zwar stellt die *OTOM*-Software einige Hilfsmittel zur Einstellung der geometrischen Zusammenhänge bereit, diese gestatten aber keine Vorgabe eines Wickelpfads auf der Behälteroberfläche und steigern die Reproduzierbarkeit der geometrischen Lasereinstrahlung in verschiedenen Punkten der Behälteroberfläche nur geringfügig. Dieser Nachteil wird durch die Ergänzung des Prozessmodells durch ein Schnittstellenprogramm ausgeglichen, welches im nachfolgenden Kapitel 5.2.2 vorgestellt wird.

Ein weiteres Defizit des Prozessmodells ist die starke Abhängigkeit der Temperaturverteilungen von der Anzahl der einfallenden Laserstrahlen und der Vernetzungsparameter. Dieses Phänomen wird auf die Interaktion einer variierenden Anzahl von Laserstrahlen und Oberflächensegmenten bei der Berechnung der Temperaturverteilung im thermischen Teilmodell zurückgeführt (s. Bild 5.8 Mitte). Aus diesem Grund muss eine iterative Optimierung dieser Eingangsgrößen vorgenommen werden, um aussagekräftige Ergebnisse zu erhalten. Vor jeder Modellanwendung in dieser Arbeit wird daher diese Optimierung in Abhängigkeit der geometrischen Randbedingungen durchgeführt. Die Laserstrahlanzahl und Vernetzungsparameter können bei hoher Modellierungsgüte konstant gehalten werden, solange sich die Geometrie von Tape, Behälter und Andruckrolle nicht ändert. Das genannte Programm erlaubt die gleichbleibende Zuteilung dieser Parameter für unterschiedliche Pfadpunkte.

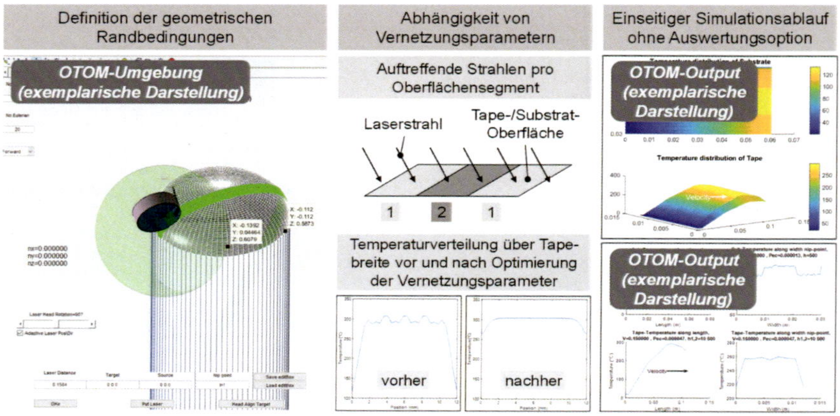

Bild 5.8: Nachteile des optisch-thermischen Prozessmodells in Hinblick auf eine adaptive Prozesssteuerung

Disadvantages of the optical-thermal process model regarding an adaptive process control

Wie die exemplarische Darstellung der Ausgangsgrößen des Prozessmodells auf der rechten Seite von Bild 5.8 aufzeigt, steht einer direkten Anwendung des Prozessmodells für die adaptive Prozessführung auch der einseitige Simulationsverlauf, d. h. die Berechnung der Temperaturverteilung auf Basis gegebener Eingangsgrößen, entgegen. Eine Soll-Temperaturverteilung kann nicht definiert werden, da das Modell nicht invers aufbereitet ist und die Temperaturverteilung lediglich als Ausgangsgröße berechnet. Aus diesem Grund wird eine inverse geometrische Modellierung der Laserstrahlaufteilung durchgeführt (s. Kapitel 5.2.3). Diese gibt eine Soll-Strahlaufteilung aus, die mithilfe des im folgenden Abschnitt vorgestellten Programms den Pfadpunkten zugeordnet werden kann und eine gezielte, aussagekräftige Auswertung der Temperaturverteilung in nur wenigen Prozesspunkten ermöglicht.

5.2.2 Erweiterung und Validierung des optisch-thermischen Prozessmodells

Extension and validation of optical-thermal process model

Die genannten Nachteile des verwendeten optisch-thermischen Prozessmodells im Kontext der adaptiven Prozesssteuerung begründen die Notwendigkeit einer Erweiterung des Modells. Mit dieser Maßnahme werden die Ziele verfolgt, zum einen übliche Eingangswerte des Tapewickelprozesses ohne aufwendige Umrechnung und manuelle Anpassung zu definieren und zum anderen die Temperaturverteilungen gezielt an beliebigen Punkten entlang der gegebenen Wickeltrajektorie auszuwerten. Zu diesem Zweck wird das ergänzende Programm *TCPVsime* (Thermoplastic Composite Pressure Vessel simulation evaluation), das Eingangsdaten von *OTOM* strukturiert generiert und die systematische Auswertung von Ausgangsdaten zulässt, geschrieben. Im Gegensatz zu *OTOM* wird *TCPVsime* eigens für diese Arbeit konzipiert und implementiert.

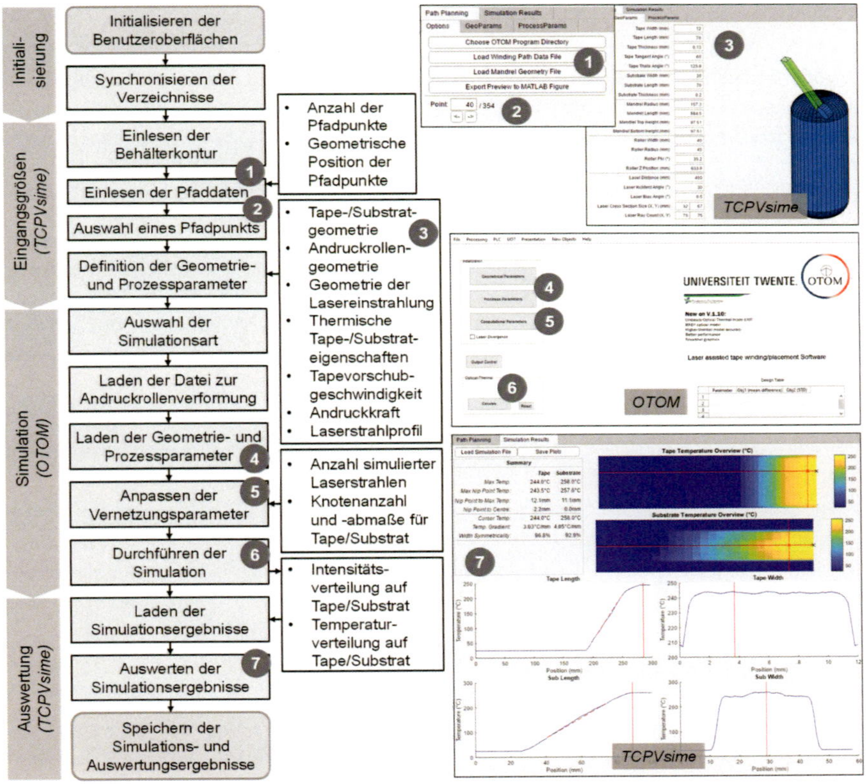

Bild 5.9: Struktur und Benutzeroberfläche des erweiterten optisch-thermischen Prozess-modells

Structure and user interface of the extended optical-thermal process model

Bild 5.9 veranschaulicht den Simulationsvorgang für einen ausgesuchten Pfadpunkt. Die Synchronisierung der Verzeichnisse der beiden Programme ist nur bei erstmaliger Anwendung durchzuführen. Die Eingabe von Eingangsgrößen in *TCPVsime* orientiert sich an Daten, die aus der Generierung von Pfaddaten durch CAD/CAM-Software vorliegen und die sich einfach aus der Anlagentechnik ermitteln lassen. Eine Vorschau verhilft zu einer Abschätzung der Größenverhältnisse und einer gezielten Auswahl eines Pfadpunkts für die Simulation. Die Positionen von Andruckrolle und Laseroptik werden für jeden Pfadpunkt automatisch ermittelt und zusammen mit den anderen Eingangsdaten gespeichert. In der Simulationssoftware müssen diese Daten im Anschluss geladen und bestätigt werden. Nach wenigen Grundeinstellungen und gegebenenfalls einer Anpassung der Vernetzungsparameter kann die Simulation gestartet werden.

Nach Abschluss der Simulation wird die automatisch generierte Temperaturverteilung in *TCPVsime* eingelesen und gezielt ausgewertet. Standardmäßig werden die Maximaltemperaturen auf der gesamten Tape- und Substratoberfläche sowie im Zwickelbereich markiert. Der Anwender kann selbstständig an beliebigen Stellen Temperaturverläufe über der Länge und Breite von Tape und Substrat auswerten und auf diese Weise z. B. Abschattungsbereiche, Temperaturgradienten und die Symmetrie der Erwärmung in Breitenrichtung ermitteln. Die gesammelten Ergebnisse können als Grafik und als Datentabelle abgespeichert werden.

Mithilfe der vorgestellten Routine kann eine Validierung des Simulationsmodells durch eine Sensitivitätsanalyse erfolgen. Diese wird nach erfolgter Optimierung der Vernetzungsparameter in zwei Stufen durchgeführt: Zunächst werden ausgehend von der Definition eines Zentralpunkts einzelne Eingangsgrößen sternförmig in zwei Richtungen variiert. Dies lässt eine erste Bewertung der Beeinflussung der berechneten Temperaturen durch diese Eingangsgrößen zu. Vorgegebene und feste Größen wie das Tapematerial und die Form der Laserintensitätsverteilung werden nicht betrachtet. Auf Basis dieser sternförmigen Untersuchung werden Eingangsgrößen mit hohem Einfluss auf die Temperaturverteilung identifiziert und in einer statistischen Versuchsplanung in einem vollfaktoriellen Versuchsplan (s. Tabelle 5.1) variiert. Für Hintergründe bezüglich der Versuchsmethodik sei auf [SIEB10] verwiesen. Eingangsgrößen wie die Andruckkraft, die Geometrie der Andruckrolle oder der Wickelwinkel können in dieser zweiten Stufe ausgeschlossen werden, da sie entsprechend der Simulationsergebnisse keinen signifikanten Einfluss auf die Temperaturverteilung aufweisen. Als entscheidende Ausgangsgrößen werden die maximalen Temperaturen im Zwickelbereich für Tape und Substrat bestimmt, da sie bei experimenteller Prozessdurchführung mit den Kennwerten aus den Temperaturdaten verglichen werden können.

Bild 5.10 zeigt die Ergebnisse der Auswertung des Versuchsplans. Alle dargestellten Effekte entsprechen sowohl in Bezug auf die Maximaltemperaturen als auch in ihren Trends den Erwartungen auf Grundlage von Prozesswissen und experimentellen Voruntersuchungen (vgl. Kapitel 4.2.4). Die Effekte der Positionierung der Andruckrolle auf die Tape- und Substrattemperaturen bestätigen die Annahme, dass die Temperaturverteilung auf dem Substrat bei Umfahren der Dome aufgrund der wechselnden Geometrie ohne Anpassung der Laserleistungsverteilung einem ungleichmäßigen Verlauf unterworfen ist (vgl. Kapitel 2.3.3). Die Tapetemperatur ist hingegen annähernd unabhängig von der Position auf Zylinder oder Dom. Die Asymmetrie des Versuchsplans in Hinblick auf die Positionierung der Andruckrolle begründet auch die außermittige Lage des Zentralpunkts bei der Substrattemperatur. Die einzige nennenswerte Interaktion erster Ordnung tritt zwischen Laserleistungsverteilung und Position der Andruckrolle für das Substrat auf und bestätigt die dargelegten Überlegungen: Bei Positionierung der Andruckrolle auf dem Dom besteht eine wesentlich höhere Abhängigkeit der Maximaltemperatur im Zwickelbereich vom Anteil der Laserleistung auf dem Tape als bei Positionierung der Andruckrolle auf dem Zylinder.

Tabelle 5.1: Versuchsplan für die Validierung des optisch-thermischen Prozessmodells
Experimental plan for the validation of the optical-thermal process model

Parameter [Einheit]	**Versuchsraum**		
	-	**Zentralpunkt**	**+**
Laserleistung [W]	900	1100	1300
Anteil der Laserleistung auf dem Tape [%]	37	42	47
Tapevorschubgeschwindig-keit [mm/s]	100	150	200
Position der Andruckrolle (Abstand zum Äquator [mm])	Zylinder (295.0)	Zylinder (295.0)	Dom (-73.7)
Konstante Parameter	Laserspotdimensionen: 32 mm (Breite) x 67 mm (Höhe) Andruckkraft: 150 N Tape-/Substratdicke: 0,2 mm Durchmesser/Breite der Andruckrolle: 90 mm / 40 mm Wickelmuster/Wickelwinkel: Geodätisch / 32 °		

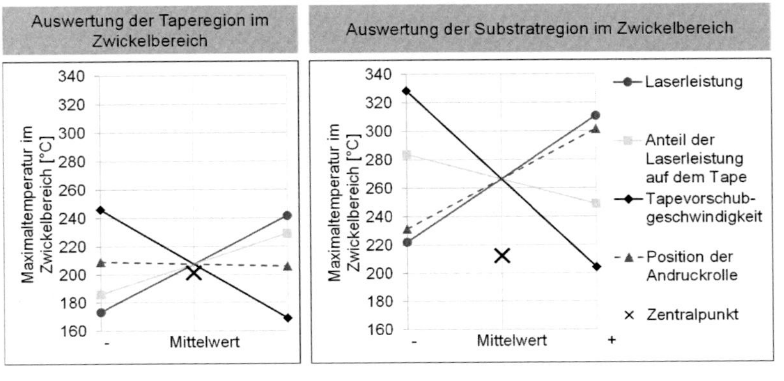

Bild 5.10: Ergebnisse der Sensitivitätsanalyse des optisch-thermischen Prozessmodells
Results of the sensitivity analysis for the optical-thermal process model

5.2.3 Geometrische Modellierung der Lasereinstrahlung

Geometric modeling of laser irradiation

Neben der Menge der eingebrachten Laserenergie ist die Intensitätsverteilung des Laserstrahls auf Tape und Substrat essenziell für die Sicherstellung einer reproduzierbaren Konsolidierung im Zwickelbereich. Für einen optimalen Verbund muss daher durch Variation der Laserspotposition gewährleistet sein, dass die Position des Laserspots so eingestellt ist, dass sowohl das einlaufende Tape als auch das Substrat aufgeschmolzen werden [KOEL08, S. 37-38]. Insbesondere bei der Ablage auf gekrümmten Oberflächen ist eine flexible Anpassung der Intensitätsverteilung aufgrund der veränderten Substratfläche, die vom Laserstrahl direkt getroffen wird, notwendig [WEIL16a, S. 4]. Tritt darüber hinaus eine erhöhte Ablenkung der flexibel gelagerten Andruckrolle, welche in der Anlagentechnik hier nicht mechanisch mit der Laseroptik gekoppelt ist (vgl. Bild 2.10), auf, führt dies zu einer Relativbewegung zwischen Zwickelbereich und Drehpunkt der Laseroptik senkrecht zur Behälteroberfläche. Diese kann ebenfalls zu einer Veränderung der bestrahlten Fläche und folglich der erreichten Temperaturen auf dem einlaufenden Tape führen, die ansonsten in allen Bereichen des Druckbehälters theoretisch konstant bleiben (vgl. Bild 5.10). Die in Kapitel 4.2.3 identifizierten erheblichen Änderungen der Orientierung des Endeffektors und somit der Roboterachsen bei Umfahren der Behälterdome zeigen den Bedarf an kontinuierlichen Anpassungen der Lasereinstrahlung auf den betroffenen Regionen des Wickelpfads auf.

Aufgrund der erläuterten Notwendigkeit einer flexiblen Einstellung der Laserstrahlverteilung und der in Kapitel 5.2.1 identifizierten nicht-inversiven Funktion des numerischen Prozessmodells wird ein inverses analytisches Prozessmodell entwickelt. Dieses gibt die Einstellung des Neigungswinkels der Laseroptik entlang der Wickeltrajektorie für ein gewünschtes Verhältnis der bestrahlten Tape- und Substratlängen aus. Die Beschränkung auf eine zweidimensionale Betrachtung der bestrahlten Längen vereinfacht das Modell in einem tolerierbaren Maß, da bei einer gleichmäßigen Bestrahlung des Tapes über dessen Breite diese vernachlässigt werden kann [KOEL08, S. 41]. Die bestrahlte Länge beeinflusst die prozentuale Aufteilung der eingestrahlten Energie und somit in Zusammenspiel mit der Tapevorschubgeschwindigkeit direkt die Bestrahlungszeit und Temperatur von Tape und Substrat. Diese wiederum beeinflussen wesentlich die Konsolidierungsqualität (vgl. Kapitel 2.3.1). Daher kann die bestrahlte Länge als relevanter Parameter der laserunterstützten Tapeablage angesehen werden [WEIL19, S. 71-78]. In Anbetracht der meist geringen Geschwindigkeiten auf den Domen kann dabei von einer Durchwärmung des dünnen Tapematerials ausgegangen werden, sodass eine Änderung der bestrahlten Tape- bzw. Substratlänge direkt mit einer potenziell ungewünschten Änderung der Prozesstemperatur von Tape oder Substrat korreliert. Die prozentuale Aufteilung der eingebrachten Laserenergie wird dabei wesentlich von zwei potenziellen geometrischen Phänomenen beeinflusst: Der Veränderung der Substratfläche bei Umfahren der Dome und der Verschiebung des Zwickelbereichs im Laserstrahl durch Ausgleichbewegung der Andruckrolle.

Um auf einen zweidimensionalen Fall für die Bestimmung der bestrahlten Längen zu kommen, muss die Substratgeometrie im dreidimensionalen Behältermodell erfasst werden. Hierfür werden wie bei der Anwendung des optisch-thermischen Prozessmodells die CAD/CAM-Daten der Behälterkontur und des Wickelpfads benötigt. Dazu wird die Behälteroberfläche, wie im linken Teil von Bild 5.11 dargestellt, in gleichmäßig unterteilte Abschnitte diskretisiert. Anschließend werden Stützpunkte an Schnittstellen des Wickelpfads mit den Abschnittsgrenzen in der unmittelbaren Umgebung des betrachteten Pfadabschnitts zwischen zwei Pfadpunkten ermittelt und geometrisch auf die Behälteroberfläche projiziert. In einer Ebene, welche senkrecht zur Verbindungsstrecke der Pfadpunkte steht und alle betrachteten Stützpunkte beinhaltet, wird der lokale Pfadradius unter Berücksichtigung der Pfad- und Stützpunkte durch die Methode der kleinsten Quadrate ermittelt. Je feiner der Diskretisierungsgrad der Behälteroberfläche gewählt ist, desto genauer kann der lokale Pfadradius bestimmt werden.

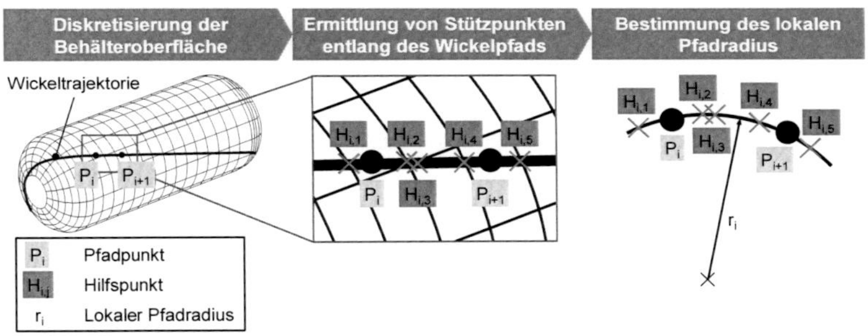

Bild 5.11: Bestimmung des lokalen Pfadradius durch Modellierung von Behälteroberfläche und Wickeltrajektorie

Determination of local path radius by modelling of vessel surface and winding trajectory

Der Pfadradius wird anschließend dem zweidimensionalen Teilmodell übergeben, welches das einlaufende Tape, die eingefederte Andruckrolle, die lokale Substratoberfläche und die Laseroptik im Endeffektor berücksichtigt. Die geometrischen Randbedingungen können dabei frei definiert werden, sodass das Modell systemunabhängig eingesetzt werden kann. Reflektionen der Laserstrahlen werden vernachlässigt, um die Rechenzeit zu verringern, da die Energieeinbringung maßgeblich durch die direkte Einstrahlung beeinflusst wird [KOLL19, S. 114-123]. Um einen konstanten Koordinatensystemursprung zwischen den Mittelpunkten der potenziell eingefederten Andruckrolle und dem Substrat zu halten, wird die vertikale Ablenkung der Andruckrolle als Höhenänderung der Laseroptik interpretiert. Somit können experimentell während eines repräsentativen Prozesses an diskreten Punkten manuell erhobene Messdaten der Andruckrollenänderung in Abhängigkeit von der Position auf der Behälteroberfläche dem Modell zugeführt werden. Das in einem definierten Winkel aufgeweitete Laserstrahlprofil wird auf einen theoretischen Ursprung zurückgeführt, von dem alle modellierten Laserstrahlen ausgehen. Auf diese Weise können die abgeschatteten Bereiche auf Tape und Substrat, die je nach Neigungswinkel der Laseroptik nicht direkt bestrahlt werden, mitberücksichtigt werden. In Bild 5.12 sind die geometrischen Zusammenhänge für die Bestimmung der bestrahlten Tape- und Substratlänge grafisch veranschaulicht.

Im zweidimensionalen Teilmodell werden die bestrahlten Längen auf Tape und Substrat für inkrementelle Änderungen des Neigungswinkels der Laseroptik zwischen nutzerseitig vorgegebenen Minimal- und Maximalwerten durch geometrische Ermittlung von Schnittpunkten berechnet. Anschließend werden beide Längen ins Verhältnis gesetzt und auf Grundlage des gewünschten Anteils der bestrahlten Tapelänge der optimale Neigungswinkel der Laseroptik für jede Pfadpunktverbindung ermittelt. Da die Bestrahlungsintensität abhängig von dem Winkel ist, unter dem die Laserstrahlung auf den Flächen auftrifft [KOEL08, S. 41], können die bestrahlten Längen gemäß diesem Auftreffwinkel gewichtet werden. Durch diese Maßnahme wird ein verbesserter Vergleich zwischen der meist in einem flachen Winkel angestrahlten Tapeoberfläche und der nahezu senkrecht angestrahlten Substratoberfläche realisiert. Für diese Arbeit wird der Absorptionskoeffizient auf Basis von experimentellen Werten modelliert, die durch STOKES-GRIFFIN ET AL. [STOK15b, S. 4-7] für unidirektional kohlenstofffaserverstärktes, thermoplastisches Tape ermittelt wurden (s. Bild 5.13 rechts).

Im unteren Teil von Bild 5.12 sind die Gleichungen für die Ermittlung der Geometrie des Laserstrahlprofils und der bestrahlten Tapelänge aufgeführt. Diese setzt sich aus einem geraden Abschnitt zwischen den Punkten T1 und T2 sowie einem um die Andruckrolle gekrümmten Abschnitt zwischen T2 und dem Beginn der Abschattung T3 zusammen. Die Gewichtung gemäß des Einstrahlwinkels wird durch Integration entlang der Länge des geraden Stücks und des Winkels des gekrümmten Stücks umgesetzt, sodass sich die gewichtete Tapelänge nach der folgenden Formel ergibt:

$$l_T = \int_{T_1}^{T_2} \frac{c_A(s)}{\cos(\vartheta_T)} ds + \int_{T_2}^{T_3} r_R \cdot c_A(\xi_T) d\xi_T \tag{5.6}$$

Analog zu der in Bild 5.12 dargestellten Berechnung der Schnittpunkte der Laserstrahlen mit dem bestrahlten Tape werden auch die Schnittpunkte auf dem Substrat geometrisch berechnet. Die gewichtete bestrahlte Substratlänge wird durch Integration wie folgt berechnet:

$$l_S = \int_{S_1}^{S_2} r_i \cdot c_A(\xi_S) d\xi_S \tag{5.7}$$

Auf der linken Seite von Bild 5.13 ist die Struktur des *MATLAB*-Programms aufgeführt, in welchem jeder Pfadpunktverbindung ein Neigungswinkel der Laseroptik für die gewünschte Aufteilung der Lasereinstrahlung auf Tape und Substrat zugeordnet wird.

Grafische Darstellung

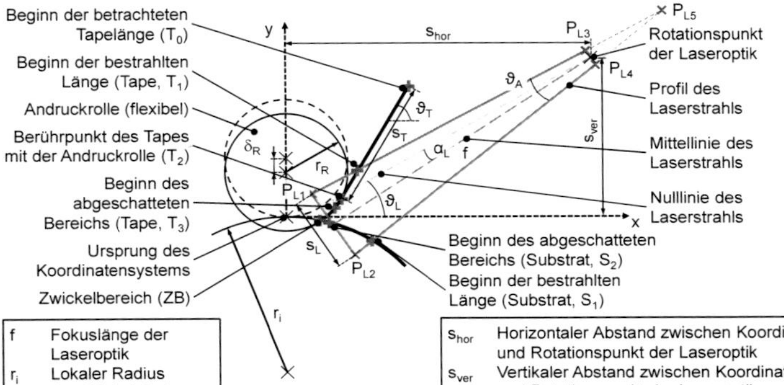

f	Fokuslänge der Laseroptik
r_i	Lokaler Radius des Wickelpfads
r_R	Radius der Andruckrolle
s_L	Höhe des Laserspots im Fokus
s_T	Länge des gerade einlaufenden Tapes

s_{hor}	Horizontaler Abstand zwischen Koordinatenursprung und Rotationspunkt der Laseroptik
s_{ver}	Vertikaler Abstand zwischen Koordinatenursprung und Rotationspunkt der Laseroptik
α_L	Neigungswinkel der Laseroptik
δ_A	Ablenkung der Andruckrolle
δ_R	Einfederung der Andruckrolle
ϑ_A	Aufweitung des Laserstrahls
ϑ_L	Einstrahlwinkel der Laseroptik ohne Rotation
ϑ_T	Einfallswinkel des Tapes

Gleichungen für Betrachtung des Tapes (Annahme: Bestrahlung von Tape und Substrat)

Zwickelbereich (ZB):

$$y_{ZB} = \frac{2 \cdot r_R \cdot \delta_R - \delta_R^2}{2(\delta_R - r_R - r_i)}; \; x_{ZB} = \sqrt{-y_{ZB}^2 - 2 \cdot y_{ZB} \cdot r_i}$$

Ausdehnung des Laserstrahls im Zwickelbereich (P_{L1}, P_{L2}):

$$x_{P_{L1}} = s_{hor} - f \cdot \cos(\vartheta_L - \alpha_L) - \frac{s_L}{2} \cdot \sin(\vartheta_L - \alpha_L); \; y_{P_{L1}} = s_{ver} - f \cdot \sin(\vartheta_L - \alpha_L) + \frac{s_L}{2} \cdot \cos(\vartheta_L - \alpha_L) + \delta_A;$$

$$x_{P_{L2}} = s_{hor} - f \cdot \cos(\vartheta_L - \alpha_L) + \frac{s_L}{2} \cdot \sin(\vartheta_L - \alpha_L); \; y_{P_{L2}} = s_{ver} - f \cdot \sin(\vartheta_L - \alpha_L) - \frac{s_L}{2} \cdot \cos(\vartheta_L - \alpha_L) + \delta_A$$

Ausdehnung des Laserstrahls im Rotationspunkt (P_{L3}, P_{L4}):

$$x_{P_{L3}} = x_{P_{L1}} + f \cdot \cos\left(\vartheta_L - \frac{\vartheta_A}{2} - \alpha_L\right); \; y_{P_{L3}} = y_{P_{L1}} + f \cdot \sin\left(\vartheta_L - \frac{\vartheta_A}{2} - \alpha_L\right);$$

$$x_{P_{L4}} = x_{P_{L2}} + f \cdot \cos\left(\vartheta_L + \frac{\vartheta_A}{2} - \alpha_L\right); \; y_{P_{L4}} = y_2 + f \cdot \sin\left(\vartheta_L + \frac{\vartheta_A}{2} - \alpha_L\right)$$

Theoretischer Ursprung der Laserstrahlen (P_{L5}):

$$x_{P_{L5}} = \frac{\left(x_{P_{L1}} y_{P_{L3}} - x_{P_{L3}} y_{P_{L1}}\right)\left(x_{P_{L2}} - x_{P_{L4}}\right) - \left(x_{P_{L2}} y_{P_{L4}} - x_{P_{L2}} y_{P_{L4}}\right)\left(x_{P_{L1}} - x_{P_{L3}}\right)}{\left(x_{P_{L1}} - x_{P_{L3}}\right)\left(y_{P_{L2}} - y_{P_{L4}}\right) - \left(x_{P_{L2}} - x_{P_{L4}}\right)\left(y_{P_{L1}} - y_{P_{L3}}\right)};$$

$$y_{P_{L5}} = \frac{\left(x_{P_{L1}} y_{P_{L3}} - x_{P_{L3}} y_{P_{L1}}\right)\left(y_{P_{L2}} - y_{P_{L4}}\right) - \left(x_{P_{L2}} y_{P_{L4}} - x_{P_{L2}} y_{P_{L4}}\right)\left(y_{P_{L1}} - y_{P_{L3}}\right)}{\left(x_{P_{L1}} - x_{P_{L3}}\right)\left(y_{P_{L2}} - y_{P_{L4}}\right) - \left(x_{P_{L2}} - x_{P_{L4}}\right)\left(y_{P_{L1}} - y_{P_{L3}}\right)}$$

Beginn der betrachteten Tapelänge (T_0):

$$x_{T_0} = r_R \cdot \sin(\vartheta_T) + s_T \cdot \cos(\vartheta_T); \; y_{T_0} = r_R(1 - \cos(\vartheta_T)) - \delta_R + s_T \cdot \sin(\vartheta_T)$$

Berührpunkt des Tapes mit der Andruckrolle (T_2):

$$x_{T_2} = r_R \cdot \sin(\vartheta_T); \; y_{T_2} = r_R(1 - \cos(\vartheta_T)) - \delta_R$$

Beginn der bestrahlten Länge auf dem Tape (T_1):

$$x_{T_1} = \frac{\left(x_{P_{L1}} y_{P_{L3}} - x_{P_{L3}} y_{P_{L1}}\right)\left(x_{T_2} - x_{T_0}\right) - \left(x_{T_2} y_{T_0} - x_{T_0} y_{T_2}\right)\left(x_{P_{L1}} - x_{P_{L3}}\right)}{\left(x_{P_{L1}} - x_{P_{L3}}\right)\left(y_{T_2} - y_{T_0}\right) - \left(x_{T_2} - x_{T_0}\right)\left(y_{P_{L1}} - y_{P_{L3}}\right)}; \; y_{T_1} = \frac{\left(x_{P_{L1}} y_{P_{L3}} - x_{P_{L3}} y_{P_{L1}}\right)\left(y_{T_2} - y_{T_0}\right) - \left(x_{T_2} y_{T_0} - x_{T_0} y_{T_2}\right)\left(y_{P_{L1}} - y_{P_{L3}}\right)}{\left(x_{P_{L1}} - x_{P_{L3}}\right)\left(y_{P_{L2}} - y_{P_{L4}}\right) - \left(x_{P_{L2}} - x_{P_{L4}}\right)\left(y_{P_{L1}} - y_{P_{L3}}\right)}$$

Beginn des abgeschatteten Bereichs auf dem Tape (T_3):

$$a = \sqrt{\left(y_{P_{L5}} - r_R - \delta_R\right)^2 + \left(x_{P_{L5}}\right)^2}; \; b = \arcsin\left(\frac{r_R}{a}\right);$$

$$x_{T_3} = x_{P_{L5}} - a \cdot \sin\left(\frac{\pi}{2} - b\right) \cdot \cos\left(b + \arctan\left(\frac{y_{P_{L5}} - r_R - \delta_R}{x_{P_{L5}}}\right)\right); \; y_{T_3} = y_{P_{L5}} - a \cdot \sin\left(\frac{\pi}{2} - b\right) \cdot \sin\left(b + \arctan\left(\frac{y_{P_{L5}} - r_R - \delta_R}{x_{P_{L5}}}\right)\right)$$

Bild 5.12: Bestimmung der lokalen Lasereinstrahlverhältnisse für einen betrachteten Punkt der Wickeltrajektorie

Determination of local laser irradiation shares for a considered point of the winding trajectory

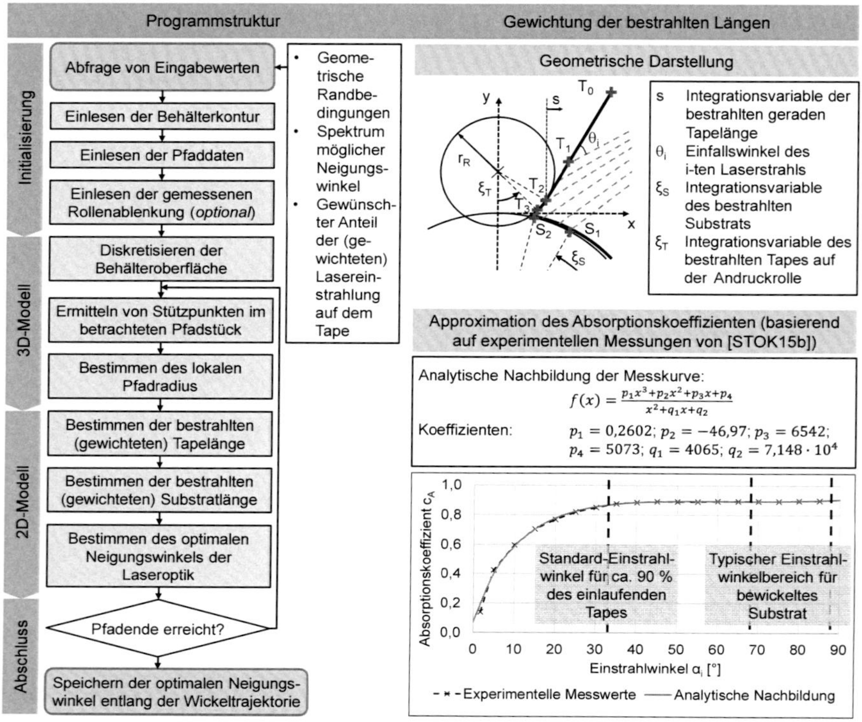

Bild 5.13: Struktur des Programms zur geometrischen Modellierung der Lasereinstrahlung und Gewichtung der bestrahlten Längen

Structure of the program for geometric modeling of laser irradiation and weighting of irradiated lengths

5.2.4 Betrachtung der Druckeinwirkung und Konsolidierung im Zwickelbereich

Assessment of pressure application and consolidation in the nip point

Wie in Kapitel 2.3.1 aufgezeigt, wird die Qualität der Verbindung zwischen zwei Oberflächen thermoplastischer Materialien neben der temperaturdominierten Autohäsion wesentlich vom Lagenkontakt beeinflusst. Dessen Zustandekommen wird neben der Temperatur und einer Zeitkomponente maßgeblich durch die Einwirkung vom in der Prozesszone vorherrschenden Druck bestimmt. Es existieren verschiedene Ansätze für die Beschreibung des Lagenkontaktgrads, welcher zusammen mit dem Autohäsionsgrad den Grad der Verbindungsfestigkeit beeinflusst (s. Gleichung 2.3). YANG und PITCHUMANI [YANG01, S. 4665] setzen eine fraktale Oberflächenbeschaffenheit des Tapes voraus und beschreiben den Lagenkontaktgrad wie folgt:

$$D_{ic}(t) = \frac{1}{f^n}\left[\frac{5}{4}\left(\frac{h_0}{L_0}\right)^2 \frac{f_F^{\frac{2n_C D}{2-D}+n_C+4}}{(f_F+1)^2} \int_{t_{n+1}}^{t} \frac{p}{\mu(T)}dt + 1\right]^{\frac{1}{5}}, t_{n+1} \leq t \leq t_n \quad (5.8)$$

Die Parameter f_F, n_C, h_O, L_O und D beschreiben hierbei die Tapeoberfläche und können nur mit geringer Genauigkeit durch komplexe Oberflächenanalysen bestimmt werden [STEY13, S. 42]. Die Viskosität μ wird direkt durch die Prozesstemperatur, den Lasereinstrahlwinkel und die Ablegegeschwindigkeit beeinflusst (vgl. Bild 2.14), welche im Fokus der Modellierungen in den vorangegangenen Abschnitten standen. Als verbleibender Faktor mit direktem Einfluss auf den Lagenkontaktgrad bleibt der Druck p, der aufgrund des nicht-stationären Prozesses bei Ablage auf den Behälterdomen durch eine Veränderung der Substratoberfläche und eine nicht-senkrechte Einbringung der Andruckkraft potenziell Unregelmäßigkeiten unterworfen ist. Auch die Tapespannung hat einen Einfluss auf die Druckverteilung, da sie der über die Andruckrolle eingebrachten Kraft entgegenwirkt. Da die Tapespannung weitere potenziell negative Effekte auf die Wickelgüte hat (vgl. Kapitel 5.3.1), wird sie allerdings in dieser Arbeit konstant gehalten und somit in den folgenden Besuchen nicht betrachtet. Um die Zeit für eine Ausbildung des Lagenkontakts, welche oft ein begrenzender Faktor ist, zu vergrößern und um die Druckverteilung auf größerer Fläche zu homogenisieren, werden flexible Andruckrollen gemäß der Darstellung in Bild 2.15 eingesetzt [STEY13, S. 61]. Bei flacher Ablage kann die Druckverteilung unter einer flexiblen Rolle als annähernd homogen in Breitenrichtung und parabolisch in Längenrichtung beschrieben werden [SCHF18, S. 59-61].

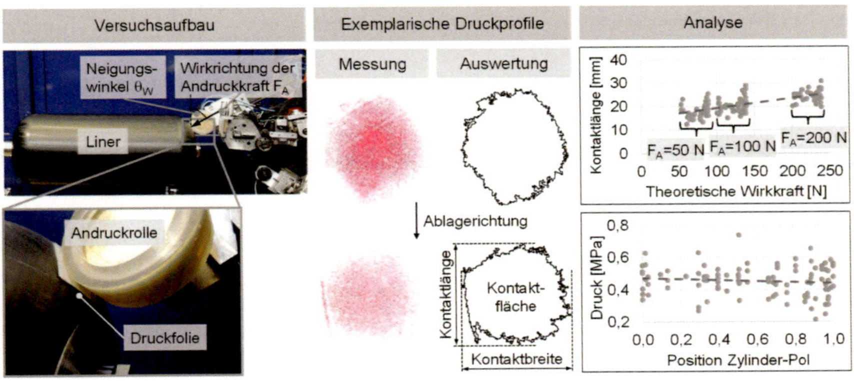

Bild 5.14: Experimentelle Untersuchung der Druckeinwirkung im Zwickelbereich
Experimental study of pressure application in the nip point

Mit dem Ziel, die Druckeinwirkung unter der Andruckrolle bei Umfahren einer Kreuzwickellage zu quantifizieren, wird an regelmäßigen Positionen entlang einer geodätischen Wickeltrajektorie mit einem Wickelwinkel von 22 ° Druckprofile aufgenommen. Hierzu wird eine *Prescale LLLW* Druckfolie von *Fujifilm* verwendet, die Mikrokapseln enthält, welche bei Druckeinwirkung Farbflächen erzeugen [PETE20, S. 84]. Entsprechend dem in Bild 5.14 dargestellten Versuchsaufbau werden Ausschnitte der Folie zwischen Behälteroberfläche und Andruckrolle positioniert. Anschließend wird eine definierte Andruckkraft von 50 N, 100 N oder 200 N für einen Zeitraum von 5 s senkrecht zur Behälteroberfläche ausgeübt. Der Versuch wird für jede Position, welche entlang der Behälterachse in regelmäßigen, in Richtung der Polregion abnehmenden Abständen gewählt werden, mit jeder der drei definierten Andruckkräfte einmal durchgeführt, nachdem in Vorversuchen eine Reproduzierbarkeit des Verfahrens nachgewiesen werden konnte. Die ermittelten Andruckflächen werden anschließend eingescannt und mithilfe der Software *ImageJ* ausgewertet. Hierbei wird die Kontaktfläche sowie die Kontaktlänge in Ablagerichtung und die Kontaktbreite quer dazu ermittelt. Zudem wird die theoretische Wirkkraft für jede Position durch den lokalen Neigungswinkel des Applikators (0 ° auf Zylinder bis zu 85 ° an der Polöffnung), der gewählten Andruckkraft und der Masse des flexibel gelagerten Andruckrollensystems (4 kg) ermittelt.

Wie auf der rechten Seite von Bild 5.14 aufgezeigt, kann eine klare Korrelation zwischen theoretischer Wirkkraft und der Kontaktlänge, sowie der Kontaktfläche festgestellt werden. Gemäß dem Neigungswinkel des Tape-Applikators ist demzufolge eine Anpassung der Andruckkraft notwendig, um eine konstante Krafteinwirkung in Richtung der Fügezone zu erhalten. Ebenso kann eine Steigerung von Kontaktlänge und -fläche bei einer Erhöhung der eingebrachten Andruckkraft ausgemacht werden. Ein Zusammenhang zwischen dem aus Wirkkraft und Kontaktfläche berechneten Druck unter der Rolle und einer normierten Position auf dem Behälterdom zwischen Zylinder (Position = 0) und Pol (Position = 1) ist nicht erkenntlich. Jedoch zeigt sich ein leichter Trend, dass die Kontaktfläche im Bereich hoher Behälterkrümmungen zunimmt und in Richtung des Pols wieder abnimmt. Eine positionsbezogene Anpassung der Andruckkraft kann demgemäß eine gleichmäßige Druckeinbringung entlang der Wickeltrajektorie auf den Behälterdomen positiv beeinflussen.

5.3 Gestaltung eines adaptiven Fertigungsprozesses zur Verstärkung von TP-FVK-Druckbehältern

Design of an adaptive manufacturing process for the reinforcement of thermoplastic composite pressure vessels

Unter Berücksichtigung der in den vorangegangenen Kapiteln entwickelten und vorgestellten Werkzeuge und Modelle für die Beherrschung der instationären Fertigungsbedingungen bei der Tapeablage zur Verstärkung von TP-FVK-Druckbehältern wird in diesem Abschnitt ein adaptiver Fertigungsprozess konzipiert und implementiert. Zu diesem Zweck werden in Kapitel 5.3.1 gesammelte Randbedingungen für die Prozesssteuerung vorgestellt. In Kapitel 5.3.2 folgt der Entwurf von Steuerungs- und Regelungskonzepten, welche die vorhandenen Werkzeuge aufgreifen und das Potenzial für die Generierung hochqualitativer und reproduzierbarer Prozessergebnisse aufweisen. Vor dem Hintergrund der Randbedingungen wird ein Konzept für die Implementierung ausgewählt. Die Umsetzung dieses Konzepts ist in Kapitel 5.3.3 dokumentiert.

5.3.1 Aufnahme von Randbedingungen

Collection of boundary conditions

Die Basis der folgenden Überlegungen bildet der der in Kapitel 4.2 beschriebene Prozess der Druckbehälterverstärkung mittels laserunterstütztem Tapewickeln an der Fertigungsanlage des Fraunhofer IPT. In der Anlagentechnik sind Sensoren für die Erfassung von Andruckkraft, Tapespannung, Tapevorschubgeschwindigkeit und Temperaturverteilung integriert (s. Bild 2.10). Die Andruckkraft gehört neben dem Leistungseintrag des Lasers und der Aufteilung der Lasereinstrahlung auf Tape und Substrat zu den einstellbaren bzw. programmierbaren Parametern, die das Prozessergebnis wie in vorangegangen Kapiteln herausgestellt signifikant beeinflussen. Eine erhöhte Tapespannung führt zwar prinzipiell zu einer besseren Anbindung des einlaufenden Tapes, kann jedoch bei Kreuzlagen ebenso Rutscheffekte und damit eine verminderte interlaminare Bindung hervorrufen [TANN16, S. 590]. Deswegen wird die Tapespannung lediglich als Randbedingung betrachtet.

Wie aus den Kapiteln 4.2.3 und 4.2.4 hervorgeht, gibt es zwar Ansätze für die Homogenisierung der Tapevorschubgeschwindigkeit, jedoch sind dieser aufgrund der eingeschränkten Roboterkinematik bei der TP-FVK-Druckbehälterfertigung Grenzen gesetzt. Da so im Bahnbetrieb entlang der vorgegebenen Wickeltrajektorie, d. h. der zeitlich veränderlichen Position und Orientierung des Tool Center Points auf der Behälteroberfläche, erhebliche Abweichungen von der Sollgeschwindigkeit auftreten, wird die Roboterdynamik als Störgröße angesehen. Dies ist der aufgearbeiteten Literatur folgend auch bei Fertigungssystemen zu erwarten, die im Vergleich zum in dieser Arbeit betrachteten System zusätzliche Freiheitsgrade aufweisen. Die Behältergeometrie und die Dickenverteilung der Verstärkungslagen können zudem zu einer notwendigen Ausgleichsbewegung der Andruckrolle führen, wenn diese von der innerhalb des CAD/CAM-Programms berechneten Trajektorie abweicht. Da die Algorithmen innerhalb kommerzieller CAD/CAM-Programme auf duroplastischen FVK-Wickelprozessen basieren und die Aufdickung thermoplastischen FVK-Materials bei der Herstellung von Druckbehältern in der Literatur bisher nicht betrachtet wird, ist von einer variablen Abweichung der Andruckrollenauslenkung im Fertigungsprozess auszugehen. Die Gestaltung der Andruckeinheit des „PrePro3D"-Systems mit stickslipfreiem Pneumatikzylinder und Führungsschlitten ermöglichen die entsprechende Ausgleichsbewegung, um einen senkrechten Krafteintrag auch bei variierender Substratgeometrie und flexibler Andruckrolle zu garantieren [WERN18, S. 80-81]. Auch die Substrattemperatur muss als Störgröße gezählt werden. Diese wird unter anderem vom Abkühlverhalten des Materials und der lokalen Erwärmungshistorie, die sich in Abhängigkeit des Wickelmusters verändert, beeinflusst [ZAAM20, S. 1723-1729].

Aus der Betrachtung der Prozesstechnologie in Kapitel 2.3.1 geht hervor, dass Temperatur, Druck und Zeit die maßgebenden Parameter für die Verbindungsfestigkeit thermoplastischer Lagen sind. Da die Zeit direkt mit der Tapevorschubgeschwindigkeit verknüpft ist und damit wie beschrieben über die Roboterdynamik indirekt den

Störgrößen zugeteilt wird, bleiben Temperatur und Druck als Stell- bzw. Regelgrößen. Der digitale Schatten (s. Kapitel 5.1) gestattet die Visualisierung und Bewertung der Temperaturverteilung sowie aller weiteren erhobenen Prozessdaten nach Durchführung des Prozesses. Die in Kapitel 5.2 entwickelten Modelle und Untersuchungen unterstützen die Einstellung der identifizierten Stellgrößen. Als weitere Randbedingungen neben der Tapespannung werden die Geometrie des Endeffektors zur Tapeablage, das gewählte FVK-Halbzeugmaterial inklusive dessen thermischer und optischer Eigenschaften und die Umgebungstemperatur identifiziert. Diese Größen beeinflussen allesamt die Konsolidierungsgüte und somit die Qualität der Druckbehälterverstärkung, sind aber in dieser Arbeit vorgegeben oder bleiben im Verlauf der Validierungsversuche konstant. Bild 5.15 gibt einen Überblick über die gesammelten Größen und Randbedingungen für die adaptive Prozessführung.

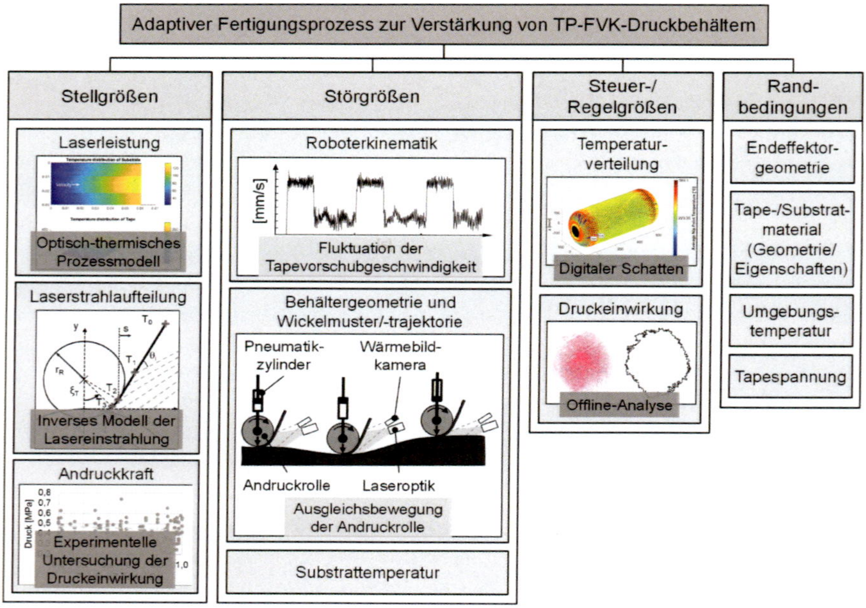

Bild 5.15: Maßgebende Größen und Werkzeuge für die adaptive Prozessführung
Key variables and tools for adaptive process control

Gemäß den Prozessuntersuchungen für geodätisches Wickeln in [SCHA21] und für die neuen Fertigungskonzepte in Kapitel 4.2.4 stellt sich bei Ablage auf dem Zylinder des Behälters ein quasi-stationärer Prozesszustand ein. Die Temperatur im Zwickelbereich auf den Behälterdomen weist bei ungenügender Prozesseinstellung hingegen einen ungleichmäßigen Verlauf auf. Eine Abhängigkeit dieser Steuergröße von den Stellgrößen Laserleistung und Laserstrahlaufteilung sowie von der Tapevorschubgeschwindigkeit wurde nachgewiesen. Die Druckeinwirkung im Zwickelbereich kann mit der vorhandenen Sensorik nicht während des laufenden Prozesses, sondern lediglich durch Anfahren diskreter Prozesszonen und der Unterlage von drucksensitiver Folie bestimmt werden (s. Kapitel 5.2.4). Die Erkenntnisse aus diesen Messungen und aus geometrischen Betrachtungen können für die Umsetzung einer positionsbezogenen Steuerung der Andruckkraft verwendet werden, die parallel zu einer Temperaturregelung oder -steuerung erfolgt.

Aus den angestellten Beobachtungen geht hervor, dass für reines Umfangswickeln auf dem zylindrischen Behälterteil keine adaptive Regelungs- bzw. Steuerungskonzepte notwendig sind. Demzufolge werden im Folgenden explizit Konzepte für die Prozessregelung bzw. -steuerung für Fertigungskonzepte entwickelt, welche die Dome von Druckbehältern bedecken.

5.3.2 Entwicklung von Steuerungs- und Regelungskonzepten

Development of concepts for process control

Das Ziel einer Prozesssteuerung bzw. -regelung besteht in der gezielten Beeinflussung von Steuer- bzw. Regelgrößen zur Anpassung an veränderliche Führungsgrößen und unter Ausgleichen von Störgrößen. Kennzeichnendes Merkmal einer Regelung ist dabei ein in sich geschlossener Wirkungsablauf, der bei einer Steuerung nicht gegeben ist [ABEL12, S. 1-2]. Unter Berücksichtigung der im vorangegangenen Abschnitt vorgestellten Randbedingungen werden nachfolgend vier Konzepte vorgestellt, die eine Anpassung der Temperatur während der Herstellung von TP-FVK-Druckbehältern im laserunterstützten Tapewickeln gestatten. Die Steuerung des Drucks in der Prozesszone ist im vierten Konzept mit aufgeführt, kann jedoch als paralleler Bestandteil der anderen drei Konzepte ebenso angewendet werden. Die in dieser Arbeit neu entwickelten Optimierungswerkzeuge sind in den nachfolgenden Abbildungen hervorgehoben. Generell wird in den vorgestellten Konzepten zwischen der Beeinflussung von Prozessgrößen während des laufenden Prozesses (online) und außerhalb des laufenden Prozesses (offline) unterschieden. Ein adaptives Konzept eröffnet die Möglichkeit, flexibel auf wechselnde Prozesszustände, wie sie bei der Verstärkung von TP-FVK Druckbehältern auftreten, zu reagieren.

Steuerungs-/Regelungskonzept 1: Ablaufsteuerung in Kombination mit Temperaturregelung

Bild 5.16 zeigt das erste Konzept für die Temperaturführung im Prozess der Druckbehälterverstärkung. Mittels Infrarot-Wärmebildkamera wird das Temperaturprofil während des Prozesses gemessen und durch nachgeschaltete Algorithmen werden charakteristische Temperaturwerte, z. B. im Zwickelbereich, auf Tape oder Substrat ermittelt. Bei Abweichung von der Soll-Temperatur wird die Laserleistung angepasst. Um die variable Tapevorschubgeschwindigkeit zu kompensieren, wird die Laserleistung zudem mittels einer Ablaufsteuerung vorgesteuert. Diese bezeichnet allgemein eine Zerlegung des Gesamtprozesses in Teilprozesse. Den Ablauf geben hierbei die im Maschinencode enthaltenen diskreten Pfadpunkte der Wickeltrajektorie vor. Jedem Pfadpunkt wird über die Prozessmodelle unter Berücksichtigung der aktuellen Geschwindigkeit und der Behältergeometrie ein Laserleistungswert und ein

Soll-Neigungswinkel der Laseroptik zugeordnet. Die Vorgabe des Neigungswinkels kann auf Basis der Modellierung offline in der Vorbereitung des Prozesses erfolgen. Die Berechnung der Laserleistungswerte im optisch-thermischen Prozessmodell kann entweder offline mittels vorher erhobener, repräsentativer Geschwindigkeitsprofile oder online während des laufenden Prozesses erfolgen, wenn ein inverses Prozessmodell vorliegt. Durch die Steuerung der Stellgrößen an diskreten Pfadpunkten sollen die dominierenden Störgrößen kompensiert werden. Die in Bild 5.16 dargestellte Kombination mit einer geschlossenen Temperaturregelung bedingt eine Auslesung der aktuellen TCP-Position während des Prozesses, um diese mit den Pfadpunkten abzustimmen.

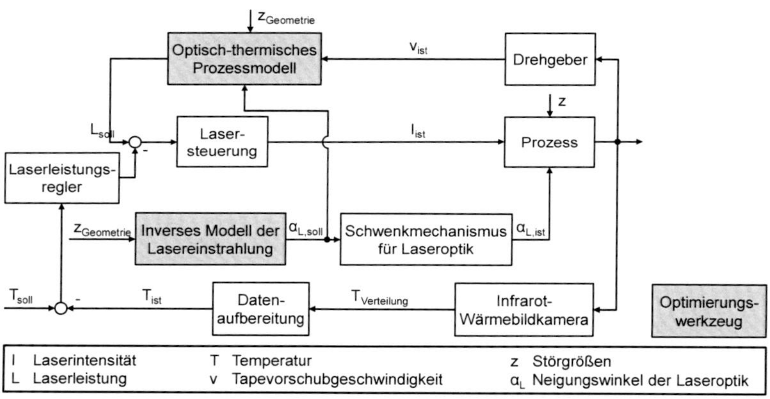

Bild 5.16: Steuerungs-/Regelungskonzept 1: Ablaufsteuerung in Kombination mit Temperaturregelung

Control concept 1: Sequence control in combination with temperature control

Der Vorteil des Konzepts liegt in seiner Robustheit aufgrund der implementierten Ablaufsteuerung, die in Kombination mit der Temperaturregelung das Potenzial aufweist, abrupte Sprünge in der Prozessdynamik im Gegensatz zu etablierten Regelungskonzepten auszugleichen (vgl. Kapitel 2.3.3). Das volle Potenzial kann dieses Konzept bei Kombination eines inversen Prozessmodells mit einer Online-Auswertung der Wärmebildkameraaufnahmen bieten. Je nach Gewichtung der Laserleistungsregelung und der Vorgaben aus dem optisch-thermischen Prozessmodell kann es an den Übergängen zwischen Zylinder und Domen gegebenenfalls zu Überhitzungen oder Unterkühlungen der Prozesszone kommen.

Steuerungs-/Regelungskonzept 2: Online-Störgrößenaufschaltung

Das in Bild 5.17 dargestellte zweite Konzept ähnelt dem ersten Konzept der kombinierten Ablaufsteuerung, mit dem Unterschied, dass die Roboterkinematik als Störgröße in Form der Tapevorschubgeschwindigkeit online ohne Anwendung eines inversen Prozessmodells aufgeschaltet wird. Zur Aufbereitung der gemessenen Geschwindigkeitsdaten kann eine Variante des digitalen Schattens verwendet werden.

Dieser muss zur Vorbereitung mit notwendigen Referenzdaten, beispielsweise der Behältergeometrie und der Wickeltrajektorie, angereichert werden. Die im digitalen Schatten implementierten Analysealgorithmen müssen zudem automatisiert durchlaufen werden, um Kennwerte des ortsbezogenen Geschwindigkeitsprofils zu extrahieren. Über einen Abgleich dieser Werte mit einem Kennlinienfeld wird der vorliegenden Tapevorschubgeschwindigkeit eine Laserleistung zugeordnet und mit der Online-Temperaturregelung abgeglichen. Hierbei ist auf die Gewichtung der Laserleistungswerte zu achten, um eine in Anbetracht der hohen Prozessdynamik robuste Regelung einzustellen. Ergänzt wird dieses Konzept durch eine zweite Regelung der Laserstrahlaufteilung auf Tape und Substrat. Hierbei erfolgt eine zweite Störgrößenaufschaltung durch Berücksichtigung der Behältergeometrie und der Wickeltrajektorie im inversen Prozessmodell. Diese wird im Prozess einem Regler der Laserstrahlposition gegenübergestellt, welcher entsprechend dem Konzept von KÖLZER (vgl. Bild 2.19) die Differenz aus Tape- und Substrattemperatur als Eingangsgröße übergeben bekommt.

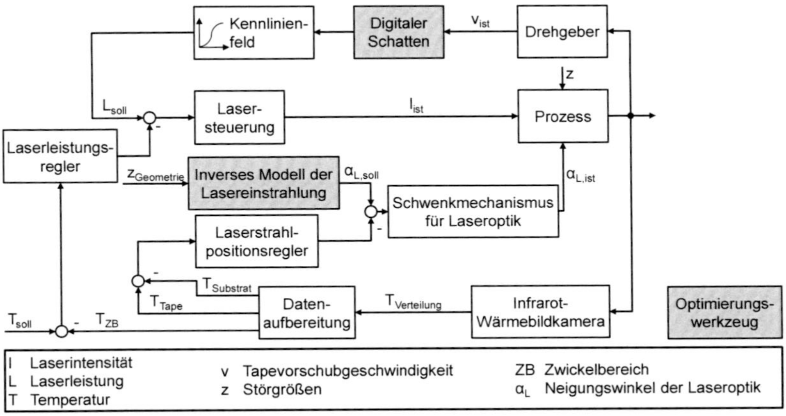

Bild 5.17: Steuerungs-/Regelungskonzept 2: Online-Störgrößenaufschaltung
Control concept 2: Online feedforward control

Da dieses Konzept vollständig während des laufenden Prozesses implementiert ist, kann die Regelung flexibel auf veränderte Prozessparameter und Störgrößen reagieren, ist jedoch mit einem erhöhten Umsetzungsaufwand verbunden. Einen signifikanten Vorteil generiert das Konzept nur, wenn die Temperaturregelung in Echtzeit ablaufen kann. Als wesentlicher Nachteil muss angeführt werden, dass bei diesem Konzept zwei Regelkreise parallel laufen, welche sich gegenseitig beeinflussen. Daher muss das System vor Umsetzung auf Schwingungsanfälligkeit untersucht werden. Darüber hinaus kann die Trägheit des Schwenkmechanismus der Laseroptik die Regelung bei einem schnell abgefahrenen Prozess nachteilig beeinflussen. Das im Vergleich zum Tapevorschub und der Lasereinstellung langsame Schwenken kann zu einer verspäteten Anpassung der Lasereinstrahlverteilung führen.

Steuerungs-/Regelungskonzept 3: Modellprädiktive Regelung

Im Zentrum des dritten Konzepts, welches Bild 5.18 veranschaulicht, steht ein inverses optisch-thermisches Prozessmodell. Dieses ermöglicht die Berücksichtigung der Wechselwirkung zwischen Laserleistung und Laserstrahlaufteilung auf die Temperaturverteilung in der Prozesszone und somit eine adaptive, abgestimmte Anpassung der thermischen Stellgrößen. Als Eingangsgrößen des Modells können die in Bild 5.15 aufgeführten Störgrößen, Regelgrößen und Randbedingungen, aber auch beliebige weitergehende Informationen und Daten gewählt werden. Unter Einbeziehung des Geschwindigkeitsprofils und der geometrischen Verhältnisse an verschiedenen Punkten des Druckbehälters kann der Prädiktionshorizont des Modells so eingestellt werden, dass Zylinder-Dom-Übergänge und Veränderungen der Prozessgegebenheiten entlang der Wickeltrajektorie auf den Domen in die Vorausberechnung der Regelgrößen miteinbezogen werden.

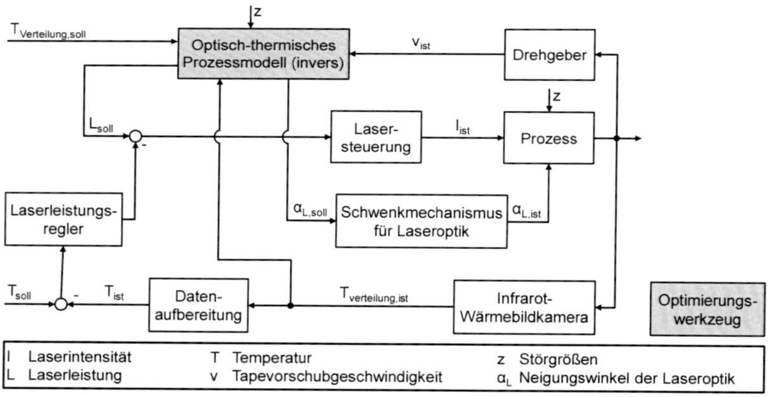

Bild 5.18: Steuerungs-/Regelungskonzept 3: Modellprädiktive Regelung
Control concept 3: Model-predictive control

In Abhängigkeit der Güte des Modells kann in diesem Konzept eine hohe Regelgüte durch Beachtung von Wechselwirkungen der Stellgrößen und von vielfältigen Störgrößen erreicht werden. Dieser prinzipielle Vorteil kann ebenso als Nachteil ausgelegt werden, wenn die Genauigkeit oder der Horizont des Modells sich als nicht tauglich für eine durchgehende Prozessregelung erweisen. Die im Modell abgebildeten Zusammenhänge müssen hierfür ausführlich experimentell und analytisch ermittelt und validiert werden. Eine wichtige Voraussetzung für die Implementierung dieses Konzepts bei dem vorliegenden, hochdynamischen Prozess ist eine echtzeitfähige Anlagentechnik und eine Einbindung von ausreichender Rechenkapazität, um eine echtzeitfähige Modellberechnung und Regelung parallel zum Prozess zu befähigen.

Steuerungs-/Regelungskonzept 4: Adaptive Steuerung

Die Umsetzung einer reinen Steuerung umgeht die Auslegung eines Reglers und die damit einhergehenden Unsicherheiten bezüglich des dynamisch ablaufenden

Prozesses. Trotz des in Bild 5.19 geschlossenen Darstellung kann der Ablauf nicht als Regelung bezeichnet werden, da keine Rückwirkung des Prozessergebnis innerhalb des laufenden Prozesses auftritt. Der Temperaturregler wird in diesem Fall durch eine Offline-Datenaufbereitung und -analyse mithilfe des digitalen Schattens ersetzt. Wie in Kapitel 5.1 ausgeführt, können mithilfe dieses Werkzeugs eine Vielzahl von Randbedingungen, die in einer konventionellen Regelung als Störgrößen eingehen würden, berücksichtigt werden. Die durch die Datenanalyse gewonnenen Erkenntnisse fließen ebenso wie der Soll-Neigungswinkel der Laseroptik, welcher im inversen Modell der Lasereinstrahlung berechnet wird, in die Bestimmung der Laserleistung im optisch-thermischen Prozessmodell. Liegt dieses wie im vorliegenden Fall nicht invers vor, so kann mithilfe dieser Informationen entweder eine schnelle iterative Bestimmung der Soll-Laserleistung erfolgen oder es wird eine Datenbank aufgebaut, welche einen automatisierten Zugriff auf Modellergebnisse erlaubt. In dieser Arbeit werden beide Ansätze mit dem *OTOM*-Prozessmodell inklusive der ergänzenden Software *TCPVsime* (s. Kapitel 5.2.1-5.2.2) umgesetzt. Die Zuteilung der ermittelten Werte für Laserleistung und Neigungswinkel erfolgt analog zum ersten vorgestellten Konzept an diskreten Pfadpunkten im Maschinencode. Auf diese Weise gleicht die Steuerung vorausschauend im Prozessverlauf auftretende, bekannte Störgrößen aus. Als Nachteil kann aufgeführt werden, dass aufgrund des nicht geschlossenen Wirkungskreises unvorhersehbare Prozesseinflüsse nicht innerhalb der Steuerung erfasst werden und daher den Prozess potenziell negativ beeinflussen können.

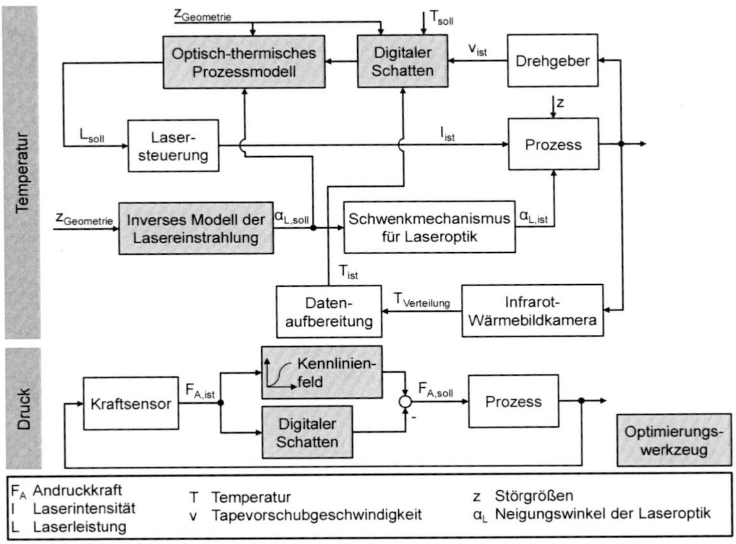

Bild 5.19: Steuerungs-/Regelungskonzept 4: Adaptive Prozesssteuerung
Control concept 4: Adaptive process control

Wie aus dem unteren Teil von Bild 5.19 hervorgeht, läuft parallel zur Temperatursteuerung eine Steuerung der Druckverhältnisse im Zwickelbereich ab. Diese basiert auf den in Kapitel 5.2.4 vorgestellten Messungen und Betrachtungen, die in ein Kennlinienfeld der Andruckkraft abhängig von der Position entlang der Achse des Druckbehälters einfließen. Bei Analyse bereits durchgeführter Prozesse kann die Datenevaluierung durch den digitalen Schatten die Wahl der Andruckkraft ergänzen. Die ermittelten Werte der Andruckkraft werden neben den Werten für Laserleistung und Laserstrahlaufteilung den einzelnen Pfadpunkten zugewiesen.

Zwischenfazit

Im Vergleich der Steuerungs- und Regelungskonzepte weist die modellprädiktive Regelung das höchste Potenzial auf, flexibel auf verschiedenste Prozesseinflüsse und Störgrößen zu reagieren und mit hoher Robustheit und Reproduzierbarkeit ein hochqualitatives Prozessergebnis zu generieren. Da jedoch das notwendige inverse Prozessmodell in dieser Arbeit nicht zur Verfügung steht, kann diese Variante nicht umgesetzt werden. Das gleiche gilt für die Online-Version der Ablaufsteuerung, die ebenfalls ein inverses, optisch-thermisches Prozessmodell benötigt. Die Tatsache, dass Laseroptik und Wärmebildkamera im verwendeten System nicht mechanisch mit der Andruckrolle gekoppelt sind, erschwert zudem grundsätzlich die Implementierung einer Regelung. Aufgrund der kontinuierlich variablen Ablenkung der Andruckrolle verändert sich sowohl die Laserstrahlaufteilung auf Tape und Substrat als auch die Position des Zwickelbereichs im Bild der Kamera. Dies führt dazu, dass ohne Implementierung spezifischer Algorithmen für die robuste Detektion des Zwickelbereichs und Anpassung der Zonen für die Auswertung charakteristischer Temperaturwerte im Kamerabild eine Temperaturregelung hohen Unsicherheiten unterworfen ist, die der sicherheitskritischen Natur von Druckbehältern nicht gerecht wird. Eine Anwendung von Pyrometern im System, welche punktbasierte Temperaturmessungen durchführen, ist aus diesem Grund in einer Temperaturregelung für Druckbehälter ohne direkte und sichere mechanische Kopplung mit der Andruckrolle ausgeschlossen. Da die Analyse des Kamerabilds und die Entwicklung von Online-Auswertungsalgorithmen nicht Gegenstand dieser Arbeit ist, wird das Konzept der adaptiven Prozesssteuerung für eine Umsetzung ausgewählt. Es berücksichtigt die Roboterdynamik und das Zusammenspiel zwischen Behältergeometrie und Wickeltrajektorie als relevante Störgrößen und baut auf die entwickelten parametrischen Modelle und die ortsaufgelöste Datenanalyse auf. Die auf das Prozessergebnis einwirkenden Störgrößen während der Druckbehälterfertigung können auf diese Weise deutlich beherrschbarer gestaltet werden.

5.3.3 Implementierung einer adaptiven Prozesssteuerung

Implementation of an adaptive process control

Für die Umsetzung der adaptiven Prozesssteuerung wird ein Programm mit der Software *MATLAB* geschrieben. Bild 5.20 zeigt die Programmstruktur, die in zwei Pfade eingeteilt werden kann. Die entwickelten Werkzeuge (digitaler Schatten, Prozessmodelle) können eingesetzt werden, um Parameterprofile zu generieren, die den Pfadpunkten ortsbezogen Werte für Laserleistung, Laserstrahlaufteilung und Andruckkraft zuordnen. Voraussetzung hierfür ist, dass auf Daten eines oder mehrerer, bereits durchgeführter und möglichst ähnlicher Prozesse zurückgegriffen werden kann. Sind keine vergleichbaren Prozessdaten vorhanden, kann die adaptive Prozesssteuerung durch Einteilung des Druckbehälters in vier Zonen durchgeführt werden: Zylinder, Übergang zwischen Zylinder und Dom, Dom und Polbereich (vgl. Bild 2.7 und Bild 6.10). Diese werden durch Auswertung der geometrischen Pfaddaten ermittelt. Die Größe der Pol- und Übergangszonen entlang der Wickeltrajektorie kann ebenso frei gewählt werden wie die Lage der Übergangszone. Hierfür gibt der Anwender den Anteil der Übergangslänge an, welcher sich auf dem Zylinder befindet. Die Länge des Polbereichs wird immer zu gleichen Teilen um den Wendepunkt der Trajektorie auf dem Dom verteilt. Entsprechend der in Kapitel 4.2.4 dokumentierten Voruntersuchungen liefert diese Einteilung in Zonen eine gute Approximation der notwendigen Anpassung der Laserleistung gemäß den gemittelten Werten der Tapevorschubgeschwindigkeit bei verschiedenen Fertigungskonzepten.

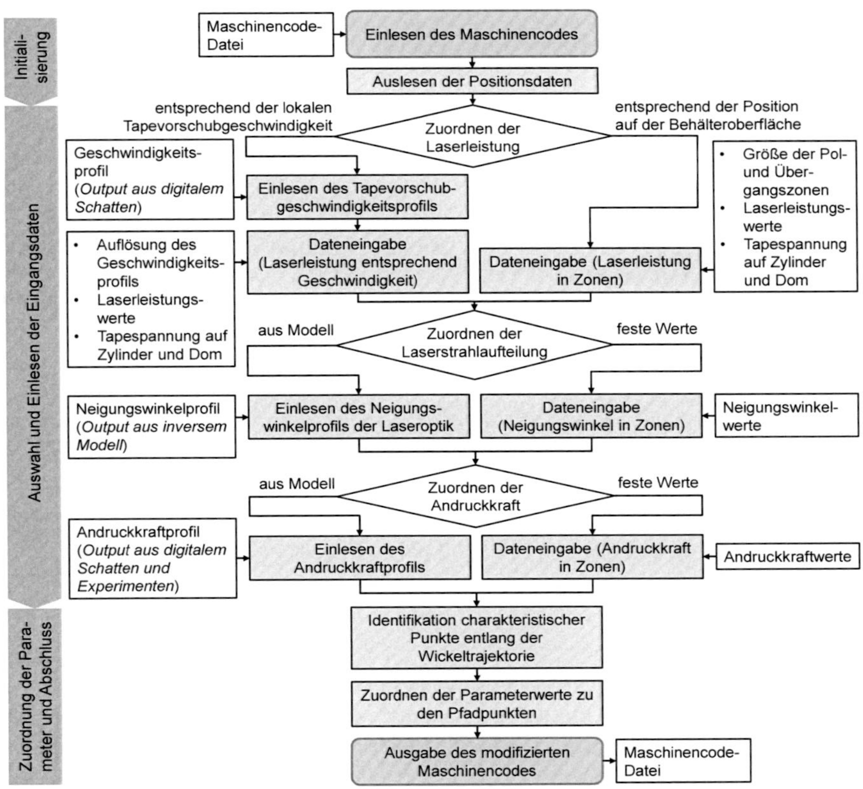

Bild 5.20: Struktur des Programms zur adaptiven Prozesssteuerung
Structure of the program for adaptive process control

Stehen Daten aus Vorversuchen mit im Idealfall gleichem Material, Behältergeometrie und Wickeltrajektorie zur Verfügung, kann mithilfe der Auswertung des axialen Mittelwerts im digitalen Schatten (s. Kapitel 5.1.2) ein Profil der Tapevorschubgeschwindigkeit ausgegeben werden. Dieses ermöglicht die Eingabe von Laserleistungswerten in Übereinstimmung mit den Stufen der gemessenen Tapevorschubgeschwindigkeit entlang des Wickelpfads. Die Werte der Laserleistung können in experimentellen Vorversuchen oder durch Anwendung des optisch-thermischen Prozessmodells ermittelt werden. Aus diesen Quellen kann ebenso eine gewünschte Aufteilung der Lasereinstrahlung auf Tape und Substrat gewonnen werden, mit der im entwickelten inversen Modell ein Profil der Neigungswinkelwerte der Laseroptik entlang der Wickeltrajektorie ausgegeben wird. Ein Profil der Andruckkraft kann aus experimenteller Untersuchung extrahiert und ebenfalls in die Software eingelesen werden. Nach vollständiger Eingabe aller Parameter und Einlesen aller Daten berechnet das Programm die Punkte im Wickelpfad, welche den Änderungen der Prozessparameter entsprechen, ordnet die entsprechenden Parameterwerte zu und modifiziert den Maschinencode.

5.4 Zusammenfassung der Erkenntnisse und Fazit

Summary of findings and conclusion

Nach der Entwicklung von Fertigungskonzepten für die Verstärkung von TP-FVK-Druckbehältern im vorangegangenen Kapitel 4 sind in diesem Kapitel Werkzeuge und Modelle dokumentiert, welche für die Umsetzung sowohl dieser neuen als auch konventioneller, geodätischer Fertigungskonzepte entwickelt sind. Der digitale Schatten für Druckbehälter lässt eine ortsbezogene Visualisierung und Auswertung vielfältiger Prozessdaten zu. Er kann hierfür gemessene Größen wie Temperatur und Andruckkraft mit geometrischen Daten oder Prüfergebnissen verknüpfen und erschafft auf diese Weise ein digitales, spezifisches Abbild eines Produkts über mehrere Lebensphasen. Gegenüber der zeitlichen Betrachtung von Daten ergibt sich so ein erhöhtes Potenzial für eine Steigerung des Prozesswissens und eine Optimierung der Prozesseingangsgrößen mit dem Ziel, angesichts volatiler Prozessbedingungen konstante und reproduzierbare Bauteileigenschaften einzustellen. In Kombination mit den entwickelten Analysefunktionen kann die zweite Forschungsfrage dieser Arbeit durch Bestätigung der zweiten Forschungsthese adressiert werden.

Durch die örtliche Auflösung von im Prozess erhobenen Daten als digitaler Schatten eines FVK-Druckbehälters können diese gezielt und aggregiert für die Führung und Optimierung eines adaptiven Fertigungsprozesses verwendet werden.

Als weiteres Instrument für die Prozessoptimierung und Bestimmung bestmöglicher Eingangsparameter wird ein optisch-thermisches Prozessmodell für die gezielte Anwendung der TP-FVK-Druckbehälterverstärkung nutzbar gemacht. Eine Erweiterung des Modells gestattet die durchgängige Definition geometrischer Randbedingungen für spezifische Pfaddaten und eine effiziente Auswertung der berechneten Temperaturverteilungen. Für die eingehende Analyse der optimalen Verteilung der

Lasereinstrahlung auf einlaufendem Tape und Substrat wird ein ergänzendes inverses Modell entwickelt, welches abhängig von der Wickeltrajektorie Neigungswinkel der Laseroptik berechnet. Die Druckeinwirkung im Zwickelbereich wird experimentell untersucht und Abhängigkeiten von der Orientierung des Tape-Applikators sowie von der Position auf den gekrümmten Behälterdomen identifiziert.

Auf Grundlage aller gesammelten Stellgrößen, Störgrößen, Steuer- bzw. Regelgrößen und Randbedingungen für die Verstärkung von Druckbehältern im in-situ Tapewickelverfahren werden Regelungs- und Steuerungskonzepte für eine optimierte Prozessführung aufgestellt und bewertet. Unter Berücksichtigung aller daten- und modellgestützten Werkzeuge wird eine adaptive Prozesssteuerung implementiert, welche eine angepasste Prozessführung und Parameteroptimierung im Sinne der dritten Forschungsfrage und -these dieser Arbeit ermöglicht. Im folgenden Kapitel gilt es, die Fähigkeit dieses Steuerungsansatzes experimentell zu validieren.

6 Prozesstechnologische Validierung

Validation of process technology

Die Herstellung und Untersuchung von Druckbehältern aus thermoplastischem, endlosfaserverstärktem Kunststoff in diesem Kapitel dient sowohl der Validierung der in Kapitel 4.1 entwickelten Fertigungskonzepte als auch der Validierung der daten- und modellgestützten, adaptiven Prozesssteuerung aus Kapitel 5. Hierbei wird auf die Erkenntnisse der Prozessentwicklung und -analyse aus Kapitel 4.2 aufgebaut. Entsprechend des darin aufgestellten Vorgehens zur iterativen Prozessentwicklung (s. Bild 4.18) werden auf Basis der Eingangsgrößen und der gewählten Fertigungskonzepte – dem geodätischen als Referenz und dem neu entwickelten Konzept „Variation der Wendepunkte" – Pfaddaten und Maschinencode generiert und überprüft. Parallel dazu wird das gewählte Halbzeugmaterial in Bezug auf die für den Fertigungsprozess relevanten Eigenschaften untersucht und Versuche für das Eingrenzen des Prozessfensters durchgeführt. Daraufhin werden die entwickelten Werkzeuge und Modelle für die adaptive Prozesssteuerung zunutze gemacht, Demonstrator-Druckbehälter hergestellt und getestet. Das gewählte Vorgehen und die Validierungsverfahren orientieren sich an der Testpyramide für Produktentwicklung und -zertifizierung, die in Bild 6.1 dargestellt ist [BREU16, S. 134]. Demnach werden in Kapitel 6.1 zunächst die Halbzeugeigenschaften untersucht sowie Prüfkörper systematisch gefertigt und getestet, um Orientierungsgrößen für die Druckbehälterfertigung zu gewinnen. In Kapitel 6.2 wird zum einen der Herstellungsprozess durch Analyse der Prozessdaten und zum anderen die Bauteilqualität durch Auswertung der Laminatgüte und Berstdruckfestigkeit evaluiert.

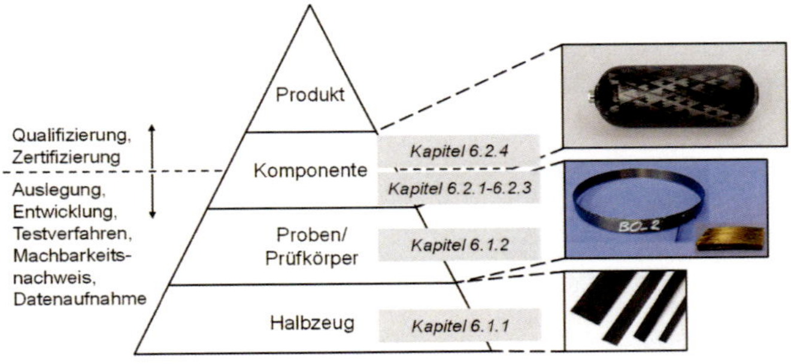

Bild 6.1: Einordnung der Validierungsverfahren mithilfe der Testpyramide (in Anlehnung an: [BREU16, S. 134])

Classification of validation procedures with the test pyramid

6.1 Vorbereitung der Demonstratorherstellung

Preparation of demonstrator manufacturing

Die Rahmenbedingungen der Druckbehälterfertigung im laserunterstützten Tapewickelverfahren in dieser Arbeit, vornehmlich das Fertigungssystem und der

Kunststoffliner, werden in Kapitel 4.2.1 vorgestellt. Der vorliegende Abschnitt dient der Beschreibung der wesentlichen Vorbereitungsmaßnahmen, um eine Grundlage für die folgenden Validierungsversuche zu bilden. In Kapitel 6.1.1 wird ein gewähltes Endlosfaserhalbzeug charakterisiert. Aus diesem werden in Kapitel 6.1.2 durch systematisch innerhalb einer statistischen Versuchsplanung (vgl. Kapitel 5.2.2) variierte Prozessparameter ringförmige Proben gefertigt, um Kennwerte für das Eingrenzen des Prozessfensters zu erhalten. Kapitel 6.1.3 dokumentiert die Planung der Validierungsversuche inklusive der Anwendung der entwickelten Prozessmodelle.

6.1.1 Materialauswahl und -untersuchung

Material selection and evaluation

Für die Validierungsversuche wird ein Tape des Typs *Celstran PA6 CF60-03* von *Celanese* verwendet. Dieses enthält ein Matrixpolymer desselben Polyamid-Typs wie das in den Voruntersuchungen eingesetzte glasfaserverstärkte Tape (s. Tabelle 4.4), welches dort eine gute Anbindung an das artgleiche Linermaterial aufgewiesen hat (s. Tabelle 4.3). Die Kohlenstofffasern sind aufgrund ihrer hohen Festigkeitswerte prädestiniert, hohen Innendrücken standzuhalten. Wichtige Kenndaten des Tapematerials sind in Tabelle 6.1 enthalten. Die Schmelztemperatur konnte von JANSSEN durch Untersuchung einer anderen Produktcharge des gleichen Materials mithilfe der dynamischen Differenzkalometrie verifiziert werden [JANS20, S. 131-132]. Diese thermischen Untersuchungsergebnisse bilden einen ersten Anhaltspunkt für die Prozessführung, da die Temperatur im Prozessfenster durchgängig oberhalb der Polymerschmelztemperatur eingestellt werden muss, um eine Erweichung des Halbzeugs und eine interlaminare Verbindung zu gewährleisten.

Tabelle 6.1: Kenndaten des für die Validierungsversuche verwendeten Tapematerials [CELA20]

Characteristics of the tape material used for the validation trials

Parameter [Einheit]	**Wert**
Material (Matrix/Verstärkung)	Polyamid-6/Kohlenstofffaser (PA6/CF)
Tapedicke [mm]	0,13
Faservolumengehalt [%]	48,5
Dichte [g/cm³]	1,45
Schmelztemperatur [°C]	220
Glasübergangstemperatur [°C]	57

Um die Qualität des Tapematerials zu beurteilen und als Referenz für die spätere optische Laminatanalyse werden Querschliffaufnahmen von exemplarischen Tapeproben angefertigt (s. Bild 6.2). Hierfür wird ein *Axio Imager 2 M2M* Lichtmikroskop der Herstellers *Zeiss* verwendet. Auf Aufnahmen des Tapes sind dessen äußere Kanten klar definiert, was auf eine gute geometrische Formhaltigkeit schließen lässt. Dies ist in der Verarbeitung zuträglich für eine hohe Oberflächengüte und einen geringen Anteil interlaminarer Poren. Die Faser-Matrix-Verteilung ist von regelmäßig auftretenden Faserbündeln geprägt, die zumeist gut vom Polymer umgeben und durchtränkt sind. Nur an wenigen, besonders ausgeprägten Faseranhäufungen können intralaminare Poren identifiziert werden, die allesamt in der Mitte des Halbzeugs auftreten. Die Randbereiche in Dickenrichtung weisen einen erhöhten Matrixgehalt auf, was vorteilhaft für eine Anbindung der einzelnen Lagen im Fügeverfahren ist. Ein möglicher Grund hierfür ist eine zu geringe Spreizung der Faserbündel im Imprägnierprozess. Zusammenfassend lässt sich feststellen, dass das Tapematerial gute Voraussetzungen in Hinblick auf die Verarbeitbarkeit im laserunterstützten Tapewickeln aufweist.

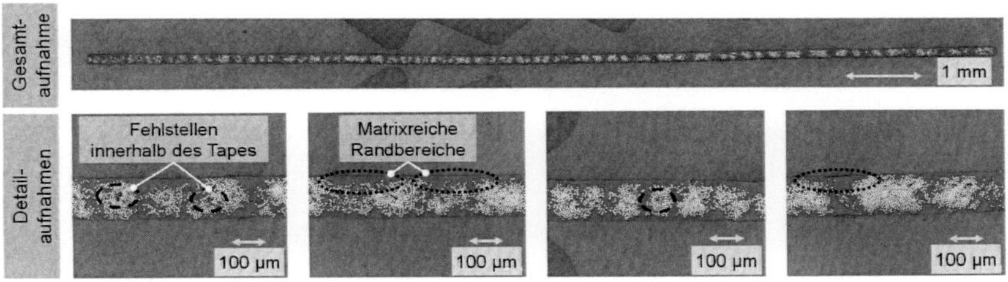

Bild 6.2: Querschliffaufnahmen des Tapematerials
Microsection images of the tape material

Die Untersuchung der optischen Materialeigenschaften dient zum einen der Einschätzung der Laserenergieabsorption an der Materialoberfläche als Eingangsgröße des optisch-thermischen Prozessmodells und zum anderen der Kalibrierung der Infrarot-Wärmebildkamera durch Evaluierung des Emissionskoeffizienten. Die jeweiligen Versuchsaufbauten und -ergebnisse sind in Bild 6.3 dargestellt.

Das für die Untersuchung der Absorptionseigenschaften verwendete Spektrometer basiert auf dem Prinzip der Ulbricht-Kugel: Die Intensität der Reflektion eines Laserstrahls an der Oberfläche einer Probe, die in einer quasi abgeschlossenen Kugel platziert ist, wird mit der eines unreflektierten Strahls verglichen. Als variable Größen werden Faserorientierung und Einstrahlwinkel gewählt, um den Einfluss dieser Parameter auf den Prozess einschätzen zu können. Die Transmission des Materials wird vernachlässigt (vgl. Kapitel 5.2.1). Die Versuche werden in einem Wellenlängenbereich von 935 nm bis 1030 nm durchgeführt, welcher dem des im Fertigungsprozess verwendeten Diodenlasers entspricht. Innerhalb des Wellenlängenbereichs kann keine Diskrepanz zwischen den gemessenen Werten festgestellt werden. Auch eine deutliche Abhängigkeit von den gewählten Eingangsparametern kann nicht nachgewiesen werden, wie das Diagramm oben rechts in Bild 6.3 veranschaulicht. Lediglich bei geringem Einstrahlwinkel ist ein leichter Anstieg der Absorption bei steigender Faserorientierung zu beobachten. Die Absorption unabhängig von Einstrahlwinkel und Faserorientierung beträgt im Mittelwert 91,4 %.

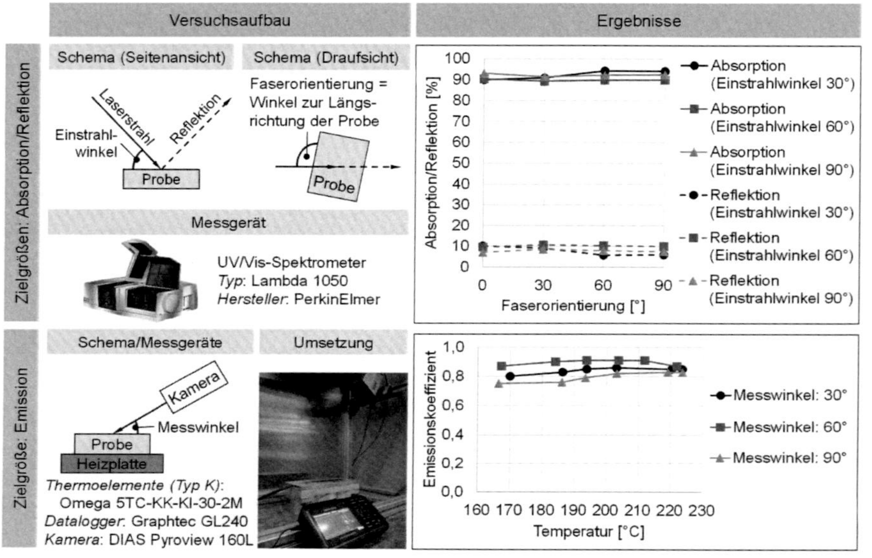

Bild 6.3: Optische Charakterisierung des Tapematerials
Optical characterization of the tape material

Für die Sicherstellung der Genauigkeit der pyrometrisch gemessenen Temperaturen während des Tapewickelprozesses ist es hilfreich, die Emissionseigenschaften des Tapematerials zu bestimmen. Hierfür wird auf Basis einer früheren Prüfstandskonstruktion (s. [ZAAM20, S. 1739]) eine Materialprobe bei verschiedenen Anstellwinkeln der berührungslos messenden Wärmebildkamera auf einer Heizplatte platziert, die auf unterschiedliche Temperaturen erwärmt wird. Durch Anpassung des Emissionskoeffizienten in der Auswertungssoftware *Pyrosoft Professional 3.17.0.3* der Wärmebildkamera wird die berührungslos erfasste Oberflächentemperatur an den mit einem Typ-K-Thermoelement berührend gemessenen Wert angepasst. Eine Erwärmung weit über die Schmelztemperatur von 220 °C ist aufgrund der startenden Schmelzvorgänge des Matrixpolymers und der Grenzen der verwendeten Heizplatte nicht möglich. Da die Erwärmung im Prozess in sehr geringen Zeitfenstern stattfindet, werden die Ergebnisse in diesem Temperaturfenster jedoch als ausreichend für die Prozessqualifikation angesehen. Anhand der Ergebnisse lässt sich erkennen, dass die bestimmten Emissionskoeffizienten oberhalb der Rekristallisationstemperatur leicht ansteigen und sich die Ergebnisse für unterschiedliche Messwinkel bei Erreichen der Schmelztemperatur aneinander annähern. Die bei geringeren Temperaturen auftretende Diskrepanz sowie die nicht intuitive Verteilung in Abhängigkeit des Messwinkels lässt sich vermutlich auf Unsicherheiten zurückführen, die aus dem Messaufbau und der Messdurchführung entstehen. Der gemittelte Wert des Emissionskoeffizienten bei Schmelztemperatur beträgt 0,86.

6.1.2 Eingrenzen des Prozessfensters

Identification of process window

Ziel der in den folgenden Abschnitten beschriebenen Versuche und Testverfahren ist es, Einflüsse von Eingangsparametern auf das Prozessergebnis zu erfassen und das Prozessfenster für die anschließende Fertigung von Druckbehältern einzugrenzen. Hierfür wird auf die Methode der statistischen Versuchsplanung zurückgegriffen, welche der systematischen und effizienten Konzeption, Durchführung und Analyse von Versuchsreihen dient [SIEB10, S. 1]. Auf Grundlage der Erkenntnisse aus Prozessanalysen und -simulationen (vgl. Kapitel 4.2.4 und 5.2.2) werden die Parameter Laserleistung, Anteil der Laserleistung auf Tape und Substrat, Andruckkraft und Tapevorschubgeschwindigkeit als unabhängige Eingangsgrößen gewählt. Tabelle 6.2 zeigt den Versuchsraum auf, der in zwei Stufen um einen Zentralpunkt verteilt aufgespannt ist und auf Prozessbetrachtungen und Vorversuchen beruht. Es wird ein vollfaktorieller Versuchsplan gewählt, um eine Vermengung von direkten Effekten und Wechselwirkungen auszuschließen. Insgesamt ergeben sich inklusive Zentralpunkt 17 Parameterkombinationen, mit denen jeweils sechs Proben gefertigt werden, um eine erhöhte statistische Absicherung der Ergebnisse zu gewährleisten. Die Prüfkörper besitzen eine standardisierte Ringgeometrie mit einem Innendurchmesser von 146 mm, die auf die Testaufbauten des Fraunhofer IPT zugeschnitten ist.

Tabelle 6.2: Versuchsplan für das Eingrenzen des Prozessfensters
Experimental plan for narrowing down the process window

Parameter [Einheit]	**Versuchsraum**		
	-	**Zentralpunkt**	**+**
Laserleistung [W]	800	900	1000
Anteil der Laserleistung auf dem Tape [%]	36	43	50
Andruckkraft [N]	50	100	150
Tapevorschubgeschwindigkeit [mm/s]	100	125	150
Konstante Parameter	Tapespannung: 10 N		

In Bild 6.4 sind die wesentlichen Schritte der Versuchsdurchführung dargestellt. Die Prüfkörper werden im laserunterstützten Tapewickeln hergestellt. Um ein Verrutschen der Probe zu vermeiden, wird der Beginn des Tapes am metallischen Wickelkern mit einer temperaturresistenten Klebeschicht fixiert. Das Tapeende wird mit einer abstehenden Länge abgetrennt, die für die Fixierung der Probe im Keiltestaufbau benötigt wird. Es werden zwei Testverfahren gewählt, die auf die Ermittlung der interlaminaren Verbindungsfestigkeit in der Fügezone zwischen den Tapelagen abzielen. Der genannte Keiltest wird in Anlehnung an die DIN 65448 [DIN88] mit dem von STIMPFL entwickelten Keil-Schäl-Prüfstand für Ringproben durchgeführt [STIM14,

S. 107-108]. Hierbei wird das Tape mit einer gleichmäßigen Geschwindigkeit von 15 mm/min über einen Keil von der flexibel gelagerten Probe abgezogen. Im charakteristischen Kraft-Weg-Diagramm ergibt sich nach einer Einlaufstrecke ein annähernd homogener Verlauf, dessen Durchschnittswert auf die Breite der Probe normiert wird, um die Schälfestigkeit oder Energiefreisetzungsrate zu erhalten. Die scheinbare interlaminare Scherfestigkeit wird nach DIN EN ISO 14130 [DIN98] am Dreipunktprüfstand mit kurzem Balken bestimmt. Hierfür werden Ringausschnitte mit genormten Maßen (Länge: 20 mm, Breite: 10 mm, Dicke: 2 mm) vorbereitet und auf den Auflagern (Abstand: 10 mm) mittig unter der Druckfinne platziert. Die Prüfgeschwindigkeit beträgt 1 mm/min. Da bei den gekrümmten Proben weder ein kurzfristiger Kraftabfall noch ein konstantes Spannungsplateau im Kraft-Weg-Diagramm auftreten, wird für die Auswertung der Bereich flacher Steigung identifiziert und die mittlere Kraft F_T innerhalb dieser Flanke bestimmt. Die scheinbare interlaminare Scherfestigkeit τ_S lässt sich gemäß der genannten Norm mit Kenntnis der Breite b_P und Dicke d_P des Prüfkörpers wie folgt bestimmen:

$$\tau_S = \frac{3}{4} \cdot \frac{F_T}{b_P \cdot d_P} \tag{6.1}$$

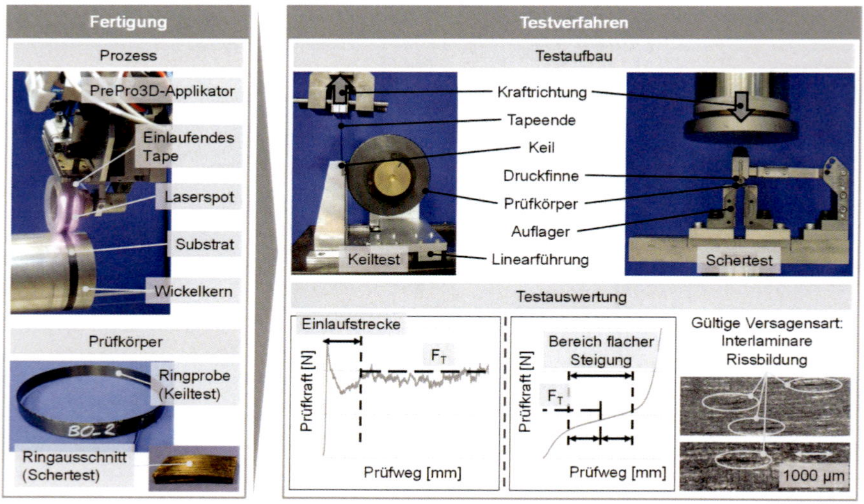

Bild 6.4: Durchführung der statistischen Versuchsplanung durch Fertigung und zerstörende Prüfung von Ringproben

Performance of Design of Experiments by manufacturing and destructive testing of ring specimens

Da es im Schertest mit kurzem Balken neben dem gewünschten Scherversagen auch zu einem Druckversagen der Probe kommen kann, muss die Gültigkeit der Versagensart bestimmt werden [JANS20, S. 116]. Zu diesem Zweck werden Mikroskopaufnahmen der Proben angefertigt, ausgewertet, und Ergebnisse von durch Druckversagen geschädigter Proben nicht berücksichtigt.

Bild 6.5 enthält die Ergebnisse der Auswertung der statistischen Versuchsplanung inklusive einer Betrachtung der gemittelten Prozesstemperatur im Zwickelbereich und Querschliffaufnahmen ausgewählter Proben. Vergleichbare Werte für die interlaminare Scherfestigkeit von Proben aus Rotationskörpern aus PA6/CF konnten in der Literatur nicht gefunden werden. Insgesamt liegen die ermittelten Werte unter denen, die JANSSEN für flache Laminate aus dem gleichen Tapematerial ermittelt hat [JANS20, S. 117]. Ungeachtet der geringen Vergleichbarkeit der Daten aufgrund der unterschiedlichen Probengeometrie kann diese Diskrepanz gegebenenfalls auf die erhöhte Aufspannung des Parameterraums zurückgeführt werden. Die ermittelten Werte der Schälfestigkeit liegen im Bereich der Ergebnisse, die STIMPFL für gut konsolidierte Ringproben aus glasfaserverstärktem PP bzw. PPS beschrieben hat [STIM14, S. 108]. Der maximale Wert der interlaminaren Scherfestigkeit in einem Einzelversuch lag bei 41,9 MPa, der der Schälfestigkeit bei 11,7 N/mm.

Bei Betrachtung der direkten Effekte der Eingangsparameter auf die abhängigen Ausgangsgrößen Schälfestigkeit und interlaminare Scherfestigkeit fällt auf, dass die Werte insgesamt gleichmäßig um den Zentralpunkt verteilt sind und gleichförmige Trends aufweisen. Eine Steigerung der Laserleistung im betrachteten Parameterraum wirkt sich demnach ebenso positiv auf die Verbindungsfestigkeit aus wie eine Verringerung der Tapevorschubgeschwindigkeit und eine verstärkte Fokussierung des Laserspots auf das Substrat. Der Einfluss der Andruckkraft auf die Konsolidierungsgüte ist in den betrachteten Grenzen als vergleichsweise gering zu bewerten, was sich mit Erkenntnissen aus anderen Forschungsarbeiten deckt [QURE14, S. 263; SCHF18, S. 97].

Die am stärksten ausgeprägten Zwei-Faktor-Wechselwirkungen innerhalb der statistischen Versuchsplanung sind mittig in Bild 6.5 dargestellt. In Bezug auf die Schälfestigkeit verändert sich der Effekt der Andruckkraft je nach Einstellung der Laserleistung. Bei erhöhter Laserleistung sinkt der Einfluss der Andruckkraft ebenso wie der der Tapevorschubgeschwindigkeit. Dies deutet auf den großen Einfluss der Laserleistung als Eingangsparameter für eine gute Lagenkonsolidierung hin. Des Weiteren sinkt der Einfluss der Tapevorschubgeschwindigkeit bei erhöhter Andruckkraft. Dies lässt darauf schließen, dass eine erhöhte Andruckkraft insbesondere bei einem unregelmäßigen Verlauf der Vorschubgeschwindigkeit, wie er auf den Druckbehälterdomen auftritt, als vorteilhaft zu bewerten ist. Bei Betrachtung der Scherfestigkeit treten im Vergleich zur Schälfestigkeit weniger ausgeprägte Wechselwirkungen auf. Der prägnante Einfluss der Laserleistung zeigt sich wiederum in den verringerten Effekten der Laserstrahlaufteilung und der Tapevorschubgeschwindigkeit bei Steigerung dieses Parameters. Darüber hinaus steigt die interlaminare Scherfestigkeit bei erhöhter Tapevorschubgeschwindigkeit, wenn die Laserstrahlung vermehrt auf das Tape gerichtet ist. Dies bedeutet im Kontext der Druckbehälterfertigung, dass der Laserspot bei höherer Geschwindigkeit im Zylinderbereich mehr auf das Tape gerichtet sein sollte als bei geringerer Geschwindigkeit auf den Domen. Signifikante Drei- oder Vier-Faktor-Wechselwirkungen können innerhalb der Versuchsauswertung nicht festgestellt werden.

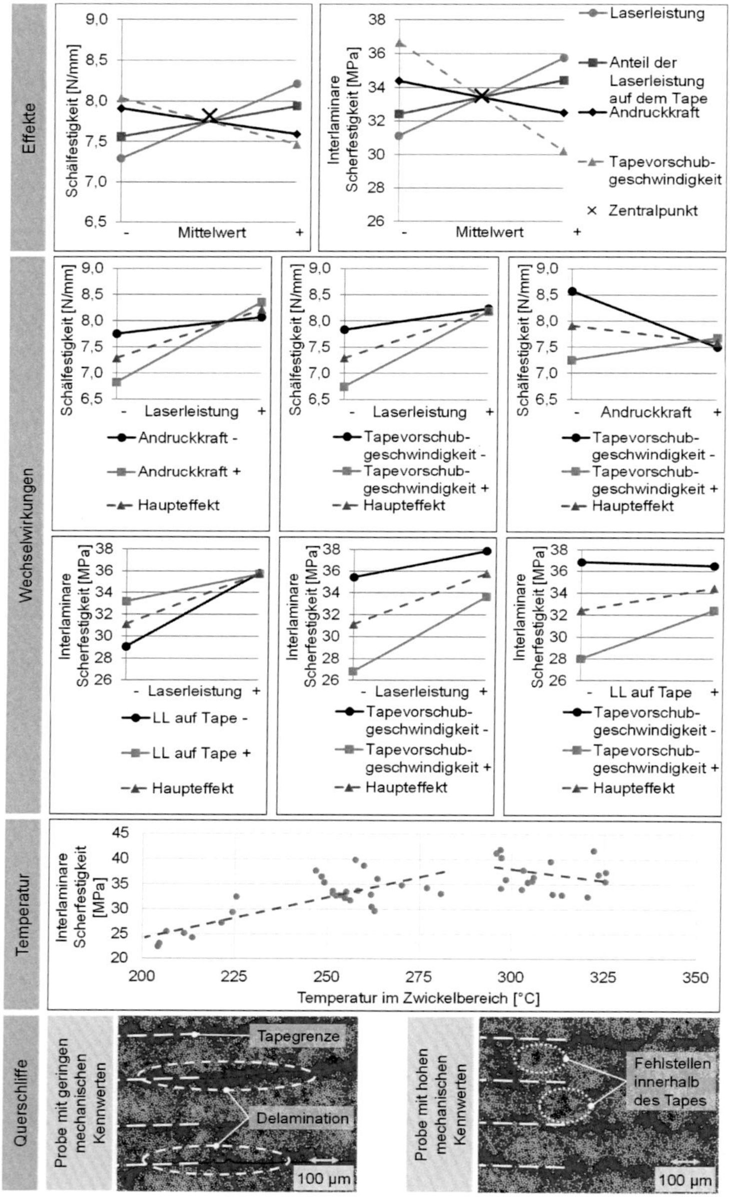

Bild 6.5: Ergebnisauswertung der statistischen Versuchsplanung
Design of Experiments results evaluation

Neben den Effekten und Wechselwirkungen, die sich direkt aus der Auswertung der statistischen Versuchsplanung ergeben, wird die Abhängigkeit der Ausgangsgrößen von der während der Ringprobenfertigung gemessenen Temperatur im Zwickelbereich betrachtet. Während kein direkter Zusammenhang mit der Schälfestigkeit ermittelt werden kann, sind Trends in den Werten der interlaminaren Scherfestigkeit zu erkennen. Diese steigt zunächst mit der Temperatur an und sinkt ab einem Wert von ca. 300 °C wieder ab.

Für die Überprüfung der ermittelten mechanischen Kennwerte werden einige Proben mit hohen bzw. niedrigen Werten für Querschliffaufnahmen ausgewählt. Wie unten in Bild 6.5 zu sehen ist, lassen sich in den Proben mit geringer interlaminarer Scherfestigkeit Delaminationen und Poren zwischen den Tapelagen erkennen. Die Proben mit hohen mechanischen Kennwerten weisen hingegen eine gute Konsolidierung ohne Delaminationen auf und lassen lediglich intralaminare Poren erkennen, die der Analyse des Ausgangsmaterials zufolge der Halbzeugherstellung zuzuordnen sind (vgl. Bild 6.2).

Aus den Erkenntnissen der Prozessuntersuchung werden Parameterrichtwerte als Eckpunkte der folgenden Prozessentwicklung extrahiert (s. Tabelle 6.3). Neben den untersuchten unabhängigen Parametern wird ein Zielkorridor für die Temperatur im Zwickelbereich bestimmt. Entsprechend der in Kapitel 5.3.1 identifizierten Störgrößen werden Veränderungen der Prozessbedingungen antizipiert, die durch das entwickelte adaptive Steuerungskonzept ausgeglichen werden sollen.

Tabelle 6.3: Parameterrichtwerte als Ergebnis der Prozessanalyse
Guideline parameters as result of process analysis

Parameter [Einheit]	**Wert**	**Anmerkung**
Laserleistung [W]	1000	Veränderungen aufgrund von Störgrößen antizipiert
Anteil der Laserleistung auf dem Tape [%]	50	Veränderungen aufgrund von Störgrößen antizipiert
Andruckkraft [N]	100	Veränderungen aufgrund von Störgrößen antizipiert
Tapevorschub-geschwindigkeit [mm/s]	100	Beeinflussung durch Roboterdynamik und Wickeltrajektorie
Zieltemperatur [°C]	270-310	Konstante Temperatur im Zwickelbereich angestrebt

6.1.3 Prozessentwicklung und -modellierung
Process development and modelling

Um den Zweck der prozesstechnologischen Validierung der entwickelten Fertigungs- und Steuerungskonzepte zu erfüllen, muss sowohl der Fertigungsprozess an sich als auch die Bauteilqualität als Ergebnis des Fertigungsprozesses bewertet werden. Vor diesem Hintergrund wird ein Versuchsplan aufgestellt, der in Tabelle 6.4 abgebildet ist. Dieser enthält insgesamt vier Druckbehälter. Tank#1 dient der Bewertung der adaptiven Prozesssteuerung im Vergleich mit alternativen Prozessführungen durch Analyse der Fertigungsdaten mithilfe des digitalen Schattens. Bei Tank#2 und Tank#3 wird die adaptive Prozesssteuerung angewendet, um das neue kontinuierliche Fertigungskonzept „Variation der Wendepunkte“ mit einem konventionellen geodätischen Fertigungskonzept zu vergleichen. Hierfür werden die Druckbehälter zur Gewinnung von Proben genutzt. Diese dienen zum einen als Prüfkörper für die Bestimmung der interlaminaren Scherfestigkeit und zum anderen als Querschliffe für die optische Bewertung der Konsolidierungsqualität. Tank#4 wird für die Bewertung der mechanischen Eigenschaften des Gesamtbauteils gefertigt.

Tabelle 6.4: Übersicht über Druckbehälter-Demonstratoren
Overview of demonstrator pressure vessels

<table>
<tr><th>Tank#</th><th>Liner</th><th>Lagen-anzahl</th><th>Fertigungskonzept</th><th>Zweck</th></tr>
<tr><td>1</td><td rowspan="3">ohne Boss-Komponenten</td><td rowspan="3">8</td><td rowspan="2">Geodätisch</td><td>Analyse der Prozessdaten</td></tr>
<tr><td>2</td><td rowspan="2">Untersuchung mechanischer und optischer Laminateigenschaften</td></tr>
<tr><td>3</td><td>Variation der Wendepunkte (VdW)</td></tr>
<tr><td>4</td><td>mit Boss-Komponenten</td><td>23</td><td>Geodätisch</td><td>Untersuchung mechanischer Bauteileigenschaften</td></tr>
</table>

Die Basis der Behälterlaminate bildet eine Umfangslage, welche die Stabilisierung der Linergeometrie und die Anbindung des Tapeanfangs der nachfolgenden Lagen unterstützt. Auf diese folgen jeweils sieben kontinuierliche Lagen zur Bedeckung von Zylinder und Domen, sodass eine theoretische Laminatdicke von ca. 2 mm auf dem Zylinder erreicht wird. Eine Lagendicke entspricht dabei aufgrund des kreuzenden Wickelmusters immer der doppelten Tapedicke. Wie aus Tabelle 6.5 hervorgeht, wird für das Fertigungskonzept „Variation der Wendepunkte“ ein Wickelwinkel gewählt, welcher der Hälfte des geodätischen Wickelwinkels auf der vorgegebenen Linergeometrie entspricht. Dies stellt den Vorteil dieses Wickelkonzepts, die Verstärkungsfasern in höherem Maße in Richtung der Hauptspannungsrichtungen zu orientieren, heraus.

Der Lagenaufbau für den Druckbehälter Tank#4, welcher zur Untersuchung der mechanischen Bauteileigenschaften einem Berstdrucktest unterzogen wird, kann Tabelle 6.6 entnommen werden. Aufgrund der in Kapitel 4.2.4 dokumentierten Herausforderungen bezüglich der auftretenden Tapekrümmung bei der Realisierung des neuen Fertigungskonzepts wird hierfür ein konventionelles, geodätisches Wickelmuster gewählt. Die realisierbaren Wickelwinkel liegen unter denen von Tank#2, da auf der Linergeometrie mit Boss-Komponenten geringere Polöffnungsdurchmesser des Laminats möglich sind. Die Auslegung der Wickelwinkel auf der Zylinderfläche erfolgt mittels der Netztheorie auf Basis der Formeln aus Kapitel 4.1.3 mit gleichmäßiger Verteilung der Umfangs- und Kreuzlagen. Um die Lagenanzahl zu begrenzen, wird ein Ziel-Berstdruck von 35 MPa angesetzt. Aufgrund der erhöhten Störeinflüsse auf den Domen wird die Anzahl der Kreuzlagen mit einem Sicherheitsfaktor von 1,3 berechnet.

Tabelle 6.5: Lagenaufbau für Druckbehälter Tank#1-Tank#3

Layup for pressure vessels Tank#1-Tank#3

Lagen-nummer	Tank#1 / Tank#2		Tank#3	
	Typ	Wickelwinkel [°]	Typ	Wickelwinkel [°]
1	Umfangslage	88	Umfangslage	88
2	Kreuzlage	32	Variation der Wendepunkte (VdW)	16
3	Kreuzlage	32	VdW	16
4	Kreuzlage	32	VdW	16
5	Kreuzlage	32	VdW	16
6	Kreuzlage	32	VdW	16
7	Kreuzlage	32	VdW	16
8	Kreuzlage	32	VdW	16

Tabelle 6.6: Lagenaufbau für Druckbehälter Tank#4

Layup for pressure vessel Tank#4

Lagen-nummer	Typ	Wickelwinkel [°]	Lagen-nummer	Typ	Wickelwinkel [°]
1	Umfangslage	88,3	13	Kreuzlage	22,3
2	Umfangslage	88,3	14	Kreuzlage	22,5
3	Kreuzlage	22,5	15	Umfangslage	88,4
4	Kreuzlage	22,7	16	Umfangslage	88,4
5	Kreuzlage	22,9	17	Umfangslage	88,4
6	Kreuzlage	23,1	18	Kreuzlage	21,0
7	Umfangslage	88,3	19	Kreuzlage	21,2
8	Umfangslage	88,3	20	Umfangslage	88,4
9	Umfangslage	88,3	21	Umfangslage	88,4
10	Umfangslage	88,3	22	Kreuzlage	21,8
11	Kreuzlage	21,9	23	Kreuzlage	22,0
12	Kreuzlage	22,1			

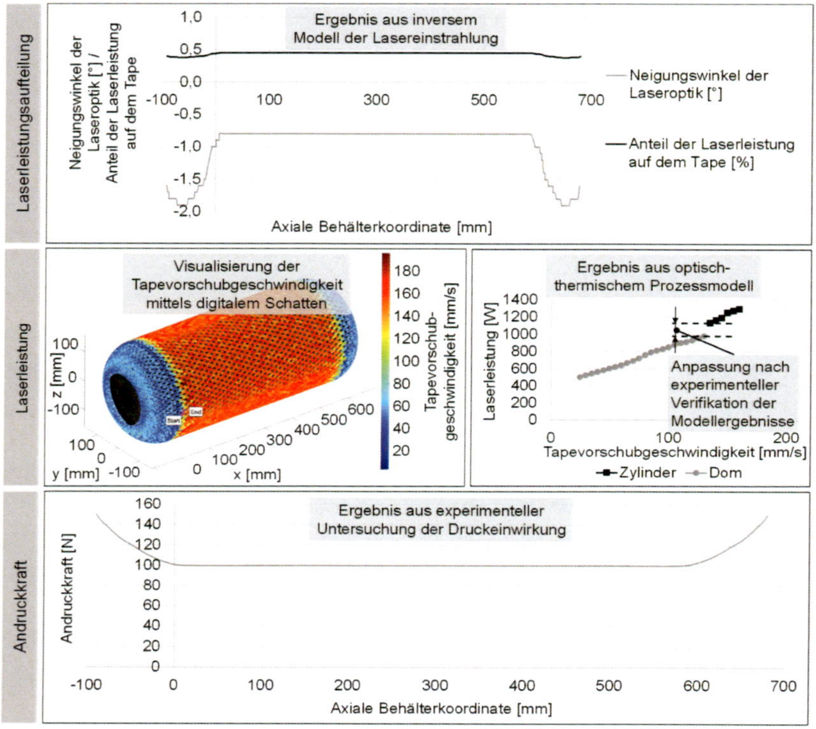

Bild 6.6: Ergebnisse der Prozessmodellierung für die Demonstratorherstellung
Results of process modelling for demonstrator manufacturing

Um die adaptive Prozesssteuerung für die Validierungsversuche zu implementieren, wird der in Bild 5.20 dargestellte Prozess für alle relevanten Verstärkungslagen durchlaufen. Bild 6.6 zeigt exemplarisch die Ergebnisse der Prozessmodellierung, welche als Eingangsgrößen in das Steuerungsprogramm aufgenommen werden. Mit den Informationen über Behälterkontur und Wickeltrajektorie wird die optimale Laserleistungsaufteilung entlang der Behälterachse sowie die entsprechenden Neigungswinkel der Laseroptik während des Prozesses berechnet. Es zeigt sich, dass auf dem Dom eine verstärkte Fokussierung des Laserspots auf das Substrat notwendig ist, um ansonsten auftretende Unterkühlungen des Substratmaterials mit potenziell negativem Einfluss auf die Konsolidierungsqualität zu vermeiden. Bei Abflachen der Behälterkontur im Polbereich steigt der Anteil der Laserleistung auf dem Tape wieder leicht an. Diese Verteilung wird als Eingangsparameter für die Ausführung des optisch-thermischen Prozessmodells verwendet. Außerdem wird eine Probelage gewickelt, um ein mittels des digitalen Schattens aufbereitetes Profil der Tapevorschubgeschwindigkeit zu erhalten. Mit diesen Informationen können gezielt Laserleistungswerte in Abhängigkeit der lokal entlang der Wickeltrajektorie vorliegenden Geschwindigkeit ermittelt werden. Bei Verifikation der Laserleistungsparameter in einem weiteren

Vorversuch kann festgestellt werden, dass die weitgehend linear abgeleiteten Laserleistungswerte auf dem Zylinder zu gering ausfallen. Daher werden die Werte für hohe Vorschubgeschwindigkeiten, wie sie auf dem Zylinder vorliegen, angepasst. Aus den experimentellen Untersuchungen zur Druckeinwirkung im Zwickelbereich sowie den Vorversuchen zum Eingrenzen des Prozessfensters geht hervor, dass die Andruckkraft auf den Domen mit zunehmendem Neigungswinkel des Tape-Applikators bei Annäherung an den Polöffnungsdurchmesser angepasst werden sollte. Aus diesen Erkenntnissen wird das unten in Bild 6.6 gezeigte Profil erstellt.

6.2 Prozess-, Laminat- und Bauteilanalyse

Process, laminate and part analysis

Aufbauend auf den Erkenntnissen der Halbzeug- und Prüfkörperanalysen sowie den im vorangegangenen Abschnitt beschriebenen Auslegungen und Modellierungen werden vier thermoplastische endlosfaserverstärkte Druckbehälter gemäß Tabelle 6.4 im laserunterstützten Tapewickelverfahren hergestellt (s. Bild 6.7). Tank#1 wird für die Validierung des adaptiven Steuerungskonzepts durch Analyse der Prozessdaten genutzt (Kapitel 6.2.1). Der mit konventionell geodätischem Fertigungskonzept hergestellte Tank#2 dient als Referenz für die Bewertung des neu entwickelten Fertigungskonzepts „Variation der Wendepunkte“, welches in Tank#3 mithilfe des gleichen Steuerungskonzepts umgesetzt wird. In Kapitel 6.2.2 werden die mechanischen und in Kapitel 6.2.3 die optischen Laminateigenschaften dieser Druckbehälter evaluiert. Der mit Boss-Komponenten hergestellte Tank#4 wird einem Berstdrucktest unterzogen, um die mechanische Gesamtfestigkeit des Bauteils zu bewerten. Der Aufbau und die Ergebnisse dieser Prüfung sind in Kapitel 6.2.4 dokumentiert.

Bild 6.7: Im Rahmen der Validierungsversuche hergestellte FVK-Druckbehälter
Composite pressure vessels manufactured in the validation trials

6.2.1 Analyse der Prozessdaten

Analysis of process data

Der erste Demonstrator-Tank besteht aus insgesamt acht Verstärkungslagen. Die ersten zwei Lagen erfüllen den Zweck, die Lineroberfläche mit Endlosfaserhalbzeug zu bedecken, um einheitliche Substrateigenschaften in den nachfolgenden Lagen für den Vergleich verschiedener Steuerungsansätze sicherzustellen. Als Referenzkonzept wird eine einfache Anpassung der Laserleistung an der Zylinder-Dom-Schnittstelle vorgenommen, während Andruckkraft und Aufteilung der Lasereinstrahlung konstant gehalten werden. Das zweite Steuerungskonzept besteht in der Unterteilung der Druckbehälter in vier Bereiche (Zylinder, Zylinder-Dom-Übergang, Dom, Pol) entlang der Behälterachse, symmetrisch angeordnet auf Anschluss- und Abschlussseite. Dieses Steuerungskonzept bietet sich an, wenn keine oder wenige Referenzdaten bezüglich des Prozesses vorliegen (vgl. Kapitel 5.3.3). Die adaptive Prozesssteuerung mit lokaler Anpassung von Laserleistung, Laserstrahlaufteilung und Andruckkraft entlang der Wickeltrajektorie bildet das dritte untersuchte Konzept. Alle Steuerungskonzepte werden mit Parameterwerten aus den beschriebenen Voruntersuchungen und Prozessmodellierungen entsprechend der Ausprägung der Parametervariation für das jeweilige Konzept umgesetzt. Auf diese Weise kann eine Vergleichbarkeit der Konzepte sichergestellt werden, da beispielsweise auf dem Zylinder immer identische Prozesszustände herrschen. Mit jedem der drei Steuerungskonzepte werden zwei Lagen gewickelt, um die Variation der Prozessdaten einschätzen zu können. Bei Vergleich der Prozessdaten der beiden jeweils gewickelten Lagen mithilfe des digitalen Schattens kann eine gute Wiederholbarkeit der Prozesszustände beobachtet werden.

In Bild 6.8 sind exemplarische Prozessdatenvisualisierungen unter Anwendung des in Kapitel 5.1 entwickelten digitalen Schattens dargestellt. Als Parameter sind die Temperatur im Zwickelbereich als wichtigster Ausgangsparameter und die Laserleistung sowie die Andruckkraft als wesentliche Eingangsparameter ausgewählt. Bei Vergleich der Ergebnisse für die ersten beiden Steuerungskonzepte fällt auf, wie geringe Anpassungen der Laserleistung auf den Domen trotz identischer Strahlaufteilung zu großen Unterschieden in der Temperaturverteilung führen. Ohne variable Anpassung der Laserleistung treten erkennbare Überhitzungen auf den Zylinder-Dom-Übergängen und eine leichte Unterkühlung direkt hinter diesem Bereich auf. Diese Beobachtungen decken sich mit Erkenntnissen aus der Literatur für das Umfahren gekrümmter Oberflächen (vgl. Kapitel 2.3.3). Bei Betrachtung der Laserleistungsverteilung für das dritte Steuerungskonzepts werden die erhöhte Anzahl der Abstufungen und die Zuteilung der Parameterwerte entlang der Wickeltrajektorie statt der Behälterachse deutlich. Der Vergleich der Temperaturverteilungen des zweiten und dritten Konzepts zeigt auf, dass sich beide für eine Homogenisierung der Temperaturverhältnisse im Zwickelbereich eignen. Die bestimmten Werte liegen fast vollständig innerhalb des in Tabelle 6.3 festgehaltenen Prozessfensters. Minimale Unterkühlungen auf den Domen, die bei der Aufteilung in vier Behälterbereich auftreten, können durch Anwendung der adaptiven Prozesssteuerung eliminiert werden. Die Messwerte der Andruckkraft im Prozessverlauf demonstrieren die steigende Anpassung der Soll-Andruckkraft mit dem Ziel, eine konstante Druckeinwirkung im Zwickelbereich zu erreichen.

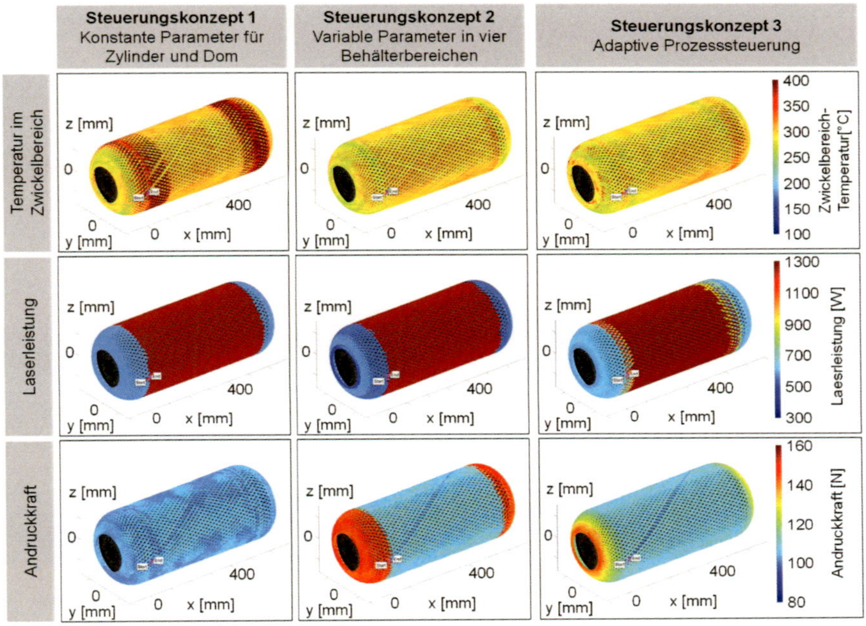

Bild 6.8: Visualisierung ausgewählter Prozessdaten für verschiedene Steuerungskonzepte
Visualization of selected process data for different control concepts

Um den Unterschied in der Temperaturverteilung, den die adaptive Prozesssteuerung bietet, zu untersuchen, werden einzelne Bilder der Wärmebildkamera betrachtet (s. Bild 6.9). Wie aufgrund der identischen Parametersätze zu erwarten, treten auf dem Zylinder keine Unterschiede in der Temperaturverteilung auf. Auf dem Dom bewirkt die verstärkte Fokussierung der Lasereinstrahlung auf das Substrat eine homogenere Erwärmung der beiden Fügeflächen. Auf Grundlage der Ergebnisse der Prozessmodellierung kann auf diese Weise mit angepasster Laserstrahlaufteilung und Laserleistung eine Unterkühlung des Substrats vermieden und eine konstante Temperaturverteilung auf Tape und Substrat auf allen Regionen des Druckbehälters realisiert werden.

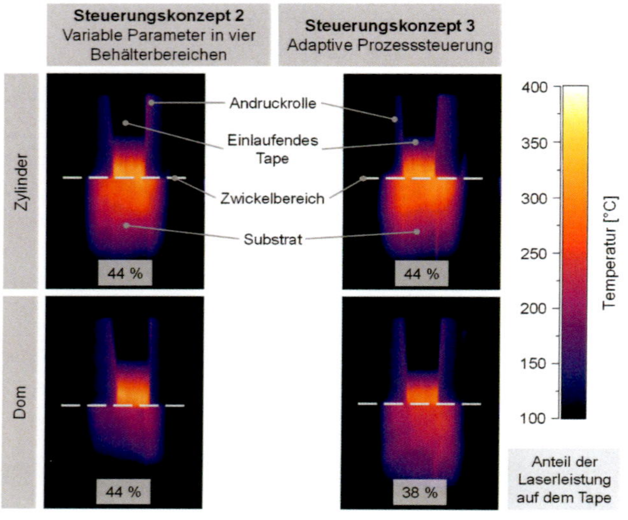

Bild 6.9: Temperaturverteilung auf Zylinder und Dom bei verschiedenen Steuerungskonzepten

Temperature distribution on cylinder and dome for different control concepts

6.2.2 Mechanische Laminateigenschaften

Mechanical laminate properties

Für die Evaluierung der mechanischen und optischen Laminateigenschaften und einen Vergleich des geodätischen mit dem neu entwickelten Fertigungskonzept „Variation der Wendepunkte" werden zwei Druckbehälter mit identischem Lagenaufbau gefertigt. Nach einer anfänglichen Umfangslage zur Stabilisierung des Kunststoffliners werden jeweils sieben Lagen im jeweiligen Fertigungskonzept mit identischem Wickelwinkel gefertigt (s. Tabelle 6.5). Die Prozessparameter für die Fertigung werden gemäß des adaptiven Steuerungskonzepts festgelegt. Dies führt zu einer homogenen Temperaturverteilung auf Zylinder und Domen (vgl. Bild 6.8).

Um eine Aussage über die interlaminare Verbindungsfestigkeit der Druckbehälterlaminate treffen zu können, wird der Schertest mit kurzem Balken als mechanisches Prüfverfahren ausgewählt. Gemäß den Vorgaben aus der maßgebenden Norm [DIN98] muss die Probengeometrie in Abhängigkeit der Laminatdicke festen Verhältnissen folgen. Da Liner und Laminat eine gute Anbindung aufwiesen und daher nicht ohne Zerstörung des Prüfkörpers getrennt werden können, beträgt die Dicke der ausgetrennten Proben je nach lokal variierender Wandstärke des Liners und Aufdickung des geodätischen Laminats in Richtung der Polöffnungen zwischen 4,2 mm und 9,0 mm. Da die Proben daher wesentlich größer ausfallen als für eine vorgegebene Referenzdicke von 2,0 mm, ist die Vergleichbarkeit der Ergebnisse mit anderen Proben, wie beispielsweise den Prüfkörpern aus Ringproben aus Kapitel 6.1.2, nicht gegeben. An dieser Stelle kann daher ein normativer Bedarf für TP-FVK-Druckbehälter ausgemacht werden. Exemplarische Proben und die Ergebnisse des Prüfverfahrens sind in Bild 6.10 enthalten.

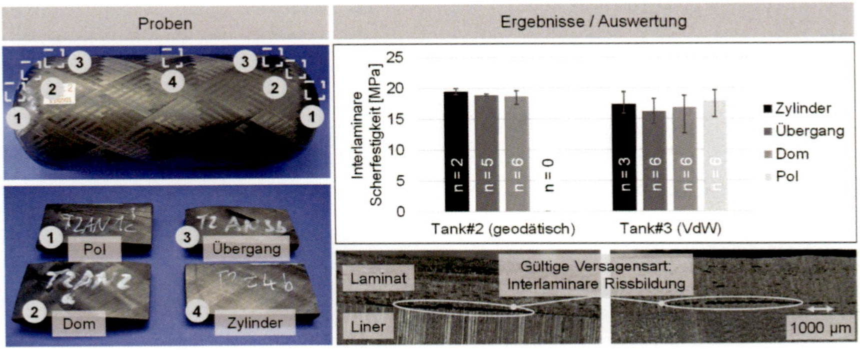

Bild 6.10: Untersuchung der interlaminaren Scherfestigkeit des Druckbehälterlaminats
Evaluation of the interlaminar shear strength of the pressure vessel laminate

Mit dem Ziel, die Scherfestigkeit in verschiedenen Punkten auf den Behälterdomen zu bestimmen, werden für jeden Tank jeweils drei Proben an sieben Stellen entnommen. Aufgrund der starken Aufdickung des Laminats auf den Polen für das geodätische Fertigungskonzept können die zugehörigen Prüfkörper keinem Schertest unterzogen werden, da die Druckfinne eine flache Auflagefläche benötigt (vgl. Prüfaufbau in Bild 6.4). Entsprechend der Vorgabe aus der Norm [DIN98] wird der Auflagerabstand nach anfänglichen Versuchen mit ungültiger Versagensart auf gleichbleibend 18 mm reduziert, um interlaminare Rissbildung zu induzieren.

Die bestimmte scheinbare interlaminare Scherfestigkeit aller gültigen Proben ist in Bild 6.10 für beide Behälter gegenübergestellt. Insgesamt ist ein gleichbleibendes Niveau der Scherfestigkeit zwischen den verschiedenen Behälterbereichen festzustellen, was auf eine gleichmäßige Konsolidierung schließen lässt. Es können keine Unterschiede zwischen den Prüfkörpern auf der Anschluss- und Abschlussseite identifiziert werden, weshalb diese im Balkendiagramm zusammengefasst dargestellt werden. Der Wertebereich der Prüfergebnisse ist für den Druckbehälter mit neuem Fertigungskonzept insgesamt ungefähr doppelt so hoch als für das Referenzkonzept, was auf eine ungleichmäßigere Konsolidierung hindeutet. Demzufolge erfordert die Realisierung des neuen Fertigungskonzepts eine weitere Verbesserung oder Erweiterung des Steuerungskonzepts, um eine homogene Fertigungsqualität, insbesondere in den Bereichen der Dome und Zylinder-Dom-Übergänge, sicherzustellen.

6.2.3 Optische Laminateigenschaften

Optical laminate properties

Die erstmalige Umsetzung des kontinuierlichen Fertigungskonzepts „Variation der Wendepunkte" zeigt klare Verbesserungspotentiale in Bezug auf die Führung der

Halbzeuge für eine Minimierung der Halbzeugkrümmungen auf den Behälterdomen auf (vgl. Kapitel 4.3). Nach Anpassung des Algorithmus zur Bestimmung der Trajektorien kann zwar eine Verbesserung der Krümmungen und Faltenbildungen bei Tank#3 beobachtet werden, jedoch treten immer noch vereinzelt gekrümmte und verdrillte Tapes auf. Diese führen bei dem mehrlagigen Laminat zu einer ungleichmäßigen Domoberfläche (s. Bild 6.11) und können im Fertigungskonzept nicht vollständig eliminiert werden, da dadurch der inhärente Vorteil der Verminderung der Laminataufdickung an den Polöffnungen aufgegeben werden müsste. Möglich erscheint daher eine Verbindung der Realisierung des Fertigungskonzepts mit Tape-Steering-Ansätzen wie der Vorkonditionierung, wie sie schon für Applikationssysteme der flachen Tapeablage beschrieben wurden [KERM15, S. 126-128].

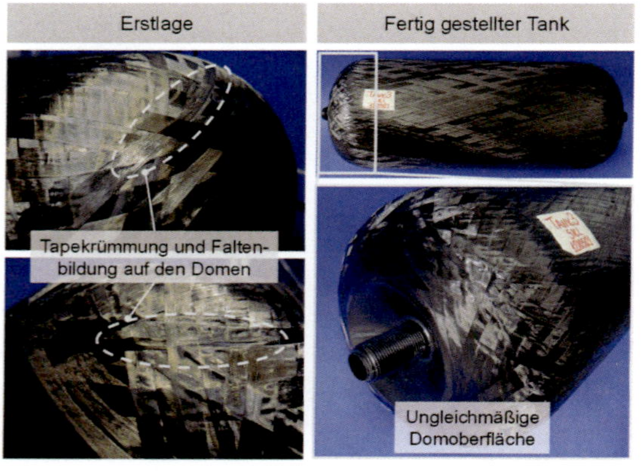

Bild 6.11: Tapeablagefehler bei Umsetzung des Fertigungskonzepts „Variation der Wendepunkte“

Tape placement defects for the implementation of the manufacturing concept “Variation of turning points”

Für die optische Begutachtung der Konsolidierung im Laminat werden auf Zylinder und Dom der beiden Behälter Proben für Querschliffaufnahmen entnommen. Um eine gleichmäßige Orientierung der Fasern auf den Aufnahmen zu erhalten, werden die Querschliffflächen in Richtung der Behälterachse gewählt. Repräsentative Aufnahmen sind in Bild 6.12 zusammengefasst.

Bei Betrachtung der Querschliffaufnahmen fällt auf, dass die Qualität des Tapematerials variiert und deutlich öfter als in den Untersuchungen, die in Kapitel 6.1 dokumentiert sind (vgl. Bild 6.2), intralaminare Fehlstellen zu sehen sind. Poren zwischen den Tapelagen treten insgesamt sowohl auf dem Zylinder als auch auf dem Dom nur selten und unregelmäßig auf. Auf allen Querschliffaufnahmen kann die gute Anbindung zwischen Laminat und Liner, die beim Heraustrennen der Proben festgestellt wird, bestätigt werden. Delaminationen treten nur vereinzelt für Tank#3 auf den Domen auf. Dort weisen unterschiedliche Faserorientierungen auf die lokale Krümmung einzelner Tapelagen hin. Aufgrund der flachen Wickelwinkel treten auf dem

Zylinder zudem vereinzelt Lücken auf, die zu Porenbildung führen. Insgesamt kann konstatiert werden, dass eine zufriedenstellende Konsolidierung mit einer geringen Anzahl an sichtbaren interlaminaren Fehlstellen für beide Fertigungskonzepte erreicht werden kann. Die Umsetzung des neuen Fertigungskonzepts bringt jedoch Herausforderungen in der Halbzeugführung mit sich, die für eine optimierte Fertigung adressiert werden müssen.

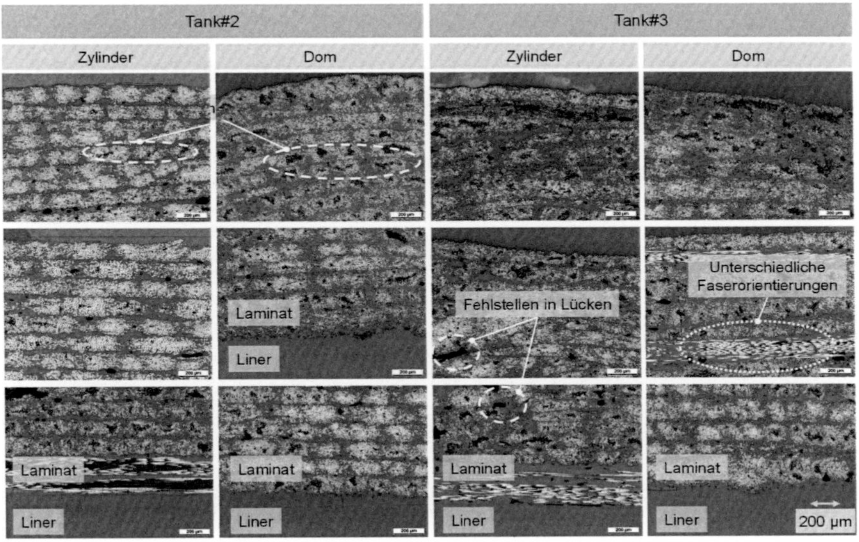

Bild 6.12: Querschliffaufnahmen von Tank#2 (geodätisches Fertigungskonzept) und Tank#3 (Fertigungskonzept „Variation der Wendepunkte“)

Microsection images of Tank#2 (geodesic manufacturing concept) and Tank#3 (manufacturing concept “Variation of turning points”)

6.2.4 Mechanische Bauteileigenschaften

Mechanical part properties

Tank#4 wird gemäß dem Lagenaufbau aus Tabelle 6.6 im geodätischen Fertigungskonzept unter Anwendung des adaptiven Steuerungskonzepts hergestellt. Anschließend wird er durch einen externen Dienstleister einem Berstdrucktest unterzogen. Hierbei wird der Behälter entsprechend des in Bild 6.13 skizzierten Testaufbaus mit einer Hochdruckpumpe gleichmäßig bis zum Versagen mit Wasser gefüllt. Während der Versuchszeit wird der Druck mithilfe eines Sensors aufgezeichnet.

Wie der Druckaufzeichnung und den Aufnahmen des Behälters nach der Berstdruckprüfung in Bild 6.13 entnommen werden kann, tritt das Versagen lokal am Rand des abschlussseitigen Zylinders bei einem Druck von 13,4 MPa auf. Dieser liegt deutlich unter dem angestrebten Berstdruck von 35 MPa, der als Ziel der Bestimmung des Lagenaufbaus mittels der Netztheorie formuliert wurde. Aus diesem Grund wird eine

Analyse des Schadensbilds durchgeführt (s. Bild 6.13 rechts). In einer Videoaufnahme, welche von der Prüfung vorliegt, kann kurz vor Versagen des Behälters ein primärer Schaden an der Außenseite des Tanks beobachtet werden, welcher zu einem Riss in Faserrichtung auf dem abschlussseitigen Dom und einer Abplatzung des Laminats auf dem Zylinderrand führt (sekundärer Schaden).

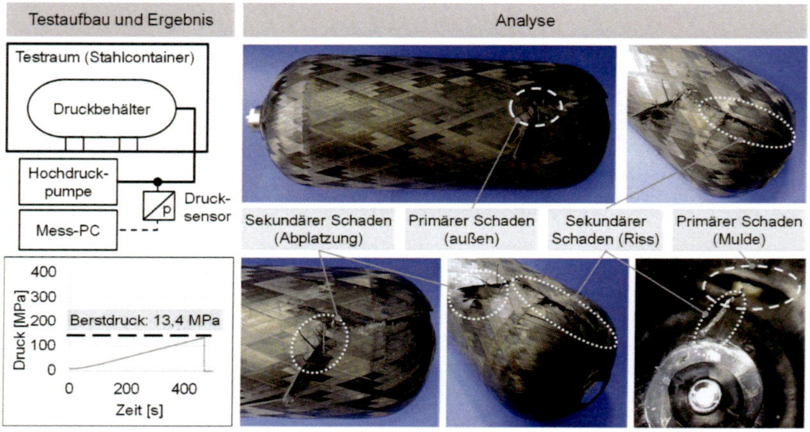

Bild 6.13: Untersuchung der Berstdruckfestigkeit von Tank#4
Evaluation of the burst pressure strength of Tank#4

Bei Begutachtung des nachträglich aufgesägten Behälters kann eine Mulde an der Innenseite des Liners am Ort des primären Schadens ausgemacht werden. Diese stellte während der Berstdruckprüfung vermutlich eine Sollbruchstelle dar und führte zu dem vorzeitigen Versagen des Druckbehälters. Unter dieser Prämisse ist auf eine Vorschädigung während der Herstellung des Kunststoff-Liners zu schließen. Aus diesem Grund wird generell eine Qualitätsprüfung der bezogenen Kunststoffliner vor einer Weiterverarbeitung vorgeschlagen. Eine weitere mögliche Ursache einer lokalen Vorschädigung ist die abschlussseitige mechanische Abstützung zur Stabilisierung des Behälters an der Abschlussseite während des laserunterstützten Tapewickelns (s. Bild 4.21). Diese könnte für eine Schonung der Behälteroberfläche umgestaltet werden, indem beispielsweise nichtmetallische Werkstoffe für die Flächen, die im Kontakt mit dem Behälter stehen, verwendet werden. Bezüglich des Laminataufbaus könnten Zwischenlagen, welche insbesondere die Zylinder-Dom-Übergänge verstärken, zusätzlich zu den Umfangs- und Kreuzlagen vorgesehen werden. Neben den dargestellten Schädigungen können keine weiteren Defekte an Innen- und Außenseite des Behälters nach der Berstdruckprüfung festgestellt werden. Dies spricht für die Theorie einer lokalen Vorschädigung der Kunststoffliner während deren Herstellung, welche die Berstdruckfestigkeit des Gesamtbehälters trotz guter Laminatqualität herabsetzte.

Für die weitere Qualifizierung und für das Ziel der Zertifizierung eines TP-FVK-Druckbehälters besteht die Notwendigkeit, weitere Berstdruckprüfungen mit mehreren identisch gefertigten Tanks und darüber hinaus weitere in den zutreffenden Normen und Richtlinien (z. B. [UN15]) gelistete Versuche durchzuführen. Hierfür sollten diese Druckbehälter auf den Ziel-Arbeitsdruck von beispielsweise 70 MPa für eine mobile Speicherung von Wasserstoff ausgelegt sein. Aufgrund begrenzter Verfügbarkeit der Kunststoff-Liner und des kohlenstofffaserverstärkten Tapes konnte in dieser Arbeit kein weiterer Testbehälter mit vollem Lagenaufbau hergestellt werden.

6.3 Zusammenfassung der Erkenntnisse und Fazit

Summary of findings and conclusion

Im Rahmen der prozesstechnologischen Validierung der entwickelten Fertigungs- und Steuerungskonzepte wurden mehrere Druckbehälter aus thermoplastischem, unidirektional kohlenstofffaserverstärktem Kunststoff hergestellt. Für das Eingrenzen des Prozessfensters und das Einstellen der Prozesssteuerung wurden Vorversuche mit dem unbearbeitetem Halbzeugmaterial und systematisch hergestellten Ringproben durchgeführt. Durch Begutachtung der Prozessdaten verschiedener Steuerungskonzepte kann festgestellt werden, dass die daten- und modellgestützte adaptive Steuerung einen Prozess für eine reproduzierbare Fertigung von Druckbehälterlaminaten mit guter Konsolidierungsgüte ohne erkennbare Delaminationen oder interlaminare Fehlstellen befähigen kann. Die dritte Forschungsthese dieser Arbeit kann somit bestätigt werden:

Die in dieser Arbeit entwickelten Werkzeuge und die neu konzipierte, adaptive Prozesssteuerung befähigen die Herstellung von Verstärkungslaminaten von FVK-Druckbehältern mit konstanten, prozesssicheren Eigenschaften im laserunterstützten Tapewickelverfahren.

Auch die Umsetzung des neu entwickelten, kontinuierlichen Fertigungskonzepts kann mithilfe der Steuerung realisiert und ein adaptiver, gesicherter Prozess mit guten Konsolidierungseigenschaften eingestellt werden. Der erhöhte Grad der Orientierungsänderungen der Wickeltrajektorie auf den Domen vermindert dabei die Aufdickung des Laminats an den Polöffnungen, führt aber auch zu einer vergrößerten Notwendigkeit der Prozessoptimierung. Eine valide Aussage über die Berstdruckfestigkeit eines TP-FVK-Druckbehälters kann aufgrund eines vorzeitigen Versagensauftritts nicht getroffen werden.

7 Zusammenfassung und Ausblick

Die Verarbeitung endlosfaserverstärkter, thermoplastischer Halbzeuge im laserunterstützten Tapewickelverfahren mit in-situ Konsolidierung weist ein hohes Potenzial für die industrielle Bauteilfertigung in Serienproduktion auf. Als Gründe hierfür können die materialseitigen Vorteile wie die reversible Aushärtung und Recyclingfähigkeit und die prozessseitigen Vorteile wie der hohe Automatisierungsgrad und der mögliche Verzicht auf nachträgliche Aushärtungsschritte aufgeführt werden. In der Transport- und Mobilitätsindustrie sind Druckbehälter als mobile Speicher für zukunftsträchtige Energieträger, insbesondere Wasserstoff, prädestinierte Komponenten für den Einsatz von Faserverbundkunststoff-Materialien, da diese eine erhöhte Energiespeicherdichte, Effizienz und Reichweite bei guter mechanischer und chemischer Beständigkeit bieten. Thermoplastische FVK zeichnen sich hierbei zusätzlich durch einen hohen Wiederverwertungsgrad und eine geringe Umweltbelastung in Kombination mit einer Einsparung kostspieliger Fasermaterialien durch optimierte Faserorientierung im verstärkenden Laminat aus. Bisher werden diese Materialien jedoch nur in geringem Maße in Druckbehältern eingesetzt. Als Gründe hierfür sind die bisher nicht vorliegenden angepassten Fertigungskonzepte, welche die spezifischen Eigenschaften thermoplastischer FVK berücksichtigen und hiervon profitieren, sowie die herausfordernde Beherrschbarkeit des Fertigungsprozesses bei der Abbildung komplexer, gekrümmter Geometrien zu nennen. Für die Beschreibung und Optimierung des laserunterstützten Fertigungsprozesses eignen sich vielfältige daten- und modellgestützte Ansätze ebenso wie Prozesssteuerungs- und Prozessregelungsalgorithmen, die jedoch bisher nicht für die Abbildung komplexer Geometrien optimiert und qualifiziert wurden. Aus diesem Grund setzt diese Arbeit sowohl in der Gestaltung von Fertigungskonzepten für TP-FVK-Druckbehälter als auch in der Beherrschung des zugehörigen Fertigungsprozesses an.

Auf Grundlage vielfältiger Auslegungsansätze für duroplastische FVK-Druckbehälter wurden die Anforderungen und Potenziale für thermoplastische Fertigungskonzepte herausgearbeitet. Insbesondere die prinzipiell beliebige Gestaltung des Wickelpfads ohne Rücksicht auf geodätische Wickeltrajektorien, welche der in-situ Prozess bietet, wurde als wichtiger Aspekt identifiziert. Hierdurch entsteht die Gelegenheit, die anisotropen Endlosfaserhalbzeuge auf dem Zylinder in Richtung der Hauptspannungsflüsse im Laminat zu orientieren und auf den Domen lokale Materialanhäufungen zu vermindern. Unter Beachtung der material- und prozessbedingten Randbedingungen konnten auf Basis netztheoretischer Betrachtungen neue Fertigungskonzepte entwickelt und mithilfe FEM-Analyse gestützt werden. Neben der Umsetzung der Tapeablage in axialer und in Umfangsrichtung wurde ein flexibles, kontinuierliches Fertigungskonzept konzipiert und umgesetzt. Dieses minimiert den Wickelwinkel auf dem Zylinder für eine optimale Kombination mit konventionellen Umfangslagen, vermindert Materialanhäufungen auf den Polöffnungsdurchmessern der Dome und ist flexibel auf verschiedene Behältergeometrien anpassbar. Folglich weist das neue Konzept das Potenzial auf, die Anzahl fertigungstechnisch und zeitlich aufwendiger axialer Verstärkungslagen zu reduzieren und darüber hinaus den Materialverbrauch gegenüber konventionellen geodätischen Fertigungskonzepten zu verringern.

Aufbauend auf der Auslegung und Entwicklung der Fertigungskonzepte konnte erstmals ein Vorgehen für die iterative Prozessentwicklung für die Herstellung von TP-FVK-Druckbehältern im laserunterstützten Tapewickeln formuliert und realisiert werden. In einer ersten Prozessanalyse wurde die Abhängigkeit der Roboterdynamik von den Wickeltrajektorien und die Auswirkungen auf die Prozesstemperatur untersucht. Als vielversprechender Ansatz für die Homogenisierung der Tapevorschubgeschwindigkeit wurde die Manipulation des Werkzeugmittelpunktpfads auf der Behälteroberfläche identifiziert. Dieser konnte jedoch mit dem vorliegenden Fertigungssystem nicht umgesetzt werden. Als Folge wurde die Fluktuation der Tapevorschubgeschwindigkeit, ausgelöst durch die Grenzen der Roboterdynamik, neben dem Zusammenspiel aus Behältergeometrie und Wickeltrajektorie sowie der lokalen Substrattemperatur als wesentliche Fixpunkt für die Steuerungsentwicklung festgehalten.

Für die Unterstützung der Steuerungsentwicklung wurden daten- und modellbasierte Werkzeuge für die Prozessanalyse und -optimierung entwickelt. Die ortsaufgelöste Datenvisualisierung und -evaluierung, welche bei komplexen Komponenten wie Druckbehältern eine vereinfachte Erfassung und Eliminierung von Fehlstellen und Prozessmängeln ermöglicht, wurde durch Konzeptentwicklung und Umsetzung eines digitalen Schattens realisiert. Verschiedene implementierte Analysefunktionen erlauben die gezielte Auswertung der Prozessdaten und erhöhen die Transparenz, indem die Herstellungshistorie eines individuellen Bauteils erfasst und abgespeichert werden kann. Ein optisch-thermisches Prozessmodell, welches in Kooperation mit der University of Twente entwickelt und in dieser Arbeit für die zielgerichtete Dateneingabe und -analyse erweitert und validiert wurde, gestattet die Ermittlung bestmöglicher Prozesseingangsgrößen ohne aufwendige experimentelle Voruntersuchungen. Mit dem Ziel, eine gleichbleibende Lasereinstrahlung auf einlaufendem Tape und Substrat entlang des Wickelpfads zu gewährleisten, wurde zudem ein inverses, analytisches Lasereinstrahlungsmodell implementiert. Ergänzt durch experimentelle Untersuchungen der Druckverteilung konnten Erkenntnisse zu allen relevanten, beeinflussbaren Prozessgrößen gewonnen und bei der Entwicklung einer adaptiven Prozesssteuerung berücksichtigt werden.

Auf Grundlage des Vorgehens zur iterativen Prozessentwicklung wurden die entwickelten Fertigungs- und Steuerungskonzepte nach Untersuchung des Halbzeugmaterials und Eingrenzen des Prozessfensters durch die Herstellung von Druckbehältern im laserunterstützten Tapewickelverfahren validiert. Die implementierte adaptive Prozesssteuerung erwies sich dabei als fähig, eine gleichbleibende, homogene Temperaturverteilung in der Prozesszone sicherzustellen. Die Konsolidierungsqualität auf Zylinder und Dom konnte für das neue kontinuierliche Fertigungskonzept im Vergleich mit einem konventionell geodätischem Wickelmuster sowohl durch mechanische als auch durch optische Analysen belegt werden.

Im Speziellen konnten die aufgestellten Forschungsfragen beantwortet und die zugehörigen Forschungsthesen mit dieser Arbeit bestätigt werden:

- Das Eigenschaftsprofil thermoplastischer Faserverbundkunststoffe und die Herstellung von rotationssymmetrischen Komponenten im Tapewickelverfahren mit in-situ Konsolidierung ermöglichen die Gestaltung individueller Wickelstrukturen und Lagenaufbauten. Diese weisen in Bezug auf Lastfälle, Fertigungszeiten und Einsparung hochpreisiger Halbzeugmaterialien Vorteile gegenüber konventionellen Laminatstrukturen für FVK-Druckbehälter auf.
- Die während der Herstellung von Faserverbundkunststofflaminaten im laserunterstützten Tapewickelverfahren erhobenen Prozessdaten lassen sich durch eine örtliche Auflösung als digitaler Schatten gezielt und aggregiert für die offline Prozessanalyse und die online Prozessoptimierung nutzen. Auf diese Weise kann die Führung und Optimierung eines Fertigungsprozesses, welcher adaptiv auf wechselnde Prozessbedingungen abgestimmt ist, erfolgen als auch eine Aussage über die Bauteileigenschaften getroffen werden.
- Eine angepasste Prozessführung und die gezielte Optimierung relevanter Prozessparameter befähigen die Herstellung von verstärkten Druckbehältern mit konstanten, prozesssicheren Laminateigenschaften im laserunterstützten Tapewickeln.

Für eine weitere Optimierung von TP-FVK-Druckbehältern ist es gemäß den Erkenntnissen dieser Arbeit ratsam, die gesamte Behältergeometrie inklusive Liner, Boss-Komponenten und Laminat als Einheit zu betrachten. Vor Aufbringung des Laminats sollten Liner und Boss-Komponenten Voruntersuchungen unterzogen werden, um Vorschäden auszuschließen. Durch die gemeinsame Betrachtung aller Elemente während der Behälterauslegung können die Eigenschaften thermoplastischer Endlosfaserhalbzeuge in Bezug auf die nicht-geodätische Ablage verstärkt ausgenutzt und auftretende Halbzeugkrümmungen vermieden werden. Auch die Kombination der Anlagentechnik mit Methoden der Tape-Vorkonditionierung bergen das Potenzial, die Designfreiheit zu steigern und FVK-Materialien durch intelligente Auslegung einzusparen. Durch numerische Methoden kann die Auslegung zudem abgesichert und erweitert werden.

In Bezug auf die Anlagentechnik sollte die Integration weiterer Achsen, beispielsweise einer Linearachse, auf der sich der Roboter bewegt, der Homogenisierung der Roboterbewegungen zuträglich sein und die Prozessbeherrschung somit vereinfachen. Die in Kapitel 2.3.2 genannten Anlagen mit zusätzlichen kinematischen Freiheitsgraden weisen diese Eigenschaften bereits auf. Eine kompakte Bauweise des Tape-Applikators trägt darüber hinaus zu einer verringerten Orientierungsänderung des Robotersystems bei, da der Bewegungsradius um den Werkzeugmittelpunkt verringert wird. Eine erhöhte Sicherheit in der Prozesssteuerung kann außerdem durch die mechanische Kopplung von Andruckrolle, Laseroptik und Wärmebildkamera erreicht werden. Unabhängig von der Anlagentechnik lassen sich die gewonnenen Erkenntnisse auf andere Fertigungsanlagenkonstellationen übertragen. Die entwickelten Optimierungswerkzeuge können prinzipiell auch für die Fertigung anderer komplexer Wickelkörper angepasst und verwendet werden.

Steuerungstechnisch verspricht die Umsetzung einer modellprädiktiven Regelung auf Basis eines inversen optisch-thermischen Prozessmodells, gegebenenfalls in Kombination mit Methoden des maschinellen Lernens, eine weitere Steigerung der Prozesssicherheit. In Bezug auf die Methoden des maschinellen Lernens kann der im Rahmen der Arbeit entwickelte digitale Schatten eine wertvolle Basis darstellen. Die erhöhte Flexibilität einer erweiterten Regelung kann neben Druckbehältern auch auf andere dreidimensionale Wickelkörper und gekrümmte ebene Flächen für die laserunterstützte Tapeablage angewendet werden. Insgesamt können die in dieser Arbeit entwickelten Methoden somit die Grundlage für eine weitere Prozessoptimierung und somit eine Zertifizierung und serienmäßige Fertigung von TP-FVK-Druckbehältern und anderer dreidimensionaler FVK-Wickelkörper in der Zukunft bilden.

Summary and Outlook

The processing of unidirectional fiber-reinforced, thermoplastic semi-finished products in the laser-assisted tape winding process with in-situ consolidation shows a high potential for industrial component manufacturing in series production. The reasons for this lie in the material-related advantages such as reversible curing and recyclability and the process-related advantages such as the high degree of automation and the possible elimination of subsequent curing steps. In the transport and mobility industry, pressure vessels as mobile storage units for promising energy carriers – especially hydrogen – are predestined components for the use of fiber-reinforced composite materials, as these offer increased energy storage density, efficiency and range with good mechanical and chemical resistance. In this context, thermoplastic FRPs are additionally characterized by their recyclability and a low environmental impact in combination with the potential saving of costly fiber materials due to optimized fiber orientation in the reinforcement layers. Despite this, these materials have so far only been used to a limited extent in pressure vessels. Reasons for this are the lack of adapted manufacturing concepts that consider and profit from the specific properties of thermoplastic FRPs, as well as the challenging controllability of the manufacturing process when mapping complex, curved geometries. A wide variety of data and model-based approaches are suitable for describing and optimizing the laser-assisted manufacturing process, as are process control algorithms, but these have not been optimized before and qualified for mapping complex geometries. For this reason, this work focuses both on the design of manufacturing concepts for thermoplastic composite pressure vessels and on the control of the associated manufacturing process.

Based on a variety of design approaches for thermoset composite pressure vessels, the requirements and potentials for thermoplastic manufacturing concepts were elaborated. In particular, the basically arbitrary design of the winding path without regard to geodesic winding trajectories, which the in-situ process offers, was identified as an important aspect. It opens the opportunity to orient the anisotropic unidirectional fiber-reinforced, semi-finished products on the cylinder in the direction of the principal stresses in the laminate and to reduce local material accumulations on the domes. Considering the material and process-related boundary conditions, new manufacturing concepts were developed on the basis applying the netting theory. These concepts were supported by a simplified FEM analysis. In addition to the implementation of axial and circumferential tape deposition, a flexible, continuous manufacturing concept was designed and implemented. This concept minimizes the winding angle on the cylinder for an optimal combination with conventional circumferential layers, reduces material accumulation on the pole opening diameters of the domes and is flexibly adaptable to different container geometries. Thus, the new concept potentially reduces the number of axial reinforcement layers, which are costly in terms of manufacturability and production time. Furthermore, material consumption can potentially be decreased compared to conventional geodesic manufacturing concepts.

Building on the design and development of the manufacturing concepts, it was possible for the first time to formulate and implement a procedure for iterative process development for the manufacture of thermoplastic composite pressure vessels in laser-assisted tape winding. In a first process analysis, the dependence of the robot dynamics on the winding trajectories and the effects on the process temperature were investigated. Manipulation of the tool center point path on the container surface was identified as a promising approach for homogenizing the tape feed rate. However, this could not be implemented with the available manufacturing system. As an effect, the fluctuation of the tape feed rate, triggered by the limitations of the robot dynamics, was noted as a major disturbance for control development, in addition to the interaction of container geometry and winding trajectory and local substrate temperature.

Data and model-based tools for process analysis and optimization were developed to support control development. Spatially resolved data visualization and evaluation, which enables simplified detection and elimination of defects and process deficiencies in complex components such as pressure vessels, was realized through concept development and implementation of a digital shadow. Various implemented evaluation functions allow the targeted examination of process data and increase transparency by recording and storing the manufacturing history of an individual component. An optical-thermal process model, which was developed in cooperation and extended and validated in this work for targeted data input and analysis, allows the determination of the best possible process input variables without time-consuming preliminary experimental investigations. With the goal of ensuring consistent laser irradiation on incoming tape and substrate along the winding path, an inverse laser irradiation model based on analytical equations was also implemented. Experimental investigations of the pressure distribution provided insights into all relevant process variables that can be influenced and were considered in the development of an adaptive process control system.

Based on the procedure for iterative process development, the developed manufacturing and control concepts were validated by manufacturing pressure vessels in the laser-assisted tape winding process after investigating the semi-finished material and narrowing down the process window. The implemented adaptive process control proved capable of ensuring a consistent, homogeneous temperature distribution in the process zone. The consolidation quality on cylinder and dome was proven for the new continuous manufacturing concept in comparison with a conventional geodesic winding pattern by both mechanical and optical analyses.

Specifically, the set-up research questions were answered and corresponding research theses were confirmed with this work:

- The property profile of thermoplastic fiber-reinforced plastics and the production of rotationally symmetrical components in the tape winding process with in-situ consolidation enable the design of individual winding and layup structures. These exhibit advantages over conventional laminate structures for composite pressure vessels in terms of load cases, production times and savings on high-priced semi-finished materials.

- The process data collected during the manufacture of composite laminates in the laser-assisted tape winding process can be used in a targeted and aggregated manner for offline process analysis and online process optimization thanks to a local resolution as a digital shadow. In this way, both the design of a manufacturing process that is adaptively matched to changing process conditions is enabled and a statement about the component properties can be made.
- Adapted process control and targeted optimization of relevant process parameters enable the production of reinforced pressure vessels with constant, process-reliable laminate properties in laser-assisted tape winding.

For further optimization of thermoplastic composite pressure vessels, the entire vessel geometry including liner, boss components and laminate must be considered as a unit. Before applying the laminate, liner and boss components should be subjected to inspections to rule out prior damage. By holistically considering all elements in the design phase, the properties of thermoplastic tapes regarding non-geodesic deposition can be exploited to a greater extent and any tape curvatures that occur can be avoided. The combination of system technology with tape preconditioning methods holds the potential to increase design freedom and save FRP materials through intelligent design. Numerical methods can also be used to further validate and extend the design.

Regarding the system technology, the integration of further axes, for example a linear axis on which the robot moves, should be conducive to homogenization of the robot movements and thus simplify process control. Established systems with additional kinematic degrees of freedom already exhibit these properties. A compact design of the tape applicator also contributes to a reduced change in orientation of the robot system, as the radius of movement around the tool center point is reduced. Increased safety in process control can additionally be achieved by mechanically coupling the compression roller, laser optics and thermal imaging camera. Irrespective of the system technology, the knowledge gained can be transferred to other production system constellations. In principle, the optimization tools developed can also be adapted and used for the production of other complex wound bodies.

In terms of control technology, the implementation of a model-predictive control based on an inverse optical-thermal process model, possibly in combination with machine learning methods, promises a further increase in process reliability. In terms of machine learning methods, the digital shadow developed as part of the work can provide a valuable basis. In addition to pressure vessels, the flexibility gained by advanced control technology can also be applied to other three-dimensional winding bodies and curved flat surfaces for laser-assisted tape deposition. Overall, the methods developed in this work can thus form the basis for further process optimization and thus certification and series production of a thermoplastic composite pressure vessel and other three-dimensional composite winding parts in the future.

8 Literaturverzeichnis

References

[ABEL12] Abel, D.: Regelungstechnik und Ergänzungen (Höhere Regelungstechnik). Umdruck zur Vorlesung. 36. Aufl. Aachen: Mainz, 2012

[AFPT21] AFPT GmbH: Anwendungen - Druckbehälter. URL: https://global.afpt.de/de/technicalcentre/ [Stand: 03.06.2021]

[AIRL20] Air Liquide: Fuelling the Future of Mobility with Hydrogen. In: JEC Composites Magazine. 57. Jg., 2020, Nr. Special Issue, S. 59–61

[ALCA17] Alcántar, V.; Aceves, S.; Ledesma, E.; Ledesma, S.; Aguilera, E.: Optimization of Type 4 Composite Pressure Vessels Using Genetic Algorithms and Simulated Annealing. In: International Journal of Hydrogen Energy. 42. Jg., 2017, Nr. 24, S. 15770–15781

[ANNA07] Annaratone, D.: Pressure Vessel Design. 1. Aufl. Berlin: Springer, 2007

[AUGU14] August, Z.; Ostrander, G.; Michasiow, J.; Hauber, D.: Recent Developments in Automated Fiber Placement of Thermoplastic Composites. In: SAMPE Journal. 50. Jg., 2014, Nr. 2, S. 30–37

[BARG08] Bargel, H.-J.; Schulze, G.: Werkstoffkunde. 10. Aufl. Berlin: Springer, 2008

[BARK77] Barking, H.-L.: Steuerungskonzepte für das Präzisionswickeln von faserverstärkten Kunststoffen. Diss. RWTH Aachen, 1977

[BAUE14] Bauer, W.; Schlund, S.; Marrenbach, D.; Ganschar, O.: Industrie 4.0 - Volkswirtschaftliches Potenzial für Deutschland. Studie. Berlin, 2014. Firmenschrift

[BAUH16] Bauernhansl, T.; Krüger, J.; Reinhart, G.; Schuh, G.: WGP-Standpunkt Industrie 4.0. Darmstadt, 2016. Firmenschrift

[BEAK01] Béakou, A.; Mohamed, A.: Influence of Variable Scattering on the Optimum Winding Angle of Cylindrical Laminated Composites. In: Composite Structures. 53. Jg., 2001, Nr. 3, S. 287–293

[BEDN91] Bednar, H.: Pressure Vessel Design Handbook. 2. Aufl. New York: Van Nostrand Reinhold, 1991

[BEEC21] Beecham, M.: Research Snapshot - Lighten up. URL: https://www.just-auto.com/features/research-snapshot-lighten-up/ [Stand: 03.06.2021]

[BENB18] Ben-Bassat, A.: AI and the Digital Thread Boost Composites Manufacturing. In: JEC Composites Magazine. 55. Jg., 2018, Nr. 119, S. 4–6

[BERE02] Beresheim, G.: Thermoplast-Tapelegen. Diss. Universität Kaiserslautern, 2002

[BEUK07] Beukers, A.; Koussios, S.; Bergsma, O.: Composite Pressure Vessel Design: Integral Determination of Winding Patterns. In: Proceedings of the 16th International Conference on Composite Materials (ICCM-16). Kyoto, Japan, 8.-13. Juli 2007. Göteborg, Schweden: International Committee on Composite Materials (Veranst.), S. 1–10

[BLAC17] Black, S.: Composites Recycling is Gaining Traction. URL: https://www.compositesworld.com/blog/post/composites-recycling-is-gaining-traction [Stand: 03.06.2021]

[BLEC21] Blechner, N.: Mit dem Wasserstoff-LKW in die Zukunft. Brennstoffzellen für die Langstrecke. URL: https://www.tagesschau.de/wirtschaft/boerse/wasserstoff-lkw-101.html [Stand: 13.09.2021]

[BREC13] Brecher, C.; Emonts, M.; Stimpfl, J.; Kermer-Meyer, A.: Production of Customized Hybrid Fiber-Reinforced Thermoplastic Composite Components Using Laser-Assisted Tape Placement. In: Proceedings of the 4th Machining Innovations Conference. Hannover, 18.-19. September 2013. Meyrin, Schweiz: CERN (Veranst.), S. 123–129

[BREC15] Brecher, C.; Werner, D.; Emonts, M.: »Multi-Material-Head«. One Tool for 3 Technologies: Laser-Assisted Thermoplast-Tape Placement, Thermoset-Prepreg-Placement and Dry-Fiber-Placement. In: Proceedings of the 20th International Conference on Composite Materials (ICCM-20). Kopenhagen, Dänemark, 19.-24. Juli 2015. Göteborg, Schweden: International Committee on Composite Materials (Veranst.), S. 1–8

[BREC16] Brecher, C.; Kukla, C.; Emonts, M.: Infrarotkameragestützte Prozesstemperaturerfassung. Laserunterstützte Verarbeitung endlosfaserverstärkter thermoplastischer Tapes. In: wt Werkstattstechnik online. 106. Jg., 2016, Nr. 5, S. 341–346

[BREU16] Breuer, U.: Commercial Aircraft Composite Technology. 1. Aufl. Cham: Springer, 2016

[BRUE17] Brüning, J.; Denkena, B.; Dittrich, M.-A.; Hocke, T.: Machine Learning Approach for Optimization of Automated Fiber Placement Processes. In: Proceedings of the 1st CIRP Conference on Composite Materials Parts Manufacturing (CIRP-CCMPM2017). Karlsruhe, 8.-9. Juni 2017. Paris, Frankreich: International Academy for Production Engineering (Veranst.), S. 74–78

[BUNG09] Bungartz, H.-J.; Zimmer, S.; Buchholz, M.: Modellbildung und Simulation. Eine anwendungsorientierte Einführung. 1. Aufl. Berlin: Springer, 2009

[BUNS06] Bunsell, A.: Composite Pressure Vessels Supply an Answer to Transport Problems. In: Reinforced Plastics. 50. Jg., 2006, Nr. 2, S. 38–41

[BUR18] Bur, N.; Joyot, P.; Villon, P.: Reduced-Order Model of Optimal Temperature Control for the Automated Fibre Placement Process. In: Comptes Rendus Mécanique. 346. Jg., 2018, Nr. 7, S. 556–570

[BUTL98] Butler, C.; McCullough, R.; Pitchumani, R.; Gillespie, J., Jr.: An Analysis of Mechanisms Governing Fusion Bonding of Thermoplastic Composites. In: Journal of Thermoplastic Composite Materials. 11. Jg., 1998, Nr. 4, S. 338–363

[BUTT10] Butt, A.; Waheed-ul-Haq, S.: Comparative Study for the Design of Optimal Composite Pressure Vessels. In: Key Engineering Materials. 18. Jg., 2010, Nr. 442, S. 381–388

[CALA16] Calà, A.; Foehr, M.; Rohrmus, D.; Weinert, N.; Meyer, O.; Taisch, M.; Boschi, F.; Fantini, P.; Perlo, P.; Petrali, P.; Vallhagen, J.: Towards Industrial Exploitation of Innovative and Harmonized Production Systems. In: Proceedings of the 42nd Annual Conference of the IEEE Industrial Electronics Society. Florenz, Italien, 24.-27. Oktober 2016. New York, USA: IEEE Industrial Electronics Society (Veranst.), S. 5735–5740

[CARV95] de Carvalho, J.; Lossie, M.; Vandepitte, D.; van Brussel, H.: Optimization of Filament-Wound Parts Based on Non-Geodesic Winding. In: Composites Manufacturing. 6. Jg., 1995, Nr. 2, S. 79–84

[CELA16] Celanese: Celstran CFR-TP PA6 GF60-03. Technisches Datenblatt. Sulzbach, 2016. Firmenschrift

[CELA20] Celanese: Celstran CFR-TP PA6 CF60-03. Technisches Datenblatt. Sulzbach, 2020. Firmenschrift

[CHER11] Cherif, C.: Textile Werkstoffe für den Leichtbau. Techniken - Verfahren - Materialien - Eigenschaften. 1. Aufl. Berlin: Springer, 2011

[COME14] Comer, A.; Ray, D.; Obande, W.; Jones, D.; Lyons, J.; Rosca, I.; O' Higgins, R.; McCarthy, M.: Mechanical Characterisation of Carbon Fibre–PEEK Manufactured by Laser-Assisted Automated-Tape-Placement and Autoclave. In: Composites Part A: Applied Science and Manufacturing. 2014, Nr. 69, S. 10–20

[COUR17] Courtemanche, B.: Thermoplastic Composites for LATW. Laser Automated Tape Winding. In: Proceedings of the Composite Pressure Vessel Symposium 2017. Porto, Portugal, 14.-16. November 2017. Zonhoven, Belgien: Seifert & Skinner (Veranst.), S. 1–38

[DAI02] Dai, S. C.; Ye, L.: Characteristics of CF/PEI Tape Winding Process with On-Line Consolidation. In: Composites Part A: Applied Science and Manufacturing. 33. Jg., 2002, Nr. 9, S. 1227–1238

[DARA85] Dara, P.; Loos, A.: Thermoplastic Matrix Composite Processing Model. Blacksburg, USA, 1985. Firmenschrift

[DEDI17] Dedieu, C.; Barasinski, A.; Chinesta, F.; Dupillier, J.-M.: About the Origins of Residual Stresses in In Situ Consolidated Thermoplastic Composite Rings. In: International Journal of Material Forming. 10. Jg., 2017, Nr. 5, S. 779–792

[DEVL07] DeVlieg, R.; Jeffries, K.; Vogeli, P.: High-Speed Fiber Placement on Large Complex Structures. In: SAE International. 1. Jg., 2007, Nr. 3843, S. 1–5

[DIN12] Norm DIN EN 12245 (März 2012). Ortsbewegliche Gasflaschen. Vollumwickelte Flaschen aus Verbundwerkstoffen

[DIN13] Norm DIN EN ISO 11439 (September 2013). Gasflaschen. Hochdruck-Flaschen für die fahrzeuginterne Speicherung von Erdgas als Treibstoff für Kraftfahrzeuge

[DIN88] Norm DIN 65448 (Januar 1988). Strukturelle Klebstoffe. Keiltest

[DIN98] Norm DIN EN ISO 14130 (Februar 1998). Bestimmung der scheinbaren interlaminaren Scherfestigkeit nach dem Dreipunktverfahren mit kurzem Balken. Faserverstärkte Kunststoffe

[DOMI08] Domininghaus, H.; Elsner, P.; Eyerer, P.; Hirth, T.: Kunststoffe. Eigenschaften und Anwendungen. 7. Aufl. Berlin: Springer, 2008

[DSM17] DSM: DSM Developing Novel Materials Solution for High-Pressure Composite Tanks for Hydrogen Storage. URL: https://www.dsm.com/engineering-materials/en_US/connect/press-releases/2017-09-04-dsm-developing-novel-materials-solution-for-high-pressure-composite-tanks-for-hydrogen-storage.html [Stand: 03.06.2021]

[DUBR15] Dubratz, M.: Laserunterstütztes Tape-Placement-Verfahren für die Herstellung dreidimensionaler Strukturkomponenten aus endlosfaserverstärkten thermoplastischen Prepregs. Diss. RWTH Aachen, 2015

[DUPL16] Duplessis Kergomard, Y.; Satheesh, B.; Dufort, L.; Schledjewski, R.: Automated Tape Laying (ATL) Process Simulation through 3D Thermo-Mechanical Model. In: Proceedings of the 17th European Conference on Composite Materials (ECCM-17). München, 26.-30. Juni 2016. Augsburg: MAI Carbon Clustermanagement GmbH (Veranst.), S. 1–8

[EICH10] Eichlseder, H.; Klell, M.: Wasserstoff in der Fahrzeugtechnik. Erzeugung, Speicherung, Anwendung. 2. Aufl. Wiesbaden: Vieweg+Teubner / Springer Fachmedien, 2010

[ESCH01] vor dem Esche, R.: Herstellung langfaserverstärkter Thermoplastbauteile unter Zuhilfenahme von Hochleistungslasern als Wärmequelle. Diss. RWTH Aachen, 2001

[EVAN02] Evans, J.; Gibson, A.: Composite Angle Ply Laminates and Netting Analysis. In: Proceedings of the Royal Society of London. Series A: Mathematical, Physical and Engineering Sciences. 458. Jg., 2002, Nr. 2028, S. 3079–3088

[FLEI07] Fleischhauer, M.: Untersuchung der Einsatzmöglichkeit von thermoplastischen Faserverbundwerkstoffen für hoch belastete Strukturbauteile in der Fahrzeugtechnik. Diss. Technische Universität Darmstadt, 2007

[FRAN17] Di Francesco, M.; Veldenz, L.; Dell'Anno, G.; Potter, K.: Heater Power Control for Multi-Material, Variable Speed Automated Fibre Placement. In: Composites Part A: Applied Science and Manufacturing. 2017, Nr. 101, S. 408–421

[FROS16] Frost & Sullivan: Global Automotive Composites Market, Forecast to 2021. Carbon Fibre Reinforced Polymers (CFRPs) to Offer Robust Growth Opportunities. Mountain View, USA, 2016. Firmenschrift

[FU17] Fu, J.; Yun, J.; Jung, Y.; Lee, D.: Generation of Filament-Winding Paths for Complex Axisymmetric Shapes Based on the Principal Stress Field. In: Composite Structures. 2017, Nr. 161, S. 330–339

[FUEL19] FuelCellsWorks: Hexagon Awarded Fuel Systems Order for Hydrogen Buses in Italy. URL: https://fuelcellsworks.com/news/hexagon-awarded-fuel-systems-order-for-hydrogen-buses-in-italy/ [Stand: 03.06.2021]

[FUNC95] Funck, R.; Neitzel, M.: Improved Thermoplastic Tape Winding Using Laser or Direct-Flame Heating. In: Composites Manufacturing. 6. Jg., 1995, Nr. 3-4, S. 189–192

[GABR16] Gabrion, X.; Placet, V.; Trivaudey, F.; Boubakar, L.: About the Thermomechanical Behaviour of a Carbon Fibre Reinforced High-Temperature Thermoplastic Composite. In: Composites Part B: Engineering. 2016, Nr. 95, S. 386–394

[GARD20] Gardiner, G.: Carbon Fiber in Pressure Vessels for Hydrogen. URL: https://www.compositesworld.com/articles/cfrp-pressure-vessels-for-hydrogen [Stand: 03.06.2021]

[GENN71] Gennes, P. de: Reptation of a Polymer Chain in the Presence of Fixed Obstacles. In: The Journal of Chemical Physics. 55. Jg., 1971, Nr. 2, S. 572–579

[GRIE14] Grieves, M.: Digital Twin: Manufacturing Excellence through Virtual Factory Replication. Melbourne, USA, 2014. Firmenschrift

[GRIE17] Grieves, M.; Vickers, J.: Digital Twin: Mitigating Unpredictable, Undesirable Emergent Behavior in Complex Systems. In: Kahlen, F.-J.; Flumerfelt, S.; Alves, A. (Hrsg.): Transdisciplinary Perspectives on Complex

Systems. 1. Aufl. Cham: Springer International Publishing, 2017, S. 85–113

[GROU12] Grouve, W.: Weld Strength of Laser-Assisted Tape-Placed Thermoplastic Composites. Diss. University of Twente. Enschede, 2012

[GROU13] Grouve, W.; Warnet, L.; Rietman, B.; Visser, H.; Akkerman, R.: Optimization of the Tape Placement Process Parameters for Carbon–PPS Composites. In: Composites Part A: Applied Science and Manufacturing. 2013, Nr. 50, S. 44–53

[H2MO21] H2 MOBILITY Deutschland GmbH & Co. KG: Wasserstoffautos. Alle Modelle im Überblick. URL: https://h2.live/wasserstoffautos [Stand: 03.06.2021]

[HENN05] Henninger, F.: Beitrag zur Entwicklung neuartiger Fertigungsverfahren zur Herstellung von Bauteilen aus kontinuierlich faserverstärkten Thermoplasten. Diss. Technische Universität Kaiserslautern, 2005

[HOLM17] Holmes, M.: High Volume Composites for the Automotive Challenge. In: Reinforced Plastics. 61. Jg., 2017, Nr. 5, S. 294–298

[HOSS18] Hosseini, S.; Baran, I.; Akkerman, R.: An Experimental Investigation on the Thermal Field of Overlapping Layers in Laser-Assisted Tape Winding Process. In: Proceedings of the 21st International ESAFORM Conference on Material Forming. Palermo, Italien, 23.-25. April 2018. Enschede, Niederlande: European Scientific Association for Material Forming (Veranst.), S. 1–6

[HUAN11] Huang, Z.-M.; Zhou, Y.-X.: Strength of Fibrous Composites. 1. Aufl. Berlin: Springer, 2011

[JAME16] James, B.; Houchins, C.; Huya-Kouadio, J.; DeSantis, D.: Final Report: Hydrogen Storage System Cost Analysis. Arlington, USA, 2016. Firmenschrift

[JANS20] Janssen, H.: Additive Prozesskette zur Herstellung von thermoplastischen Faserverbund-Hybridbauteilen. Diss. RWTH Aachen, 2020

[JONE99] Jones, R.: Mechanics of Composite Materials. 2. Aufl. Philadelphia: Taylor & Francis, 1999

[KABI00] Kabir, M.: Finite Element Analysis of Composite Pressure Vessels with a Load Sharing Metallic Liner. In: Composite Structures. 49. Jg., 2000, Nr. 3, S. 247–255

[KAR17] Kar, K.: Composite Materials. Processing, Applications, Characterizations. 1. Aufl. Berlin: Springer, 2017

[KAYR14] Kayran, A.; İbrahimoğlu, C.: Preliminary Study on the Applicability of Semi-Geodesic Winding in the Design and Manufacturing of Composite

Towers. In: Journal of Physics: Conference Series. 555. Jg., 2014, Nr. 1, S. 1–12

[KERM15] Kermer-Meyer, A.: Formhaltige und komplexe Laminatstrukturen in Thermoplast-Tapelegeverfahren. Diss. RWTH Aachen, 2015

[KHAN10a] Khan, M.; Mitschang, P.; Schledjewski, R.: Identification of Some Optimal Parameters to Achieve Higher Laminate Quality through Tape Placement Process. In: Advances in Polymer Technology. 29. Jg., 2010, Nr. 2, S. 98–111

[KHAN10b] Khan, M.: Experimental and Simulative Description of the Thermoplastic Tape Placement Process with Online Consolidation. Diss. Technische Universität Kaiserslautern, 2010

[KHAN12] Khan, M.; Mitschang, P.; Schledjewski, R.: Parametric Study on Processing Parameters and Resulting Part Quality through Thermoplastic Tape Placement Process. In: Journal of Composite Materials. 47. Jg., 2012, Nr. 4, S. 485–499

[KIM05] Kim, C.-U.; Kang, J.-H.; Hong, C.-S.; Kim, C.-G.: Optimal Design of Filament Wound Structures under Internal Pressure Based on the Semi-Geodesic Path Algorithm. In: Composite Structures. 67. Jg., 2005, Nr. 4, S. 443–452

[KIRC17] Kirchberger, M.: Honda Clarity Fuel Cell: Leider nicht für uns. URL: http://motorzeitung.de/news.php?newsid=428896 [Stand: 03.06.2021]

[KNOP08] Knops, M.: Analysis of Failure in Fiber Polymer Laminates. The Theory of Alfred Puck. 2. Aufl. Berlin: Springer, 2008

[KOEL08] Kölzer, P.: Temperaturerfassungssystem und Prozessregelung des laserunterstützten Wickelns und Tapelegens von endlos faserverstärkten thermoplastischen Verbundkunststoffen. Diss. RWTH Aachen, 2008

[KOLL19] Kollmannsberger, A.: Heating Characteristics of Fixed Focus Laser Assisted Thermoplastic-Automated Fiber Placement of 2D and 3D Parts. Diss. Technische Universität München, 2019

[KOUS04] Koussios, S.: Filament Winding: A Unified Approach. Diss. Delft University of Technology, 2004

[KOUS07] Koussios, S.; Beukers, A.; Stathis, P.: Manufacturability of Composite Pressure Vessels: Application of Non-Geodesic Winding. In: Proceedings of the 16th International Conference on Composite Materials (ICCM-16). Kyoto, Japan, 8.-13. Juli 2007. Göteborg, Schweden: International Committee on Composite Materials (Veranst.), S. 1–9

[KRIE02] Krieger, J.: Auslegung und Berechnung von Hochdruckbehältern aus Faserverbundkunststoff. Diss. RWTH Aachen, 2002

[KUHN00] Kuhn, M.; Himmel, N.; Maier, M.: Design and Analysis of Full Composite Pressure Vessels. In: DeWilde, W.; Blain, W.; Brebbia, C. (Hrsg.): Advances in Composite Materials and Structures VII. 1. Aufl. Southampton: WIT Press, 2000, S. 63–72

[KUKL17] Kukla, C.; Peters, T.; Janssen, H.; Brecher, C.: Joining of Thermoplastic Tapes with Metal Alloys Utilizing Novel Laser Sources and Enhanced Process Control in a Tape Placement Process. In: Proceedings of the 1st CIRP Conference on Composite Materials Parts Manufacturing (CIRP-CCMPM2017). Karlsruhe, 8.-9. Juni 2017. Paris, Frankreich: International Academy for Production Engineering (Veranst.), S. 1–6

[LAES12] Lässig, R.; Eisenhut, M.; Mathias, A.; Schulte, R.; Peters, F.; Kühmann, T.; Waldmann, T.; Begemann, W.: Serienproduktion von hochfesten Faserverbundbauteilen. Perspektiven für den deutschen Maschinen- und Anlagenbau. München, 2012. Firmenschrift

[LEE87] Lee, W.; Springer, G.: A Model of the Manufacturing Process of Thermoplastic Matrix Composites. In: Journal of Composite Materials. 21. Jg., 1987, Nr. 11, S. 1017–1055

[LENG17] Lengersdorf, M.: Produktorientiertes Geflecht-Preforming für Druckbehälter in Faserverbundbauweise. Diss. RWTH Aachen, 2017

[LOUR97] Loures da Costa, L.: Zur Berechnung eines Hochdruckbehälters aus Faserverbundwerkstoff mit einem mittragenden Liner unter Vorspannung. Diss. RWTH Aachen, 1997

[MADH09] Madhavi, M.; Rao, K.; Narayana Rao, K.: Design and Analysis of Filament Wound Composite Pressure Vessel with Integrated-End Domes. In: Defence Science Journal. 59. Jg., 2009, Nr. 1, S. 73–81

[MALL07] Mallick, P.: Fiber-Reinforced Composites. Materials, Manufacturing, and Design. 3. Aufl. Boca Raton: CRC Press, 2007

[MANT92] Mantell, S.; Springer, G.: Manufacturing Process Models for Thermoplastic Composites. In: Journal of Composite Materials. 26. Jg., 1992, Nr. 16, S. 2348–2377

[MARS13] Marsh, G.: Thermoplastic Composite Solution for Deep Oil and Gas Reserves. In: Reinforced Plastics. 57. Jg., 2013, Nr. 4, S. 26–29

[MAZU02] Mazumdar, S.: Composites Manufacturing. Materials, Product, and Process Engineering. 1. Aufl. Boca Raton: CRC Press, 2002

[MAZU95] Mazumdar, S.; Hoa, S.: Manufacturing of Non-Axisymmetric Thermoplastic Composite Parts by Tape Winding Technique. In: Materials and Manufacturing Processes. 10. Jg., 1995, Nr. 1, S. 47–56

[MERT18] Mertens, F.: Mercedes GLC F-Cell: Ende der Wartezeit. URL: https://www.autozukunft.de/brennstoffzelle/mercedes-glc-f-cell-ende-der-wartezeit/3678/ [Stand: 03.06.2021]

[MICH01] Michaeli, W.; Fischer, O.; Lehmann, B.: Ingenieurgerechte Auslegungsstratefie für Faserverbund-Bauteile. In: GAK - Gummi Fasern Kunststoffe. 54. Jg., 2001, Nr. 7, S. 452–456

[MUNR88] Munro, M.: Review of Manufacturing of Fiber Composite Components by Filament Winding. In: Polymer Composites. 9. Jg., 1988, Nr. 5, S. 352–359

[MURR17] Murray, B.; Doyle, A.; Feerick, P.; Semprimoschnig, C.; Leen, S.; Ó Brádaigh, C.: Rotational Moulding of PEEK Polymer Liners with Carbon Fibre/PEEK over Tape-Placement for Space Cryogenic Fuel Tanks. In: Materials & Design. 2017, Nr. 132, S. 567–581

[NAIR15] Nair, L.; Arasu, Y.; Indu, V.: Design of Laminated Pressure Vessel. In: International Journal of Science and Research. 4. Jg., 2015, Nr. 8, S. 1196–1202

[NEHL21] Nehls, G.: Plastic Omnium Develops Type IV Hydrogen Storage Vessels for Hopium High-End Sedan. URL: https://www.compositesworld.com/news/plastic-develops-type-iv-hydrogen-storage-vessels-for-hopium-high-end-sedan [Stand: 03.06.2021]

[NEIT14] Neitzel, M.; Mitschang, P.; Breuer, U.: Handbuch Verbundwerkstoffe. Werkstoffe, Verarbeitung, Anwendung. 2. Aufl. München: Carl Hanser, 2014

[NOVA10] Novak, P.; Krainz, G.: Innovative Hochdruckspeicher für den Einsatz im Automobil. In: ATZ - Automobiltechnische Zeitschrift. 112. Jg., 2010, Nr. 3, S. 194–199

[OSSW17] Osswald, T.: Understanding Polymer Processing. Processes and Governing Equations. 2. Aufl. München: Carl Hanser, 2017

[PARK02] Park, J.-S.; Hong, C.-S.; Kim, C.-G.; Kim, C.-U.: Analysis of Filament Wound Composite Structures Considering the Change of Winding Angles through the Thickness Direction. In: Composite Structures. 55. Jg., 2002, Nr. 1, S. 63–71

[PARM21] Parmar, H.; Khan, T.; Tucci, F.; Umer, R.; Carlone, P.: Advanced Robotics and Additive Manufacturing of Composites: Towards a New Era in Industry 4.0. In: Materials and Manufacturing Processes. 36. Jg., 2021, Nr. , S. 1–35

[PERE18] Perez, M.; Barasinski, A.; Courtemanche, B.; Ghnatios, C.; Chinesta, F.: Sensitivity Thermal Analysis in the Laser-Assisted Tape Placement Process. In: AIMS Materials Science. 5. Jg., 2018, Nr. 6, S. 1053–1072

[PETE20] Peters, T.: Untersuchungen zum diodenlaserbasierten in-situ Tapelegen als Produktionstechnologie für einen großserienfähigen hybriden Leichtbau. Diss. RWTH Aachen, 2020

[POLI05] Polini, W.; Sorrentino, L.: Winding Trajectory and Winding Time in Robotized Filament Winding of Asymmetric Shape Parts. In: Journal of Composite Materials. 39. Jg., 2005, Nr. 15, S. 1391–1411

[PRNE21] PRNewswire: Advanced Composites from Avient: Lightweighting Solutions for Fuel Efficiency. URL: https://finance.yahoo.com/news/advanced-composites-avient-lightweighting-solutions-203000619.html?soc_src=social-sh&soc_trk=ma [Stand: 03.06.2021]

[QURE14] Qureshi, Z.; Swait, T.; Scaife, R.; El-Dessouky, H.: In Situ Consolidation of Thermoplastic Prepreg Tape Using Automated Tape Placement Technology: Potential and Possibilities. In: Composites Part B: Engineering. 2014, Nr. 66, S. 255–267

[RED14] Red, C.: Pressure Vessels for Alternative Fuels, 2014-2023. URL: http://www.compositesworld.com/articles/pressure-vessels-for-alternative-fuels-2014-2023 [Stand: 03.06.2021]

[REIC18] Reichardt, J.; Baran, I.; Akkerman, R.: New Analytical and Numerical Optical Model for the Laser Assisted Tape Winding Process. In: Composites Part A: Applied Science and Manufacturing. 2018, Nr. 107, S. 647–656

[ROH13] Roh, H.; Hua, T.; Ahluwalia, R.: Optimization of Carbon Fiber Usage in Type 4 Hydrogen Storage Tanks for Fuel Cell Automobiles. In: International Journal of Hydrogen Energy. 38. Jg., 2013, Nr. 29, S. 12795–12802

[ROMA97] Romagna, J.: Neue Strategien in der Faserwickeltechnik. Diss. Eidgenössisch Technische Hochschule Zürich, 1997

[ROSA64] Rosato, D.; Grove, Jr., C.: Filament Winding. Its Development, Manufacture, Applications, and Design. 1. Aufl. New York: John Wiley & Sons, 1964

[SACH18] Sachgau, O.; Behrmann, E.: The Hydrogen-Powered Car's Big Setback. URL: https://www.bloomberg.com/news/articles/2018-03-23/the-hydrogen-powered-car-s-big-setback [Stand: 03.06.2021]

[SAUE21] Sauer, M.: Composites-Marktbericht 2020. Globale CF-Produktionskapazitäten - veröffentlichte Version. Berlin, 2021. Firmenschrift

[SCHA18a] Schäkel, M.; McNab, J.; Dodds, N.; Peters, T.; Janssen, H.; Brecher, C.: Data Collection and Analysis for the Creation of a Digital Shadow during the Production of Thermoplastic Composite Layers in Unbonded Flexible Pipes. In: Proceedings of the 37th International Conference on

Ocean, Offshore and Arctic Engineering (OMAE 2018). Madrid, Spanien, 17.-22. Juni 2018. New York, USA: The American Society of Mechanical Engineers (ASME) (Veranst.), S. 1–9

[SCHA18b] Schäkel, M.; Janssen, H.; Brecher, C.: Model-Predictive Control for the Automated Production of Thermoplastic Composite Pressure Vessels. In: Proceedings of the 4th International Conference & Exhibition on Thermoplastic Composites (ITHEC 2018). Bremen, 30.-31. Oktober 2018. Bremen: Messe Bremen (Veranst.), S. 1–4

[SCHA19] Schäkel, M.; Janssen, H.; Brecher, C.: Gesteigerte Zuverlässigkeit für die Herstellung von FVK-Drucktanks. In: Lightweight Design. 12. Jg., 2019, Nr. 3, S. 10–16

[SCHA21] Schäkel, M.; Janssen, H.; Brecher, C.: Process Analysis of Manufacturing Thermoplastic Type-IV Composite Pressure Vessels with Helical Winding Pattern. In: Proceedings of the SAMPE neXus. Virtual Event, 29. Juni - 1. Juli 2021. Diamond Bar, USA: Society for the Advancement of Material and Process Engineering (SAMPE) (Veranst.), S. 1–13

[SCHC09] Schuck, M.: Kompatibilitätsprinzipien beim Montagespritzgießen. Diss. Universität Erlangen-Nürnberg, 2009

[SCHF17] Schäfer, P.; Guglhoer, T.; Sause, M.; Drechsler, K.: Development of Intimate Contact during Processing of Carbon Fiber Reinforced Polyamide-6 Tapes. In: Journal of Reinforced Plastics and Composites. 36. Jg., 2017, Nr. 8, S. 593–607

[SCHF18] Schäfer, P.: Consolidation of Carbon Fiber Reinforced Polyamide 6 Tapes Using Laser-Assisted Tape Placement. Diss. Technische Universität München, 2018

[SCHH16] Schuh, G.; Walendzik, P.; Luckert, M.; Birkmeier, M.; Weber, A.; Blum, M.: Keine Industrie 4.0 ohne den Digitalen Schatten. Wie Unternehmen die notwendige Datenbasis schaffen. In: ZWF - Zeitschrift für wirtschaftlichen Fabrikbetrieb. 111. Jg., 2016, Nr. 11, S. 745–748

[SCHI05] Schmidt, F.: Entwicklung eines Fertigungs- und Maschinenkonzepts zur kontinuierlichen Herstellung endloser faserverstärkter Thermoplastrohre. Diss. RWTH Aachen, 2005

[SCHM94] Schmidt, R.: Einsatz von Hochleistungslasern für die Fertigung von Faserverbundbauteilen mit thermoplastischer Matrix im Wickelverfahren. Diss. RWTH Aachen, 1994

[SCHU06] Schürmann, H.; Schulz, M.: Faserverbund-Druckbehälter mit thermoplastischer Matrix. Eine neue, universelle Bauweise. In: ATZ - Automobiltechnische Zeitschrift. 108. Jg., 2006, Nr. 3, 214-219

[SCHU07] Schürmann, H.: Konstruieren mit Faser-Kunststoff-Verbunden. 2. Aufl. Berlin: Springer, 2007

[SCHZ19] Schulz, M.; Janssen, H.; Brecher, C.: Adaptive, Connected Production of Hybrid Thermoplastic Prototypes. In: Reinforced Plastics. 63. Jg., 2019, Nr. 1, S. 26–28

[SCUL07] Schultheiß, D.: Permeation Barrier for Lightweight Liquid Hydrogen Tanks. Diss. Universität Augsburg, 2007

[SHAH21] Shaham, Y.: Challenges of Laser-Assisted Tape Winding of Thermoplastic Composites. URL: https://www.compositesworld.com/articles/challenges-of-laser-assisted-tape-winding-of-thermoplastic-composites [Stand: 03.06.2021]

[SIEB10] Siebertz, K.; van Bebber, D.; Hochkirchen, T.: Statistische Versuchsplanung. Design of Experiments (DoE). 1. Aufl. Berlin: Springer, 2010

[SLOA20] Sloan, J.: The Markets: Pressure Vessels (2021). URL: https://www.compositesworld.com/articles/the-markets-pressure-vessels-2021 [Stand: 03.06.2021]

[SOFI18] Sofi, T.; Neunkirchen, S.; Schledjewski, R.: Path Calculation, Technology and Opportunities in Dry Fiber Winding: A Review. In: Advanced Manufacturing: Polymer & Composites Science. 4. Jg., 2018, Nr. 3, S. 57–72

[SONM97] Sonmez, F.; Hahn, H.: Thermoviscoelastic Analysis of the Thermoplastic Composite Tape Placement Process. In: Journal of Thermoplastic Composite Materials. 10. Jg., 1997, Nr. 4, S. 381–414

[STEE06] Steeg, M.; Schledjewski, R.; Schlarb, A.: Automation Implementation and Process Development of Thermoplastic Tape Placement for 3-Dimensional Parts. In: SAMPE Journal. 42. Jg., 2006, Nr. 5, S. 18–24

[STEY13] Steyer, M.: Laserunterstütztes Tapelegeverfahren zur Fertigung endlosfaserverstärkter Laminate. Diss. RWTH Aachen, 2013

[STIM14] Stimpfl, J.: CO2-laserunterstütztes Tapelege-, Wickelverfahren zur Verarbeitung von ungefärbten, endlos glasfaserverstärkten Thermoplast-Tapes. Diss. RWTH Aachen, 2014

[STOK12] Stokes-Griffin, C.; Matuszyk, T.; Compston, P.; Cardew-Hall, M.: Modelling the Automated Tape Placement of Thermoplastic Composites with In-Situ Consolidation. In: Proceedings of the 4th International Conference on Sustainable Automotive Technologies. Melbourne, Australien, 21.-23. März 2012. Melbourne, Australien: Royal Melbourne Institute of Technology (Veranst.), S. 61–68

[STOK14] Stokes-Griffin, C.; Compston, P.: A Combined Optical-Thermal Model for Near-Infrared Laser Heating of Thermoplastic Composites in an Automated Tape Placement Process. In: Composites Part A: Applied Science and Manufacturing. 2014, Nr. 75, S. 104–115

[STOK15b] Stokes-Griffin, C.; Compston, P.: Optical Characterisation and Modelling for Oblique Near-Infrared Laser Heating of Carbon Fibre Reinforced Thermoplastic Composites. In: Optics and Lasers in Engineering. 72. Jg., 2015, Nr. 2, S. 1–11

[STOK16a] Stokes-Griffin, C.; Compston, P.: Investigation of Sub-Melt Temperature Bonding of Carbon-Fibre/PEEK in an Automated Laser Tape Placement Process. In: Composites Part A: Applied Science and Manufacturing. 2016, Nr. 84, S. 17–25

[STOK16b] Stokes-Griffin, C.; Compston, P.: An Inverse Model for Optimisation of Laser Heat Flux Distributions in an Automated Laser Tape Placement Process for Carbon-Fibre/PEEK. In: Composites Part A: Applied Science and Manufacturing. 2016, Nr. 88, S. 190–197

[STRI18] Striet, P.; Weiler, T.; Emonts, M.; Voell, A.; Stollenwerk, J.; Janssen, H.: Transient Spatially Resolved Irradiation for Responding to Varying Thermal Conditions in Thermoplastic Tape Placement. In: Proceedings of the SAMPE Europe Conference 2018. Southampton, Vereinigtes Königreich, 11.-13. September 2018. Oranjewoud, Niederlande: Society for the Advancement of Material and Process Engineering (SAMPE) (Veranst.), S. 1–8

[SULA13] Sulaiman, S.; Borazjani, S.; Tang, S.: Finite Element Analysis of Filament-Wound Composite Pressure Vessel under Internal Pressure. In: Proceedings of the 2nd International Conference on Mechanical Engineering Research (ICMER 2013). Kuantan, Malaysia, 1.-3. Juli 2013. Pekan, Malaysia: Universiti Malaysia Pahang (Veranst.), S. 1–10

[TANN16] Tannous, M.; Barasinski, A.; Binetruy, C.; Courtemanche, B.: Contribution of Thermo-Mechanical Parameters and Friction to the Bonding of Thermoplastic Tapes in the Tape Winding Process. In: Journal of Materials Processing Technology. 2016, Nr. 229, S. 587–595

[TIER06] Tierney, J.; Gillespie, J.: Modeling of In Situ Strength Development for the Thermoplastic Composite Tow Placement Process. In: Journal of Composite Materials. 40. Jg., 2006, Nr. 16, S. 1487–1506

[TOYO21] Toyota: Der neue Mirai. URL: https://www.toyota.de/automobile/mirai/ [Stand: 13.09.2021]

[UN15] Richtlinie Addendum 133 - Regulation No. 134 (Juni 2015). Uniform Provisions Concerning the Approval of Motor Vehicles and Their Components with Regard to the Safety-Related Performance of Hydrogen-Fuelled Vehicles (HFCV)

[VAFA07] Vafaeesefat, A.; Khani, A.: Head Shape and Winding Angle Optimization of Composite Pressure Vessels Based on a Multi-Level Strategy. In: Applied Composite Materials. 14. Jg., 2007, Nr. 5-6, S. 379–391

[VARG14] Vargas Rojas, E.; Chapelle, D.; Perreux, D.; Delobelle, B.; Thiebaud, F.: Unified Approach of Filament Winding Applied to Complex Shape Mandrels. In: Composite Structures. 2014, Nr. 116, S. 805–813

[VERC13] Verchery, G.: The Netting Analysis as a Limit Case of the Laminated Structure Theory. In: Proceedings of the International Conference on Composite Materials 2013 (ICCM-19). Montreal, Kanada, 28. Juli - 2. August 2013. Ottawa, Kanada: Canadian Association for Composite Structures and Materials (Veranst.), S. 1724–1731

[VILL11] Villalonga, S.; Thomas, C.; Nony, F.; Thiebaud, F.; Geli, M.; Lucas, A.; Kremer-Knobloch, K.; Maugy, C.: Application of Full Thermoplastic Composite for Type IV 70MPa High Pressure Vessels. In: Proceedings of the 18th International Conference on Composites Materials (ICCM-18). Jeju Island, Südkorea, 21.-26. August 2011. Göteborg, Schweden: International Committee on Composite Materials (Veranst.), S. 1–5

[VOEL18] Völtzer, K.: Online-Prozessüberwachung von Automated Fiber Placement Prozessen auf Basis der Thermografie. Diss. Gottfried Wilhelm Leibniz Universität. Hannover, 2018

[VOLZ91] Völzke, H.: Tragverhalten und Dimensionierung faserverstärkter Druckbehälter. Diss. Technische Universität Berlin, 1991

[WEIL16a] Weiler, T.; Emonts, M.; Janssen, H.: On the Use of Flexible Intensity Distributions for Thermoplastic Tape Placement by Means of Vertical-Cavity Surface-Emitting Laser (VCSEL). In: Proceedings of the 3th International Conference & Exhibition on Thermoplastic Composites (ITHEC-2016). Bremen, 11.-12. Oktober 2016. Bremen: Messe Bremen (Veranst.), S. 1–4

[WEIL16b] Weiler, T.; Emonts, M.; Striet, P.; Gronenborn, S.; Janssen, H.: Optical Modelling of VCSEL-Assisted Thermoplastic Tape Placement. In: Proceedings of the 17th European Conference on Composite Materials (ECCM-17). München, 26.-30. Juni 2016. Augsburg: MAI Carbon Clustermanagement GmbH (Veranst.), S. 1–13

[WEIL17] Weiler, T.; Emonts, M.; Wollenburg, L.; Janssen, H.: Transient Thermal Analysis of Laser-Assisted Thermoplastic Tape Placement at High Process Speeds by Use of Analytical Solutions. In: Journal of Thermoplastic Composite Materials. 31. Jg., 2017, Nr. 3, S. 311–338

[WEIL18] Weiler, T.; Striet, P.; Völl, A.; Stollenwerk, J.; Janssen, H.; Emonts, M.: Tailored Irradiation by VCSEL for Controlled Thermal States in Thermoplastic Tape Placement. In: Proceedings of the SPIE LASE. San Francisco, USA, 27. Januar - 1. Februar 2018. Bellingham, USA: SPIE (Veranst.), 1-16

[WEIL19] Weiler, T.: Thermal Skin Effect in Laser-Assisted Tape Placement of Thermoplastic Composites. Diss. RWTH Aachen, 2019

[WERN18] Werner, D.: Fertigung basaltfaserverstärkter Bauteile auf Basis duroplastischer Matrixsysteme mit aktivierbarer Adhäsion. Diss. RWTH Aachen, 2018

[WIDE13] Wiedemann, M.; Sinapius, M.: Adaptive, Tolerant and Efficient Composite Structures. 1. Aufl. Berlin: Springer, 2013

[WIED07] Wiedemann, J.: Leichtbau. Elemente und Konstruktion. 3. Aufl. Berlin: Springer, 2007

[WIEL14] Wieland, U.; Pfitzner, M.: Interdisziplinäre Datenanalyse für Industrie 4.0. In: Controlling & Management Review. 48. Jg., 2014, Nr. 1, S. 80–85

[WIKI21] Wikimedia Commons: Hydrogen pressure vessels. URL: https://commons.wikimedia.org/wiki/File:Hyundai_NEXO_Hydrogen_Fuel_Cell_Car_beim_Autosalon_Genf_2018_q.jpg [Stand: 03.06.2021]

[WILS17] Wilson, A.: Vehicle Weight is the Key Driver for Automotive Composites. In: Reinforced Plastics. 61. Jg., 2017, Nr. 2, S. 100–102

[WITE15] Witte, A.: Einsatz optischer Messtechnik zur Qualitätssicherung eines Thermoplast-Wickelprozesses für die Faserverbundtankherstellung. Diss. RWTH Aachen, 2015

[WITT10] Witten, E.: Handbuch Faserverbundkunststoffe. Grundlagen, Verarbeitung, Anwendungen. 3. Aufl. Wiesbaden: Vieweg+Teubner / GWV Fachverlage, 2010

[WITT18] Witten, E.; Mathes, V.; Sauer, M.; Kühnel, M.: Composites-Marktbericht 2018. Marktentwicklungen, Trends, Ausblicke und Herausforderungen. Frankfurt am Main / Augsburg, 2018. Firmenschrift

[YANG01] Yang, F.; Pitchumani, R.: A Fractal Cantor Set Based Description of Interlaminar Contact Evolution during Thermoplastic Composites Processing. In: Journal of Materials Science. 36. Jg., 2001, Nr. 19, S. 4661–4671

[YANG03] Yang, F.; Pitchumani, R.: Nonisothermal Healing and Interlaminar Bond Strength Evolution During Thermoplastic Matrix Composites Processing. In: Polymer Composites. 24. Jg., 2003, Nr. 2, S. 263–278

[YANY12] Yang, Y.; Boom, R.; Irion, B.; van Heerden, D.-J.; Kuiper, P.; Wit, H. de: Recycling of Composite Materials. In: Chemical Engineering and Processing. 51. Jg., 2012, Nr. , S. 53–68

[YARD00] Yardimci, M.; Pistor, C.; Güçeri, S.: Process Planning for On-Line Consolidation in Tape Winding of Noncircular Thermoplastic Composites. In: Journal of Manufacturing Processes. 2. Jg., 2000, Nr. 2, S. 88–99

[YU17] Yu, T.; Shi, Y.; He, X.; Kang, C.; Deng, B.; Song, S.: Optimization of Parameter Ranges for Composite Tape Winding Process Based on Sensitivity Analysis. In: Applied Composite Materials. 24. Jg., 2017, Nr. 4, S. 821–836

[ZAAM17a] Zaami, A.; Baran, I.; Akkerman, R.: Experimental and Numerical Analysis of Laser Reflection for Optical-Thermal Process Modeling of Tape Winding. In: Proceedings of the 21st International Conference on Composite Materials (ICCM-21). Xi'an, China, 20.-25. August 2017. Beijing, China: Chinese Society for Composite Materials (Veranst.), S. 1–11

[ZAAM17b] Zaami, A.; Baran, I.; Akkerman, R.: In-Line Physics-Based Model Simulation for Process Modeling of Laser Tape Winding. In: Proceedings of the Forming Technology Forum. Enschede, Niederlande, 12.-13. Oktober 2017. Enschede, Niederlande: University of Twente (Veranst.), S. 1–4

[ZAAM17c] Zaami, A.; Baran, I.; Akkerman, R.: Numerical Modeling of Laser Assisted Tape Winding Process. In: Proceedings of the 20th International ESAFORM Conference on Material Forming. Dublin, Irland, 26.-28. April 2017. Melville, USA: European Scientific Association for Material Forming (Veranst.), S. 1–6

[ZAAM18] Zaami, A.; Baran, I.; Akkerman, R.: Non-Hoop Winding Effect on Bonding Temperature of Laser Assisted Tape Winding Process. In: Proceedings of the 21st International ESAFORM Conference on Material Forming. Palermo, Italien, 23.-25. April 2018. Enschede, Niederlande: European Scientific Association for Material Forming (Veranst.), S. 1–6

[ZAAM20] Zaami, A.; Schäkel, M.; Baran, I.; Bor, T.; Janssen, H.; Akkerman, R.: Temperature Variation during Continuous Laser-Assisted Adjacent Hoop Winding of Type-IV Pressure Vessels: An Experimental Analysis. In: Journal of Composite Materials. 54. Jg., 2020, Nr. 13, S. 1717–1739

[ZAAM21] Zaami, A.; Schäkel, M.; Baran, I.; Bor, T.; Janssen, H.; Akkerman, R.: A Fully Coupled Local and Global Optical-Thermal Model for Continuous Adjacent Laser-Assisted Tape Winding Process of Type-IV Pressure Vessels. In: Journal of Composite Materials. 55. Jg., 2021, Nr. 8, S. 1073–1089

[ZEMA16] Zeman, K.; Pumhössel, T.; Reisinger, J.; Winter, G.; Kainz, A.: Modellbildung und Simulation – eine permanente Herausforderung auf dem Weg zur cyber-physischen Produktion. In: Berg- und Hüttenmännische Monatshefte. 161. Jg., 2016, Nr. 11, S. 532–538

[ZEND92] Zender, H.: Einsatz von Industrierobotern zur Fertigung von Faserverbundbauteilen im Wickel- und Tapelegeverfahren. Diss. RWTH Aachen, 1992

[ZENK18] Zenker, T.; Schwab, M.: Analysis of Fiber Steering Effects in Thermoplastic Automated Fiber Placement. In: Proceedings of the 18th European Conference on Composite Materials (ECCM-18). Athen, Griechenland, 24.-28. Juni 2018. Patras, Griechenland: European Society for Composite Materials (Veranst.), S. 1–9

[ZHAN17] Zhang, H.; Tang, H.; Shi, Y.: Precision Tension Control Technology of Composite Fiber Tape Winding Molding. In: Journal of Thermoplastic Composite Materials. 31. Jg., 2017, Nr. 7, S. 925–945

[ZHAO17] Zhao, P.; Shi, Y.; Huang, J.: Dynamics Modeling and Deviation Control of the Composites Winding System. In: Mechatronics. 2017, Nr. 48, S. 12–29

[ZHAP18] Zhao, P.; Shirinzadeh, B.; Shi, Y.; Cheuk, S.; Clark, L.: Multi-Pass Layup Process for Thermoplastic Composites Using Robotic Fiber Placement. In: Robotics and Computer-Integrated Manufacturing. 2018, Nr. 49, S. 277–284

[ZU10a] Zu, L.; Koussios, S.; Beukers, A.: Design of Filament–Wound Domes Based on Continuum Theory and Non-Geodesic Roving Trajectories. In: Composites Part A: Applied Science and Manufacturing. 41. Jg., 2010, Nr. 9, S. 1312–1320

[ZU10b] Zu, L.; Koussios, S.; Beukers, A.: Shape Optimization of Filament Wound Articulated Pressure Vessels Based on Non-Geodesic Trajectories. In: Composite Structures. 92. Jg., 2010, Nr. 2, S. 339–346

[ZU10c] Zu, L.; Koussios, S.; Beukers, A.: Design of Filament-Wound Isotensoid Pressure Vessels with Unequal Polar Openings. In: Composite Structures. 92. Jg., 2010, Nr. 9, S. 2307–2313

[ZU13] Zu, L.; He, Q.; Shi, J.: Semi-Geodesics-Based Dome Design for Filament Wound Composite Pressure Vessels. In: Applied Mechanics and Materials. 2013, Nr. 275-277, S. 1601–1604

[ZU19] Zu, L.; Xu, H.; Wang, H.; Zhang, B.; Zi, B.: Design and Analysis of Filament-Wound Composite Pressure Vessels Based on Non-Geodesic Winding. In: Composite Structures. 2019, Nr. 207, S. 41–52

Publikationen:

Reina, A.; Merlo, A.; Schäkel, M.; Peters, T.; Aggogeri, F.: Reliability Growth Model for a Diode Laser-Based Tape Winding Machine. In: Proceedings of the 37th International CAE Conference and Exhibition. Vicenza, Italien, 6.-7. November 2017. Vicenza, Italien: International CAE Conference (Veranst.)

Buschhoff, C.; Schäkel, M.; Janssen, H.; Brecher, C.: Continuous Assessment of Geometrical Properties from Unidirectional Fiber Reinforced Tapes. In: Proceedings of the SAMPE Europe Conference 2018. Stuttgart, Deutschland, 14.-16. November 2017. Oranjewoud, Niederlande: Society for the Advancement of Material and Process Engineering (SAMPE) (Veranst.)

Schäkel, M.; McNab, J.; Dodds, N.; Peters, T.; Janssen, H.; Brecher, C.: Data Collection and Analysis for the Creation of a Digital Shadow during the Production of Thermoplastic Composite Layers in Unbonded Flexible Pipes. In: Proceedings of the 37th International Conference on Ocean, Offshore and Arctic Engineering (OMAE 2018). Madrid, Spanien, 17.-22. Juni 2018. New York, USA: The American Society of Mechanical Engineers (ASME) (Veranst.)

Schäkel, M.; Janssen, H.; Brecher, C.: Model-Predictive Control for the Automated Production of Thermoplastic Composite Pressure Vessels. In: Proceedings of the 4th International Conference & Exhibition on Thermoplastic Composites (ITHEC 2018). Bremen, 30.-31. Oktober 2018. Bremen: Messe Bremen (Veranst.)

Schäkel, M.; Peters, T.; Janssen, H.; Brecher, C.: Advanced Production of Thermoplastic Composite Pipes. In: JEC Composites Magazine. Nr. 126, S. 28-31

Kostyszyn, K.; Schäkel, M.; Grunert, D.; Peters, T.; Schmitt, R.: Digital Assistance During Manual FRP Manufacturing. In: JEC Composites Magazin, Nr. 127, S. 41-43

Schäkel, M.; Janssen, H.; Brecher, C.: Gesteigerte Zuverlässigkeit für die Herstellung von FVK-Drucktanks. In: Lightweight Design. 12. Jg., 2019, Nr. 3, S. 10-16

Schäkel, M.; Hosseini, S.M.A.; Janssen, H.; Baran, I.; Brecher, C.: Temperature Analysis for the Laser-Assisted Tape Winding Process of Multi-Layered Composite Pipes. In: Proceedings of the 2nd CIRP Conference on Composite Material Parts Manufacturing (CIRP-CCMPM 2019). Sheffield, Vereinigtes Königreich, 10.-11. Oktober 2019. Paris, Frankreich: International Academy for Production Engineering (Veranst.)

Zaami, A.; Schäkel, M.; Baran, I.; Bor, T.; Janssen, H.; Akkerman, R.: Temperature Variation during Continuous Laser-Assisted Adjacent Hoop Winding of Type-IV Pressure Vessels: An Experimental Analysis. In: Journal of Composite Materials. 54. Jg., 2020, Nr. 13, S. 1717–1739

Hosseini, S.M.A.; Schäkel, M.; Baran, I.; Janssen, H.; van Drongelen, M.; Akkerman, R.: A New Global Kinematic-Optical-Thermal Process Model for Laser-Assisted Tape Winding with an Application to Helical-Wound Pressure Vessel. In: Materials and Design. 2020, Nr. 193, S. 1-15

Hosseini, S.M.A.; Schäkel, M.; Baran, I.; Janssen, H.; van Drongelen, M.; Akkerman, R.: Non-Uniform Crystallinity and Temperature Distribution During Adjacent Laser-Assisted Tape Winding Process of Carbon/PA12 Pipes. In: The International Journal of Advanced Manufacturing Technology. 2020, Nr. 111, S. 3063-3082

Zaami, A.; Schäkel, M.; Baran, I.; Bor, T.C.; Janssen, H.; Akkerman, R.: A Fully Coupled Local and Global Optical-Thermal Model for Continuous Adjacent Laser-Assisted Tape Winding Process of Type-IV Pressure Vessels. In: Journal of Composite Materials, 55. Jg., 2021, Nr. 8, S. 1073-1089

Schäkel, M.; Janssen, H.; Brecher, C.: Process Analysis of Manufacturing Thermoplastic Type-IV Composite Pressure Vessels with Helical Winding Pattern. In: Proceedings of the SAMPE neXus. Virtual Event, 29. Juni - 1. Juli 2021. Diamond Bar, USA: Society for the Advancement of Material and Process Engineering (SAMPE) (Veranst.)

Während der Promotion betreute studentische Arbeiten:

Schulz, M.: Predicting the Machining of Carbon Fiber-Reinforced Polymer Composites (CFRP) through Finite Element Modeling of the Orthogonal Cutting Process. Masterarbeit. RWTH Aachen, 2016

Frangi Doetzer, R.: Evaluation of Parameters Influencing the Laser-Assisted Tape Winding Process of Thermoplastic Fiber-Reinforced Composites. Bachelorarbeit. Universidade Federal Do Paraná, 2017

Kemper, H.: Regelungskonzepte für den laserunterstützten Wickelprozess thermoplastischer faserverstärkter Tapes. Masterarbeit. FH Aachen, 2017

Ahamed, A.: Thermal Simulation of Laser-Assisted Tape Winding Process of Carbon Fiber Reinforced Plastic Tapes. Masterarbeit. Hochschule Rhein-Waal, 2017

Pinck, M.: Datenerhebung und -verwertung während der automatisierten Herstellung verstärkter FVK-Drucktanks im Tapewickelverfahren. Masterarbeit. HAW Hamburg, 2017

Moede, P.: Modellbasiertes Regelungskonzept für das laserunterstützte Tapewickeln von thermoplastischen Faserverbundkunststoffen. Bachelorarbeit. Westfälische Hochschule, 2018

Virale, A.G.: Development of an Optical Process Model for the Laser-Assisted Fiber-Reinforced Thermoplastic Tape Winding Process for Three-Dimensional Part Geometry. Masterarbeit. Hochschule Rhein-Waal, 2018

Espindola Kobiyama, M.T.: Consolidation Analysis of the Laser-Assisted Tape Winding Process of Thermoplastic Reinforced Composites. Bachelorarbeit. Universidade Federal Do Paraná, 2018

Jaeger, T.: Modellierung des in-situ Konsolidierungsprozesses von thermoplastischen FVK-Druckbehältern beim laserunterstützten Tapewickelverfahren. Bachelorarbeit. Westfälische Hochschule, 2018

Dahmen, V.: Entwicklung von Fertigungskonzepten für thermoplastische FVK-Druckbehälter im laserunterstützten Tapewickelverfahren. Masterarbeit. RWTH Aachen, 2019

Brown, K.: Model Validation for the Laser Assisted Tape Winding Process. Masterarbeit. FH Aachen, 2019

Silva Ribeiro, G.Y.: Analysis and Homogenization of Tape Feed Rates in Laser-Assisted Tape Winding of Composite Pressure Vessels. Bachelorarbeit. Universidade Federal Do Paraná, 2019

Rump, V.: Entwicklung einer Prozesssteuerung für die Herstellung von FVK-Druckbehältern im laserunterstützten Tapewickelverfahren. Masterarbeit. RWTH Aachen, 2020

In der Reihe **Ergebnisse aus der Produktionstechnik** zuletzt erschienen:

Solf, Mareike:
Modellierung der Schleifkraft beim Kegelradschleifen
ISBN: 978-3-98555-106-4
Erscheinungsdatum: 12.08.2022

Schäkel, Martin:
Adaptiver laserunterstützter Tapewickelprozess für die Herstellung von Druckbehältern aus endlosfaserverstärkten Thermoplasten
ISBN: 978-3-98555-107-1
Erscheinungsdatum: 12.08.2022

Elser, Hannes:
Fähigkeit von Bluetooth Low Energy zur signalstärkebasierten Rückverfolgung von Bauteilen in der Einzel- und Kleinserienfertigung
ISBN: 978-3-98555-099-9
Erscheinungsdatum: 12.08.2022

Henkel, Jérôme
Strategien zur Steigerung der Flächeneffizienz von Fabriken im urbanen Umfeld ISBN
ISBN: 978-3-98555-098-2
Erscheinungsdatum: 27.07.2022

Busch, Max:
Intelligente Produktionsplanungsprozesse im Werkzeugbau
ISBN: 978-3-98555-095-1
Erscheinungsdatum: 14.07.2022

Eßer, Bastian:
Analyse des Betriebsverhaltens von Kugelgewindetrieben unter statischen axialen Betriebslasten
ISBN: 978-3-98555-065-4
Erscheinungsdatum: 11.07.2022

Fölling, Carsten:
Komplexitätsbeherrschung durch hybride Montageplanung
ISBN: 978-3-98555-090-6
Erscheinungsdatum: 30.06.2022

Schulz, Martin:
Optimierung des Temperaturfeldes beim Laserstrahlhärten
ISBN: 978-3-98555-078-4
Erscheinungsdatum: 23.06.2022

Ays, Johanna:
Kontextbasierte Integration agiler und plangetriebener Entwicklungsprozesse
ISBN: 978-3-98555-087-6
Erscheinungsdatum: 23.06.2022

Ebade Esfahani, Matthias:
Ontologie der Fabrikplanung mit Hilfe von Building Information Modeling (BIM)
ISBN: 978-3-98555-084-5
Erscheinungsdatum: 07.06.2022

Edition Wissenschaft
Apprimus

Maslo, Semir:

Simulation of the Dynamic Vibration Behaviour and Spindle Speed Optimization During the Milling Process of Turbomachinery Components

ISBN: 978-3-98555-082-1

Erscheinungsdatum: 25.05.2022

Goertz, David:

Gestaltungsmodell für eine vernetzte adaptive Montage im Werkzeugbau

ISBN 978-3-98555-072-2

Erscheinungsdatum: 05.05.2022

Wollbrink, Moritz:

Methodik zur Integration pulverbettbasierter additiver Fertigungstechnologien in Fertigungsprozessketten

ISBN 978-3-98555-070-8

Erscheinungsdatum: 22.04.2022

Menges, Alexander:

Bewertung von Produktvarianten mittels Process Data Mining

ISBN 978-3-98555-066-1

Erscheinungsdatum: 13.04.2022

Krauß, Jonathan:

Optimizing Hyperparameters for Machine Learning Algorithms in Production

ISBN 978-3-98555-020-3

Erscheinungsdatum: 13.04.2022

Schwenzer, Max:

Closing the Loop of Model Predictive Force Control in Milling with Ensemble Kalman Filtering

ISBN 978-3-98555-057-9

Erscheinungsdatum: 11.04.2022

Schmitz, Seth:

Datenbasierte Beschreibung der Prozessperformance in der Auftragsabwicklung

ISBN: 978-3-98555-079-1

Erscheinungsdatum: 19.05.2022

Scholz, Paul:

Applikation maschinell lernender Systeme in der vernetzten adaptiven Produktion

ISBN 978-3-98555-069-2

Erscheinungsdatum: 28.04.2022

Ochs, Jelena Katherina:

Model-Based Process Prediction for Predictive-Reactive Scheduling in Automated Stem Cell Production

ISBN 978-3-98555-059-3

Erscheinungsdatum: 22.04.2022

Fränken, Bastian:

Standortrollen in Produktionsnetzwerken

ISBN 978-3-98555-052-4

Erscheinungsdatum: 13.04.2022

Schäfer, Alexander:

Werkzeugseitiger Einsatz von NiTi-FGL zur Verbesserung der dynamischen Prozessstabilität bei der Fräsbearbeitung

ISBN 978-3-98555-060-9

Erscheinungsdatum: 11.04.2022

Grünebaum, Timm:

Methodik zur Gestaltung von Technologieketten und Prozessfolgen nach lebensphasenübergreifend ökologisch-ökonomischen Kriterien

ISBN 978-3-98555-043-2

Erscheinungsdatum: 24.03.2022

Edition Wissenschaft
Apprimus